新型工业化·新计算·计算机应用与技术类系列

COMPUTER APPLICATION

Python程序设计实用教程

余 宏 张良均 / 主 编

谢彩云 曾小芹 汪振东
戴靓婕 李亦欣 白明明 / 副主编

電子工業出版社
Publishing House of Electronics Industry
北京·BEIJING

内 容 简 介

本书是一本零基础、多层次、重应用的 Python 编程教材。本书共 14 章，分为基础部分和进阶部分。基础部分（第 1 章～第 8 章）主要讲解 Python 的基础知识和应用，包括 Python 概述、Python 语言基础、程序的控制结构、函数、组合数据类型、模块、文件和数据格式化、典型 Python 模块的应用。进阶部分（第 9 章～第 14 章）主要讲解 Python 高级应用开发所需的知识和技术，包括面向对象编程、图形用户界面编程、多线程编程、数据库编程、网络编程和网络爬虫。

全书内容以应用为核心，每章内容都与应用案例紧密结合并配有上机实践，有助于读者理解知识、应用知识，提升通过 Python 编程解决实际问题的能力。

本书难度适中，可作为高等学校相关专业 Python 程序设计课程的教材，也可作为广大程序设计爱好者的自学参考书，还可作为参加全国计算机等级考试二级 Python 语言程序设计考试的辅导用书。

图书在版编目（CIP）数据

Python 程序设计实用教程 / 余宏，张良均主编. 北京 ：电子工业出版社，2025. 1. -- ISBN 978-7-121-49372-0

Ⅰ. TP312.8

中国国家版本馆 CIP 数据核字第 20240JR959 号

责任编辑：刘　瑀　文字编辑：孟泓辰
印　　刷：北京天宇星印刷厂
装　　订：北京天宇星印刷厂
出版发行：电子工业出版社
　　　　　北京市海淀区万寿路 173 信箱　　邮编：100036
开　　本：787×1 092　1/16　印张：22　　字数：619.52 千字
版　　次：2025 年 1 月第 1 版
印　　次：2025 年 1 月第 1 次印刷
定　　价：64.00 元

凡所购买电子工业出版社图书有缺损问题，请向购买书店调换。若书店售缺，请与本社发行部联系，联系及邮购电话：（010）88254888，88258888。

质量投诉请发邮件至 zlts@phei.com.cn，盗版侵权举报请发邮件至 dbqq@phei.com.cn。

本书咨询联系方式：menghc@phei.com.cn。

前　　言

在信息化和数字化迅猛发展的今天，人工智能和大数据等新一代信息技术融合到各个领域，这些新技术和应用的核心就是程序。选择一门高级程序设计语言作为教学内容，介绍程序设计的基本方法，培养学生分析问题、利用计算机求解问题的思维方式和初步应用能力，满足信息社会各领域对计算机应用人才的需求，是高等学校计算机基础教育中程序设计课程的重要任务。

毋庸置疑，Python 是目前最适合编程入门的程序设计语言，它具有简单易学、免费开源、功能强大等特点，加上丰富的第三方库的支持，Python 已经成为人工智能学习的首选编程语言。

本书内容

基础部分包括第 1～8 章，主要讲解 Python 的基础知识和应用，包括 Python 概述、Python 语言基础、程序的控制结构、函数、组合数据类型、模块、文件和数据格式化、典型 Python 模块的应用，是程序设计入门学习的必备内容，以夯实程序设计基础、培养逻辑思维、提升编程能力为目标。

进阶部分包括第 9～14 章，主要讲解 Python 高级应用开发所需的知识和技术，包括面向对象编程、图形用户界面编程、多线程编程、数据库编程、网络编程和网络爬虫，很好地体现了计算思维的本质，并结合实际应用展示了 Python 的“计算生态”。

本书特点

（1）Python 程序设计涉及的范围非常广泛，本书内容编排并不求全、求深，而是考虑零基础读者的接受能力，语法介绍以够用和实用为原则，以实际应用为目的，讲解 Python 的基础知识及高级应用。在明晰基本理论的前提下，注重 Python 实际应用的讲解，而不是对技术进行深度挖掘，让读者对 Python 的体系架构有全面的认识。

（2）本书在讲解时采用理论与实践应用相结合的方式，针对每章重要的知识点，配有兼具实用性与趣味性的应用案例，方便读者更好地将理论知识应用于实际场景中，加深对知识的理解和掌握。还通过场景化的上机实践，提升读者通过编程解决实际问题的能力。

（3）本书在编写的过程中，将知识传授与思想政治教育相融合，在应用案例中融入课程思政内容，激发学生建设科技强国的责任担当，提升学生的职业素养，落实德才兼备的高素质卓越工程师和高技能人才的培养要求。

本书适用对象

本书既可作为高等学校相关专业 Python 程序设计课程的教材，也可作为广大程序设计爱好者的自学参考书。本书覆盖全国计算机等级考试二级 Python 语言程序设计考试大纲的大部分内容，还可作为该考试的辅导用书。

代码下载及问题反馈

全书由余宏、张良均任主编并负责统稿，谢彩云、曾小芹、汪振东、戴靓婕、李亦欣、白明明任副主编，其中第 1、2 章由白明明编写，第 3、4 章由曾小芹编写，第 5、12 章由戴靓婕编写，第 6、9 章由谢彩云编写，第 7、8 章由李亦欣编写，第 10、11 章由余宏编写，第 13、14 章由汪振东编写；全书的应用案例（除第 13 章外）由余宏编写，上机实践（除第 10、11、13 章外）由张良均编写。豫章师范学院为本书的第一编写单位，广东泰迪智能科技有限公司为参编单位。

为了帮助读者更好地使用本书，本书提供原始数据文件、Python 程序代码，以及 PPT 课件、习题和上机实践参考答案等教学资源，读者可以扫描封底二维码下载。

尽管在本书的编写过程中，我们力求严谨，但由于技术的发展日新月异，加之水平有限，时间紧迫，书中难免存在不足之处，敬请广大读者批评指正。如果您有更多的宝贵意见，欢迎在泰迪学社微信公众号（TipDataMining）回复“图书反馈”进行反馈，也可联系邮箱 154945907@qq.com。更多本系列图书的信息可以在泰迪云教材网站查阅。

编　者

2024 年 7 月

目　录

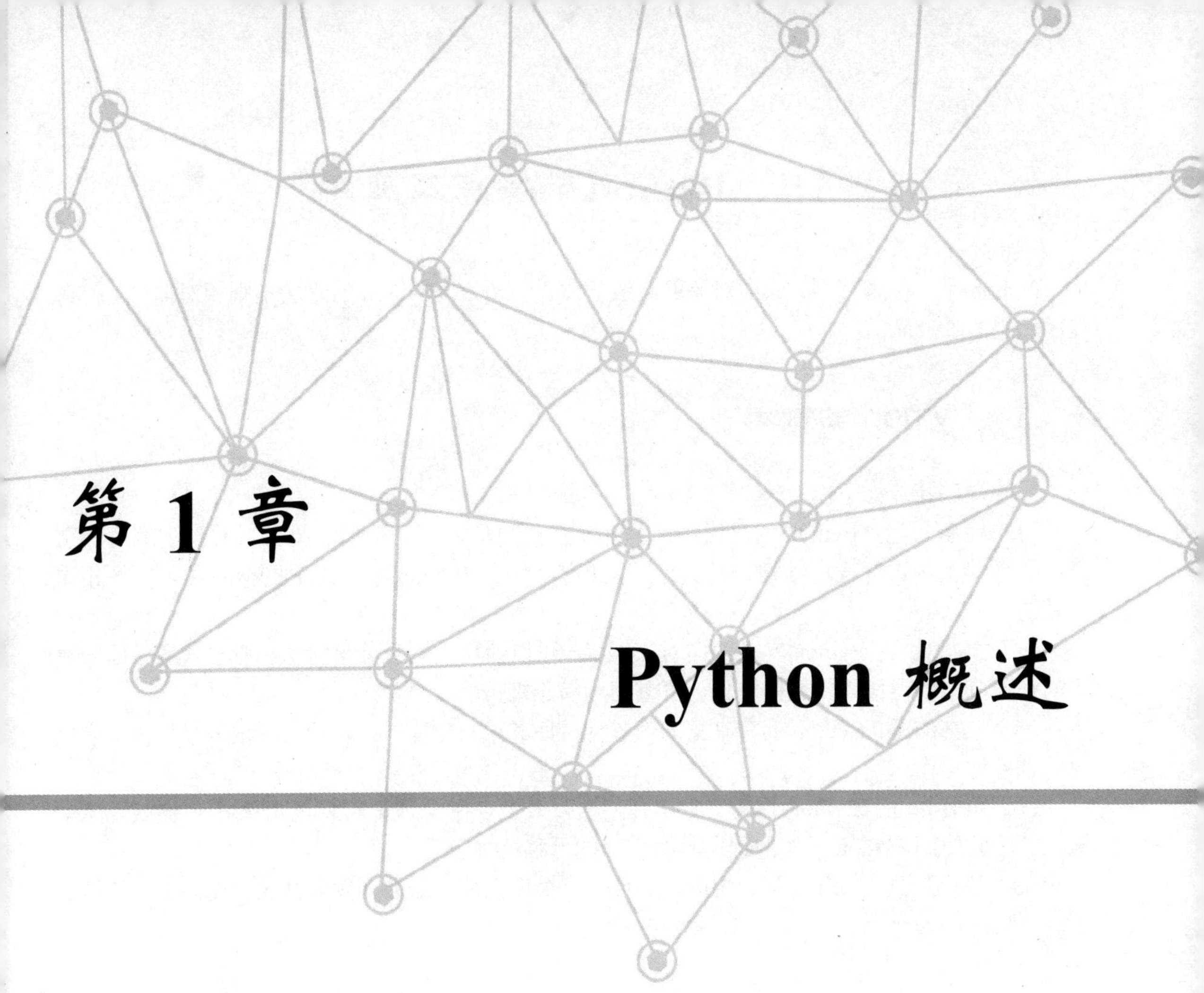

第 1 章 Python 概述

Python 是一种功能强大的编程语言，具有诸多优势，包括易于学习和使用、有强大的社区支持和丰富的库等。本章将介绍 Python 的特点及应用、Python 环境配置、PyCharm 的安装及使用等。

学习目标

（1）了解 Python 的特点及应用。

（2）掌握 Python 的安装及配置。

（3）熟练掌握 Python 的程序运行。

（4）熟练掌握 PyCharm 的使用。

1.1 Python 的特点及应用

Python 是一种解释型、面向对象的高级程序设计语言。Python 的语法规则相对简单，使得程序代码清晰、简洁。

1.1.1 Python 的特点

Python 的特点如下。

（1）简单易学：Python 的语法简洁，非常接近自然语言，它仅需要少量关键字就可识别条件、循环、函数等程序结构。与其他编程语言相比，Python 可以使用更少的代码实现相同的功能。

（2）面向对象：Python 支持面向对象编程，可以使用类和对象来组织和管理代码。面向对象的编程范式使得代码更加模块化、可重用和易于维护。

（3）丰富的库：Python 拥有丰富的内置标准库和第三方库，可以帮助开发人员快速、高效地处理各种工作。

（4）可移植性：Python 作为一种解释型语言，可以在任何安装了 Python 解释器的环境中执行，因此使用 Python 开发的程序具有良好的可移植性。

（5）免费开源：Python 是开源的，并且有一个庞大而活跃的开发者社区，提供了丰富的资源和支持。

1.1.2 Python 的应用

Python 被广泛应用于许多领域，主要的应用领域如下。

（1）Web 开发：Python 具有丰富的 Web 框架，如 Django 和 TurboGears，可以用于开发 Web 应用、网站、API 等。许多大型网站都是使用 Python 开发的，如 Google、豆瓣、YouTube 等。

（2）数据科学：Python 具有各种数据科学工具和库，如 NumPy、pandas、scikit-learn 等，可以用于数据分析、数据建模、机器学习等。

（3）人工智能：Python 是人工智能领域的主要编程语言，应用领域涵盖自然语言处理、图像处理、语音识别、深度学习等。

（4）自动化运维和测试：Python 是编写自动化工具和脚本的主要语言之一，可以用于自动化测试、系统监测、数据采集等。

（5）游戏开发：Python 在游戏开发领域有着广泛应用，提供 Pygame 和 Panda3D 等库。

1.2 Python 环境配置

Python 环境配置通常指的是安装 Python 解释器和管理第三方库。为了方便开发，还可以安装一些集成开发环境来编写和运行 Python 代码。常见的集成开发环境有 PyCharm、

VS Code 等。

1.2.1 安装 Python 解释器

安装 Python 解释器通常是一个相对简单的过程，以下是针对 Windows 系统的 Python 安装步骤。

1. 下载 Python

在 Python 官网可以下载 Python 解释器以搭建 Python 开发环境。具体操作步骤如下。

（1）打开官网，进入页面后单击导航中的“Downloads”。

（2）选择“Downloads”菜单下的“Windows”命令，如图 1-1 所示。

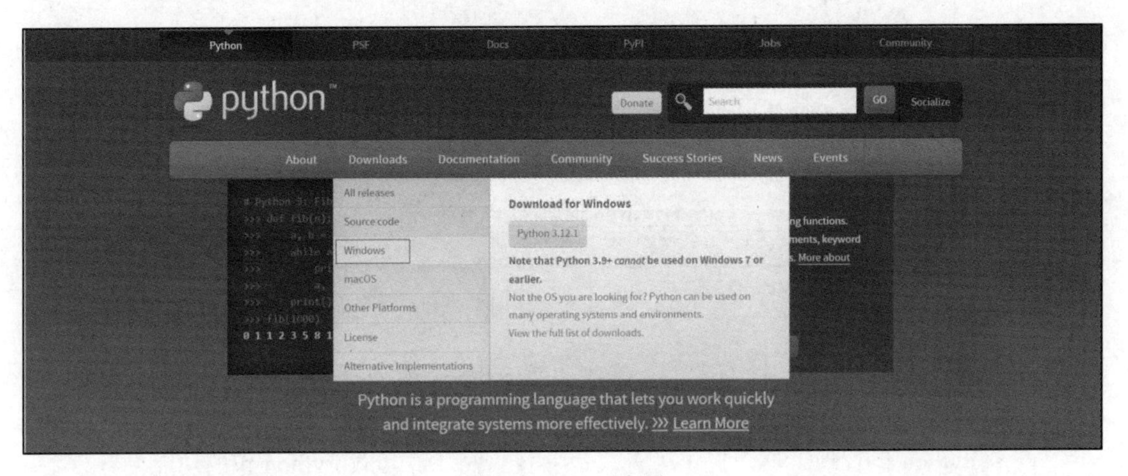

图 1-1　Python 官网

（3）找到 Python 3.12.1 安装包，如果 Windows 系统版本是 32 位的，那么单击“Windows installer (32-bit)”超链接，然后下载；如果 Windows 系统版本是 64 位的，那么单击“Windows installer (64-bit)”超链接，然后下载，如图 1-2 所示。

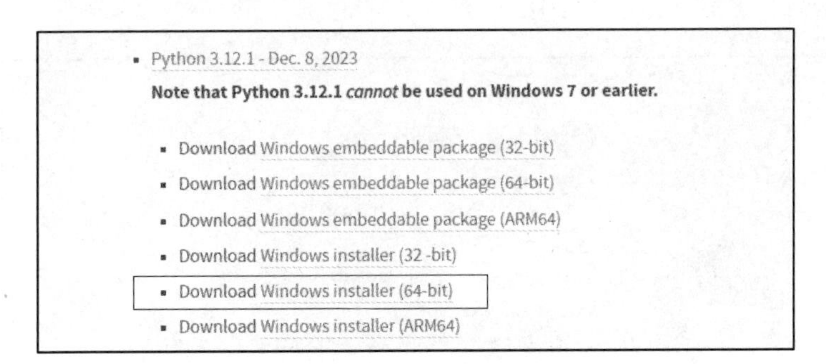

图 1-2　Python 3.12.1 安装包

2. 安装 Python

安装 Python 的步骤如下。

（1）下载完成后，双击所下载的文件，打开安装向导窗口。

安装界面显示了两种安装方式，分别为“Install Now”和“Customize installation”。其中，

“Install Now”为默认安装方式，“Customize installation”为自定义安装方式。

此外，安装界面下方有一个“Add Python.exe to PATH”选项，若勾选此复选框，则会将Python 解释器的安装路径自动添加到环境变量中；若不勾选此复选框，则在使用 Python 解释器之前需要手动将 Python 解释器的安装路径添加到环境变量中。

（2）勾选“Add Python to PATH”复选框，单击“Customize installaion”按钮，如图 1-3 所示。

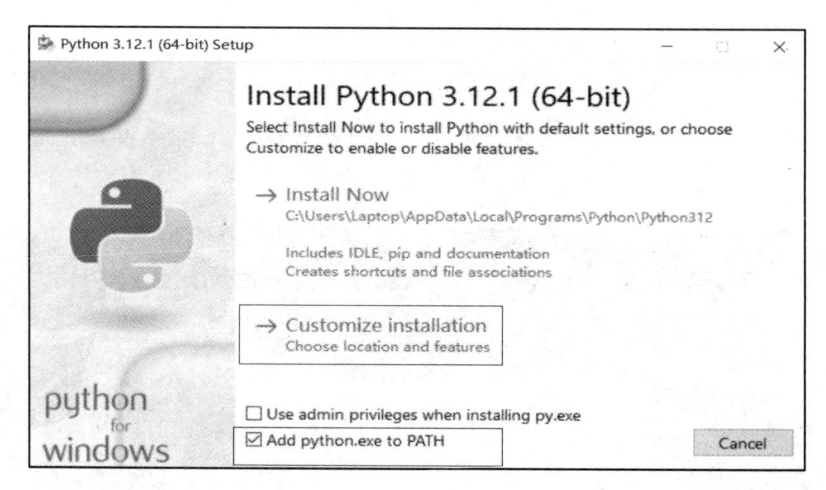

图 1-3　Python 安装向导窗口

（3）默认勾选图 1-4 中的所有功能，这些功能的相关介绍如下。

①Documentation：Python 帮助文档，其目的是帮助开发者查看 API 和相关说明。

②pip：Python 包管理工具，提供了查找、下载、安装、卸载 Python 包的功能。

③td/tk and IDLE：tk 是 Python 的标准图形用户界面接口，IDLE 是 Python 自带的简洁的集成开发环境。

④Python test suite：Python 标准库测试套件。

⑤py launcher：安装 Python Launcher 后可以通过全局命令 py 方便地启动 Python。

⑥for all users：适用所有用户使用。

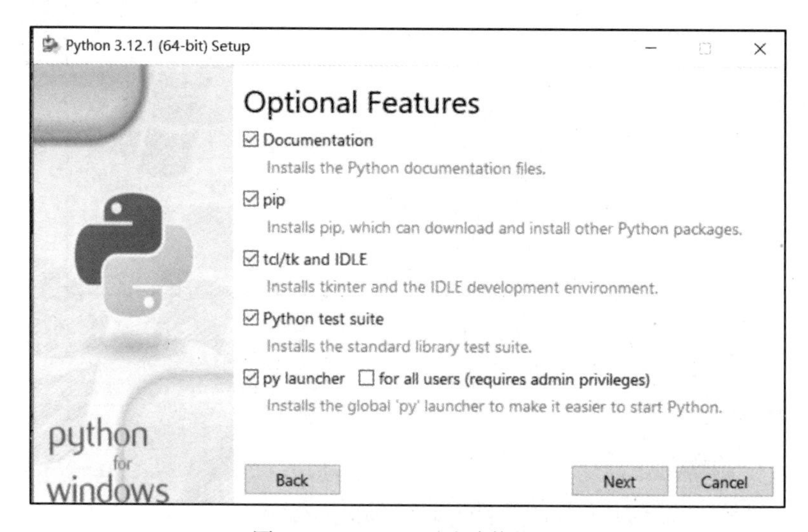

图 1-4　Python 可选功能界面

（4）保持默认配置，单击“Next”按钮进入设置高级选项的界面，用户在该界面中依然可以根据自身需求勾选功能，并设置 Python 安装路径，具体如图 1-5 所示。

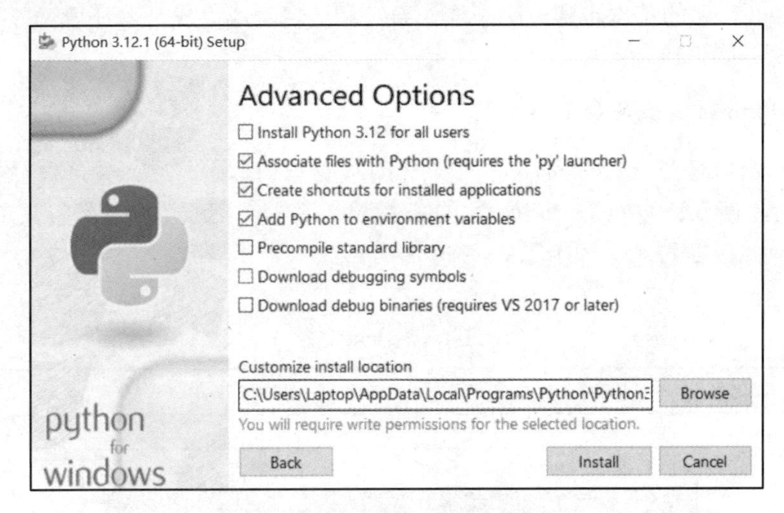

图 1-5　勾选功能，设置安装路径

（5）选定好 Python 的安装路径后，单击“Install”按钮开始安装，安装成功后如图 1-6 所示。

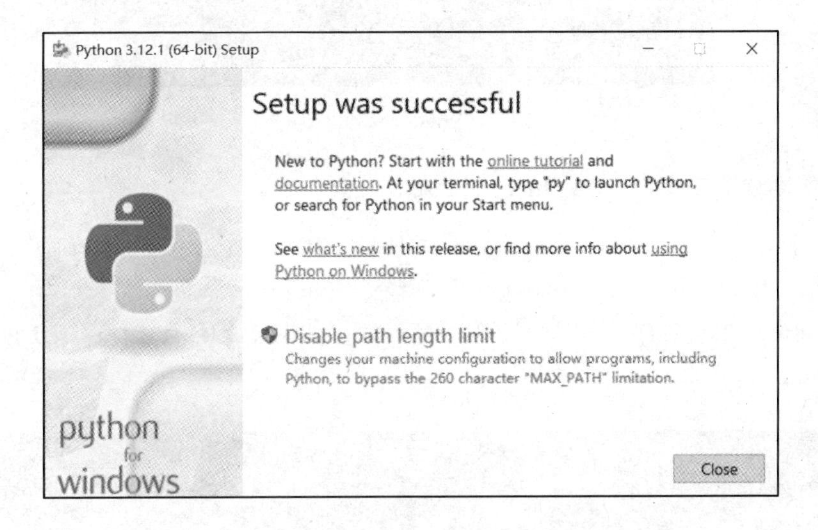

图 1-6　Python 安装成功

至此，Python 安装完成，可以使用 Windows 系统中的命令提示符检测 Python 是否安装成功。在 Windows 系统中打开命令提示符窗口，输入“Python”后按回车键将显示 Python 的版本信息，表明安装成功，如图 1-7 所示。

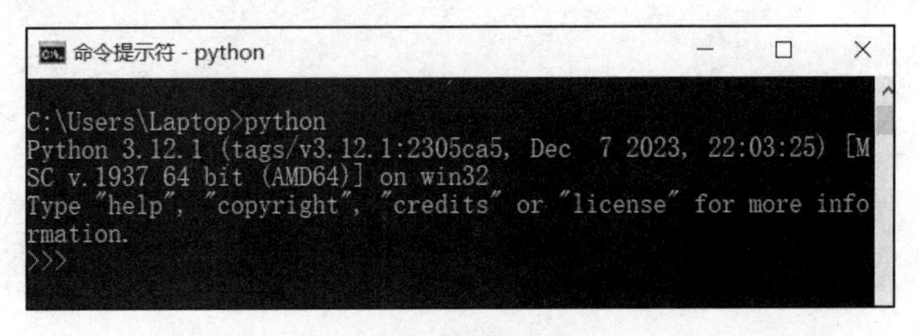

图 1-7　命令提示符窗口

1.2.2 运行 Python 程序

运行 Python 程序的基本步骤取决于操作系统和编辑器或集成开发环境。以下介绍一些通用的方法。

1. 使用 Windows 系统的命令行工具

命令提示符窗口是 Windows 环境下的虚拟 DOS 窗口。打开命令提示符窗口后，输入 Python 命令，如代码 1-1 所示，按回车键，如果出现“>>>”符号，那么说明已经进入 Python 交互式编程环境。Windows 运行结果如图 1-8 所示。

代码 1-1　Python 命令

```
1    print('Hello world')        # 输出 Hello world 语句
```

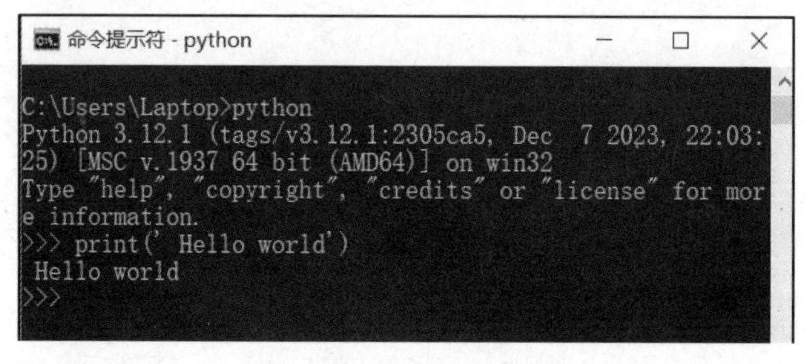

图 1-8　Windows 运行结果

2. 使用带图形界面的 Python Shell——IDLE

IDLE 是开发 Python 程序的基本集成开发环境。IDLE 适合用来测试和演示一些简单代码的执行效果。IDLE 由 Guido 亲自编写，安装好 Python 后，可以在“开始”菜单中选择“IDLE (Python 3.12 64-bit)”，即可打开环境界面，如图 1-9 所示，程序 IDLE 运行结果如图 1-10 所示。

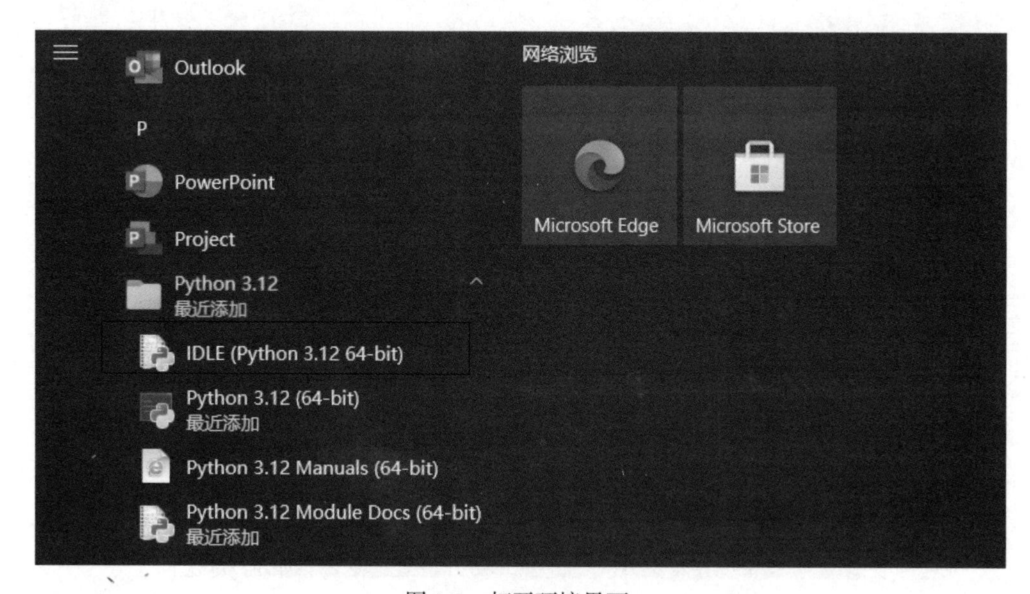

图 1-9　打开环境界面

```
IDLE Shell 3.12.1
File Edit Shell Debug Options Window Help
Python 3.12.1 (tags/v3.12.1:2305ca5, Dec  7 2023, 22:03:25) [MSC v.1937 64 bit (
AMD64)] on win32
Type "help", "copyright", "credits" or "license()" for more information.
>>>
>>> print(' Hello world')
 Hello world
>>> |
```

图 1-10　程序 IDLE 运行结果

3. 使用命令行版本的 Python Shell

在命令行输入“print('Hello world')”后按回车键，输出括号中的语句，如图 1-11 所示。

```
Python 3.12 (64-bit)
Python 3.12.1 (tags/v3.12.1:2305ca5, Dec  7 2023, 22:03:25) [MSC v
.1937 64 bit (AMD64)] on win32
Type "help", "copyright", "credits" or "license" for more informat
ion.
>>> print(' Hello world')
 Hello world
>>>
```

图 1-11　命令行版本的 Python Shell

4. 使用脚本模式

脚本模式指将 Python 代码保存为.py 文件（Python 脚本文件），通过执行该文件来运行 Python 程序。可以通过以下步骤运行。

（1）使用任意文本编辑器（如记事本、Sublime Text）创建一个以.py 结尾的 Python 脚本文件，如 hello.py，将文件保存在命令行默认路径下。

（2）在脚本文件中编写 Python 代码，如代码 1-2 所示。

代码 1-2　Python 代码 1

```
1    print('Hello world')  # 输出 Hello world 语句
```

（3）打开命令行工具。

（4）使用“python hello.py”命令运行该脚本文件，如图 1-12 所示。

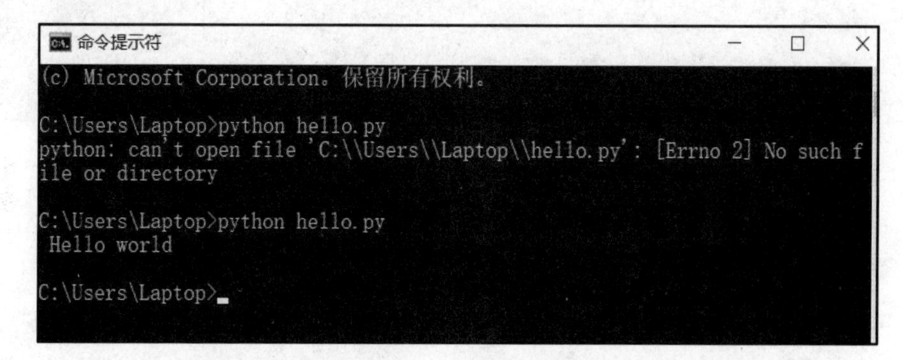

图 1-12　运行结果

1.3 集成开发环境 PyCharm 的安装及使用

PyCharm 是 JetBrains 公司开发的 Python 集成开发环境，由于具有智能代码编辑器、智能提示、自动导入等功能，已成为 Python 专业开发人员和初学者广泛使用的一款 Python 开发工具。

1.3.1 PyCharm 的下载与安装

下面以 Windows 系统为例，介绍如何下载并安装 PyCharm。

1. PyCharm 的下载

（1）打开浏览器，访问 JetBrains 中文官网。

（2）在官网首页，找到 PyCharm 的下载页面。PyCharm 分为专业版和社区版，专业版是收费的，而社区版是免费的。社区版已经足够满足大多数基础的 Python 编程需求。

（3）选择 PyCharm 的社区版，如图 1-13 所示，单击“下载”按钮。

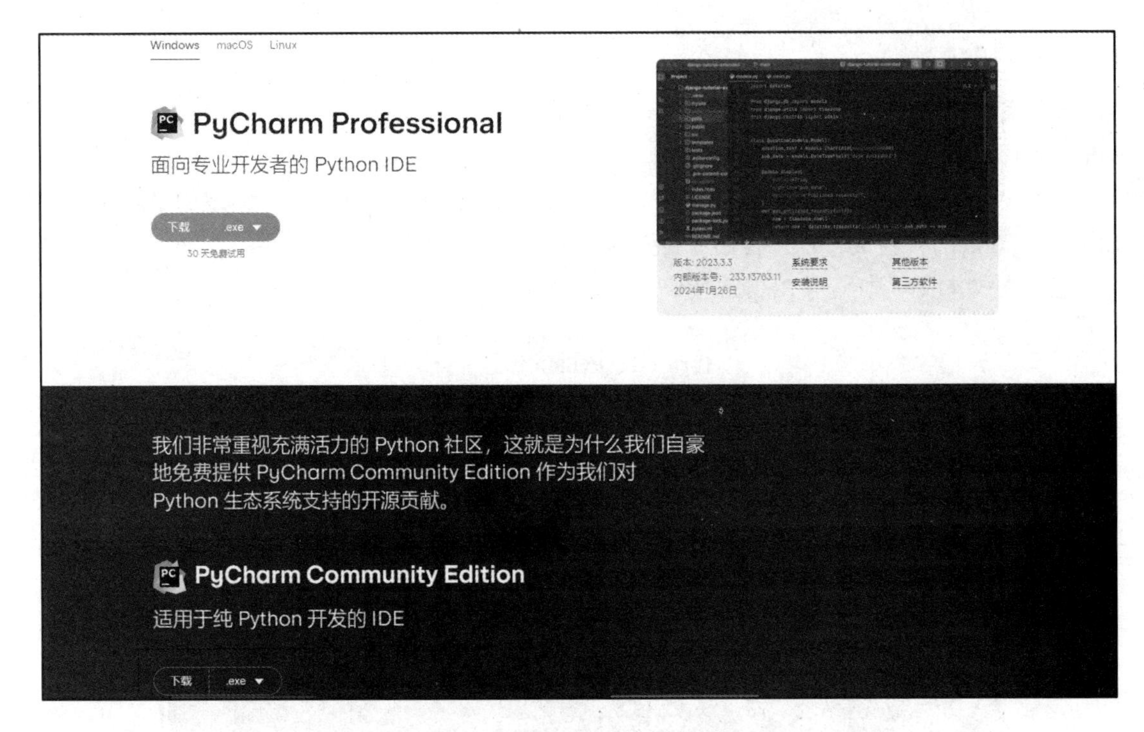

图 1-13　PyCharm 社区版下载

2. PyCharm 的安装

（1）下载完成后，双击安装程序打开安装界面，如图 1-14 所示，单击“下一步”按钮。

（2）在安装界面中自定义安装目录，如图 1-15 所示，单击“下一步”按钮。

图 1-14　PyCharm 安装界面

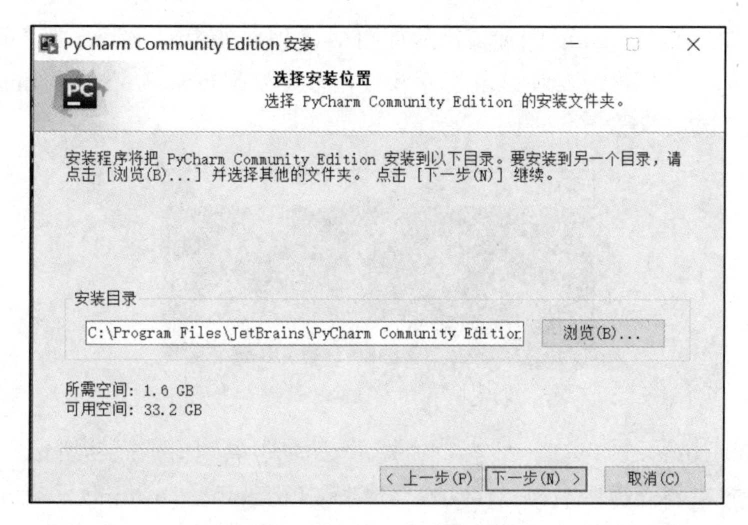

图 1-15　PyCharm 安装目录

（3）在下一个安装界面中创建桌面快捷方式并关联.py 文件，如图 1-16 所示，单击“下一步”按钮。

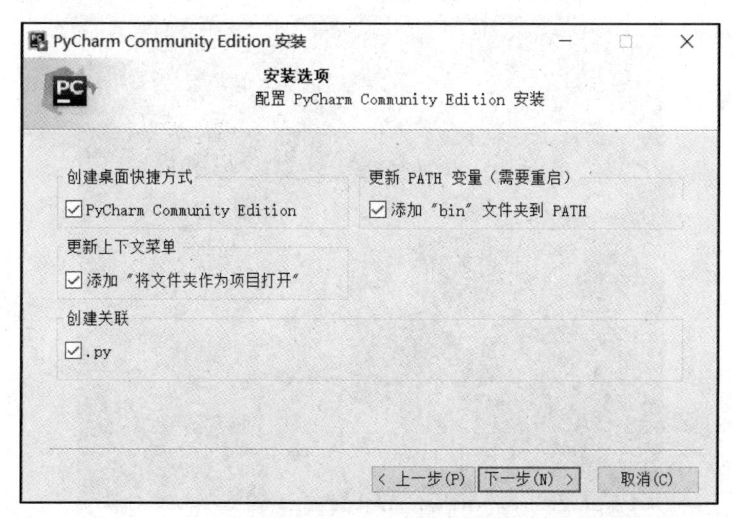

图 1-16　PyCharm 安装向导

（4）安装完成后，单击“完成”按钮，如图 1-17 所示。

图 1-17　PyCharm 安装完成

（5）双击桌面上的 PyCharm 图标，进入如图 1-18 所示的界面。第一个选项为“Config or installation directory”（配置或安装目录），第二个选项为“Do not import settings”（不导入设置），选择第二个选项即可。

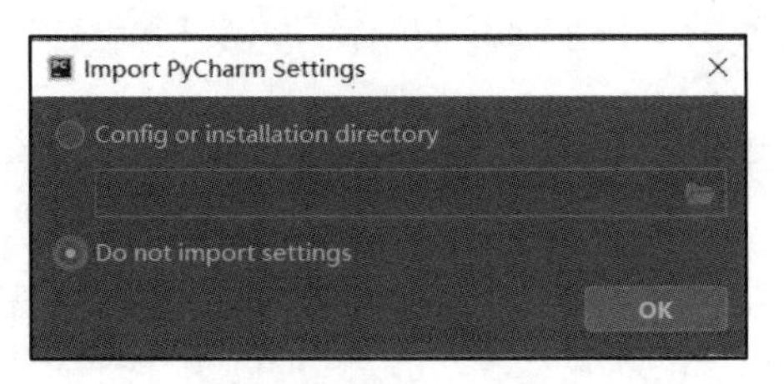

图 1-18　PyCharm 启动

（6）进入 Welcome to PyCharm 窗口，提示安装成功，如图 1-19 所示。“Welcome to PyCharm”窗口的左侧面板中有 4 个选项，分别是 Projects、Customize、Plugins 和 Learn，这 4 个选项分别表示项目、自定义配置、插件和学习 PyCharm 的帮助文档。右侧面板中有 3 个选项，分别是 New Project、Open 和 Get from VCS，这 3 个选项的功能分别是创建新项目、打开已有项目和从版本控制系统中获取项目。

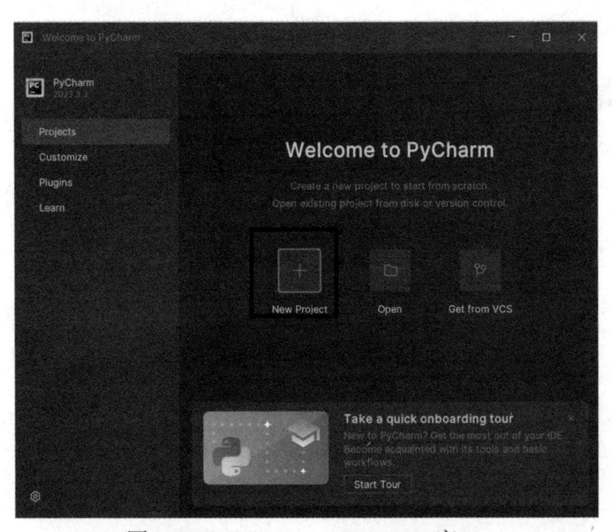

图 1-19　Welcome to PyCharm 窗口

1.3.2 PyCharm 的使用

PyCharm 提供了代码编辑、调试、测试等多种功能，使 Python 开发变得更加高效和便捷。

1. PyCharm 的配置

下面以自定义配置为例，演示如何使用 PyCharm 重置颜色主题，并在项目中运行代码，具体步骤如下。

（1）在图 1-20 中，单击窗口左侧的“Customize”打开自定义配置面板，在该面板中选择颜色主题为 Light。

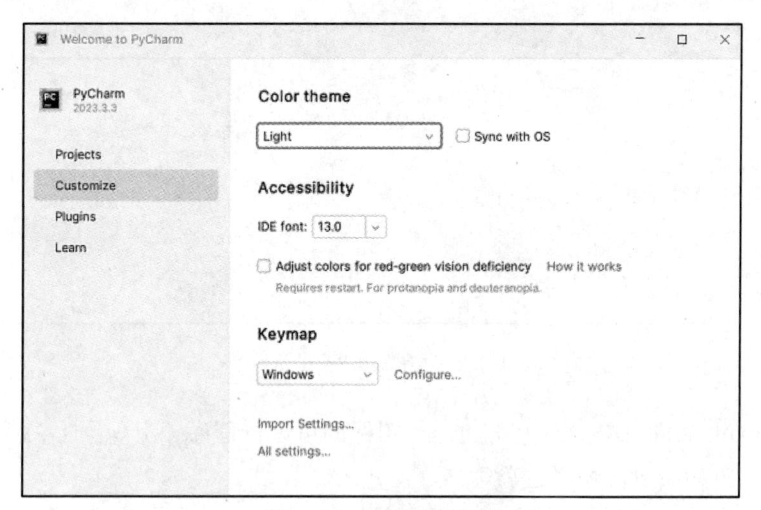

图 1-20　选择颜色主题

（2）单击窗口左侧的“Projects”选项切换回项目面板，单击右侧面板中的“New Project”选项进入 New Project 窗口，如图 1-21 所示，该窗口的部分选项解释如下。

①Name：项目名称。

②Location：项目存储的位置。

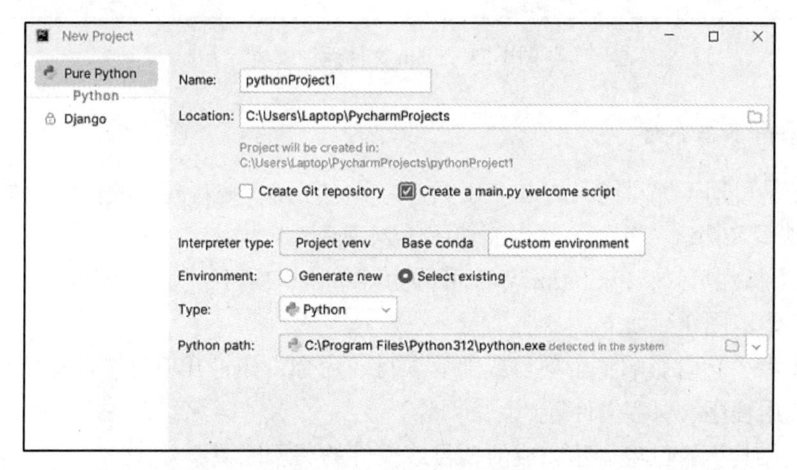

图 1-21　New Project 窗口

③Create a main.py welcome script 复选框：选择是否将 main.py 文件添加到新创建的项目中。

main.py 文件包含简单的 Python 代码示例，可以作为项目的起始文件。

④Interpreter type：解释器类型，其中 Project venv 是指 Virtualenv Environment，即 Python 的虚拟环境；Base conda 是指 Conda Environment，即使用 Anaconda 带有的 Python 解释器；Custom environment 是指自定义设置环境，即配置下载到本地的其他解释器。选择“Custom environment”，选择已经安装的本地 Python 解释器。

（3）上一步完成后，会出现如图 1-22 所示的界面。

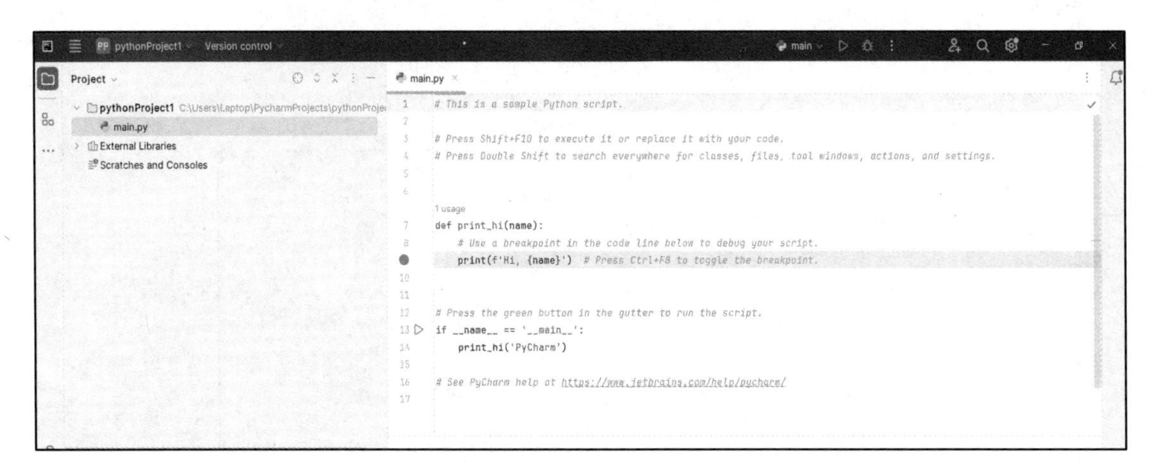

图 1-22　打开默认的 main 文件

（4）查看 main 文件，单击右上角的运行图标即可运行程序，出现图 1-23 所示的结果说明运行成功，此时 PyCharm 环境搭建就完成了。

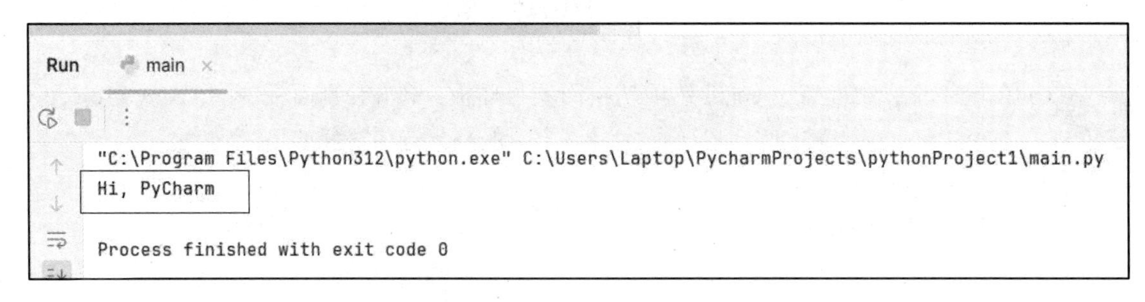

图 1-23　main 文件运行成功

2. PyCharm 界面介绍

PyCharm 是可用于编写代码的 IDE 工具。为了方便读者编写或修改代码，本书的代码均使用 PyCharm 编写和测试。PyCharm 界面如图 1-24 所示。

由图 1-24 标注可知，PyCharm 界面可分为菜单栏、项目结构区、代码区、信息显示区和工具栏，其工作范围介绍如下。

（1）菜单栏：包含影响整个项目或部分项目的命令，如打开项目、创建项目、重构代码、运行和调试应用程序、保存文件等。

（2）项目结构区：已经创建完成的项目或文件的展示区域。

（3）代码区：编写代码的区域。

（4）信息显示区：查看程序输出信息的区域。

（5）工具栏：放置快捷命令，可以实现 Python 交互式等功能。

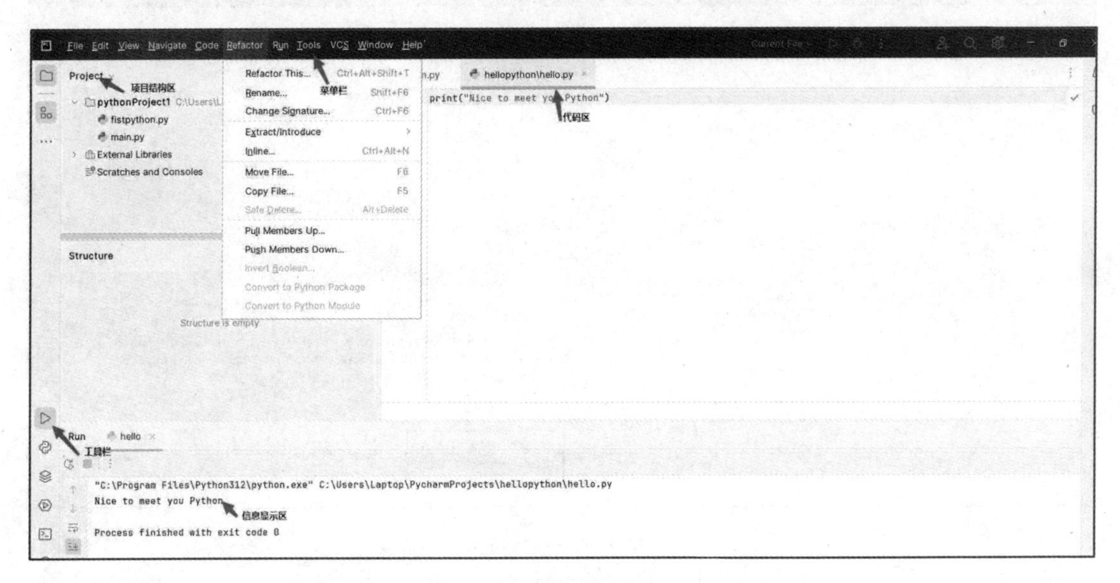

图 1-24　PyCharm 界面

3. Python 项目的创建

下面使用 PyCharm 工具创建 Python 项目和文件，在 Python 文件中编写代码，并展示代码的运行结果，具体步骤如下。

（1）打开 PyCharm 界面，新建一个名为“hellopython”的项目，如图 1-25 所示。

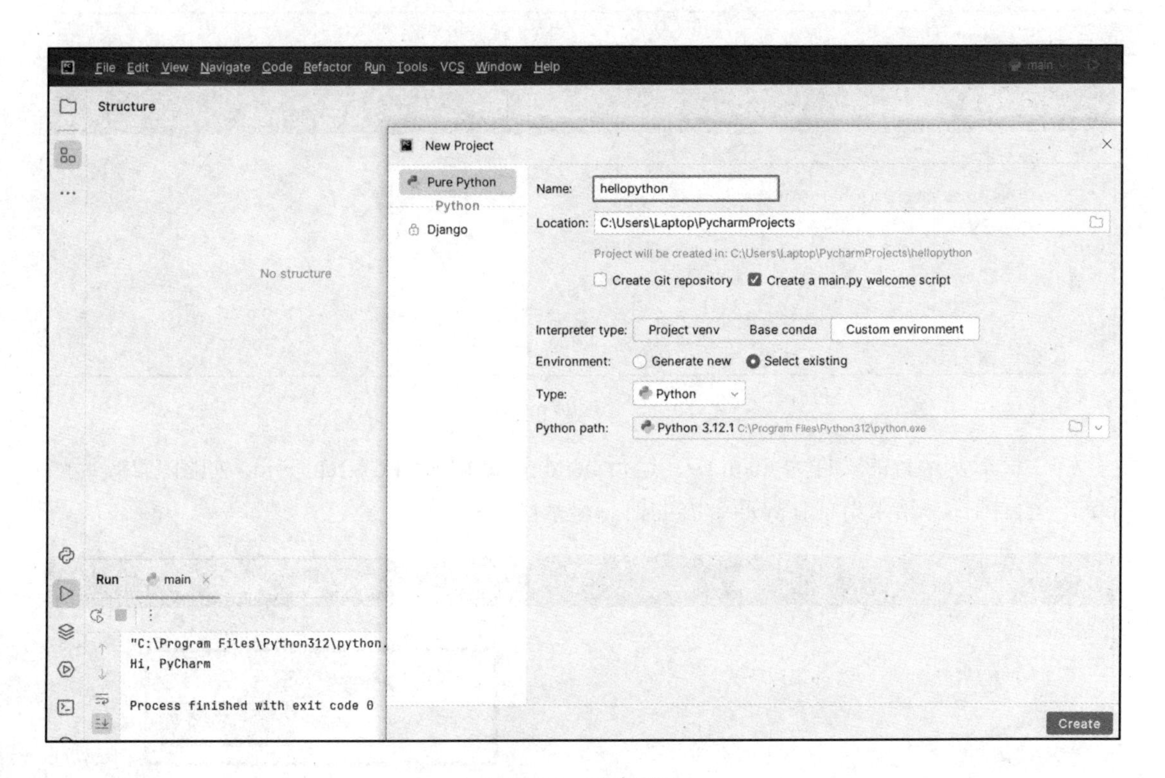

图 1-25　新建项目

（2）单击“Create”按钮，出现一个提示窗口，单击“This Window”按钮，如图 1-26 所示。

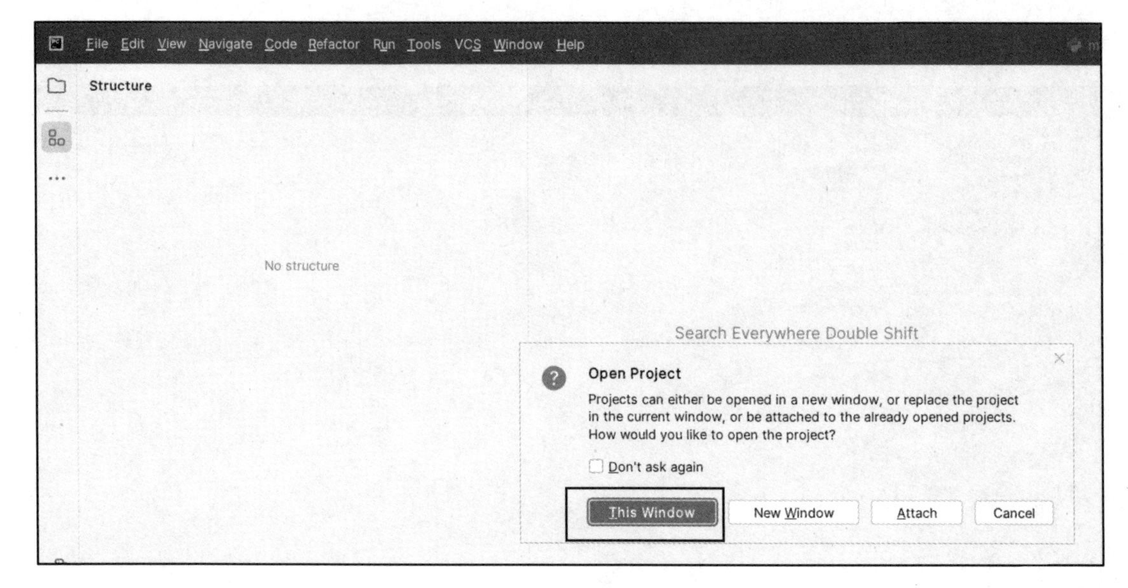

图 1-26　单击“This Window”按钮

（3）鼠标右键单击如图 1-25 所示的项目名称，在弹出的快捷菜单中选择“New”→“Python File”，会弹出 New Python file 窗口。在 New Python file 窗口的文本框中输入“hello”，按回车键后即可看到 hellopython 目录下新增的 hello.py 文件。

在 hello.py 文件编辑区输入如代码 1-3 所示的代码，在 PyCharm 中的界面如图 1-27 所示。

代码 1-3　Python 代码 2

```
1    print("Nice to meet you Python")      # 输出基本语句
```

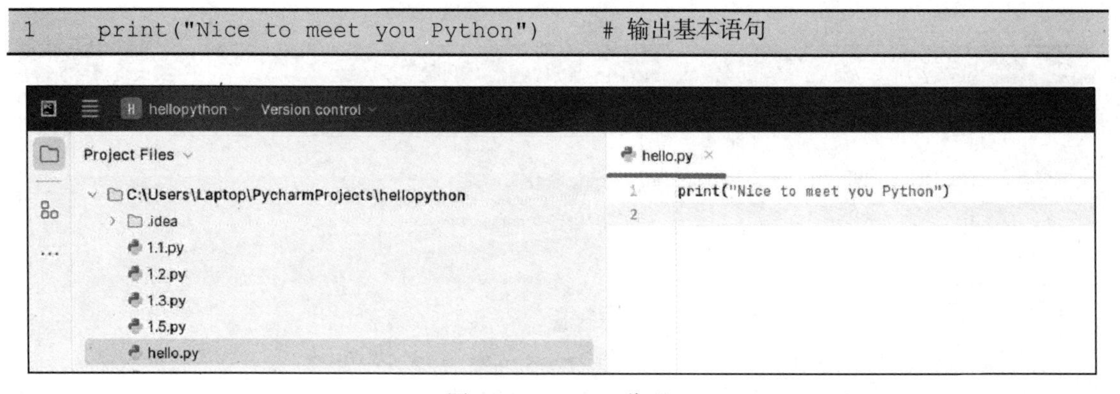

图 1-27　hello.py 代码

（4）因默认运行的文件为 main.py，运行 hello.py 需切换到 Current File，如图 1-28 所示。再单击运行图标，结果出现在界面下方的信息显示区。

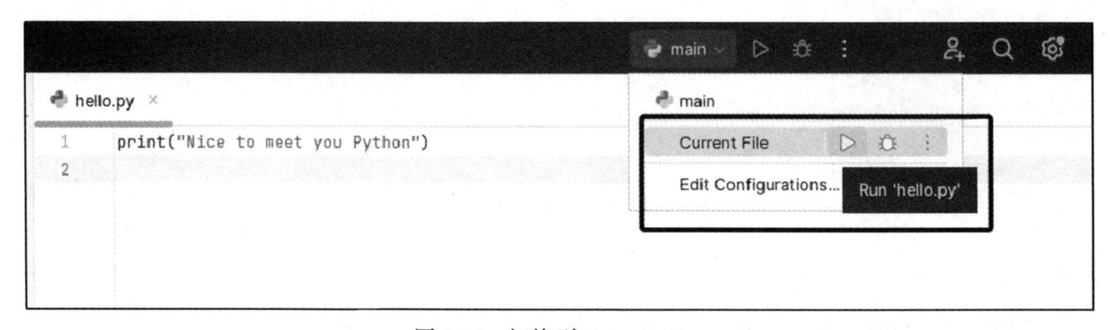

图 1-28　切换到 Current File

（5）信息显示区输出了 hello.py 文件的运行结果，如图 1-29 所示。

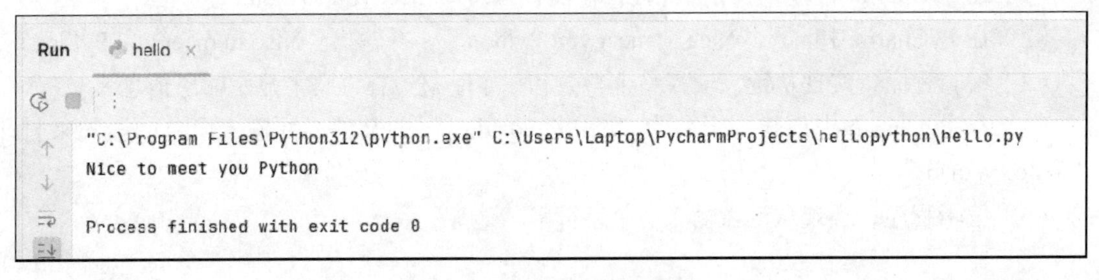

图 1-29 hello.py 的运行结果

小结

本章介绍了 Python 的特点及应用，同时介绍了 Python 环境的搭建过程，其中包括如何在 Windows 系统上安装 Python 解释器。此外，还介绍了常用的 Python 集成开发环境 PyCharm 的安装和基本使用。

习题

1. 选择题

（1）Python 的打开方式不包括（　　）。

A. 在命令提示符窗口输入 Python 命令

B. 使用带图形界面的 Python Shell——IDLE

C. 使用命令行版本的 Python Shell

D. 使用 Python Module Docs

（2）以下关于在 PyCharm 中创建.py 文件的操作正确的是（　　）。

A. File→NewFile　　B. File→New Project

C. File→New→Python File　　D. File→Open

（3）下列选项中，属于 Python 游戏开发领域的是（　　）。

A. NumPy　　B. SciPy　　C. Matplotlib　　D. Pygame

（4）下列选项中，不属于 Python 语言特点的是（　　）。

A. 简洁　　B. 开源　　C. 不支持中文　　D. 可移植

（5）下列关于 Python 解释器的描述中，错误的是（　　）。

A. Python 程序的执行依赖 Python 解释器

B. Python 解释器仅支持 Windows 和 Linux 系统

C. 只有在计算机中安装 Python 解释器，才能运行 Python 代码

D. 在安装 Python 解释器的过程中，可设置环境变量

2. 简答题

（1）简述 Python 的应用领域。

（2）简述 Python 程序的运行过程。

（3）简述 Python 的特性。

3. 编程题

（1）在 PyCharm 中至少使用两种方式输出“Nice to meet you Python”。

（2）在 PyCharm 中输入“Nice to meet you Python”，并输出“Nice to meet you Python”。

（3）编辑程序，实现从键盘输入一个整数和一个字符，在屏幕上显示输出信息。

（4）在 PyCharm 中创建一个名为“hello_world.py”的文件，并输入简单的语句来打印“Hello, World!”。

（5）编辑程序，实现从键盘输入一个字符串。

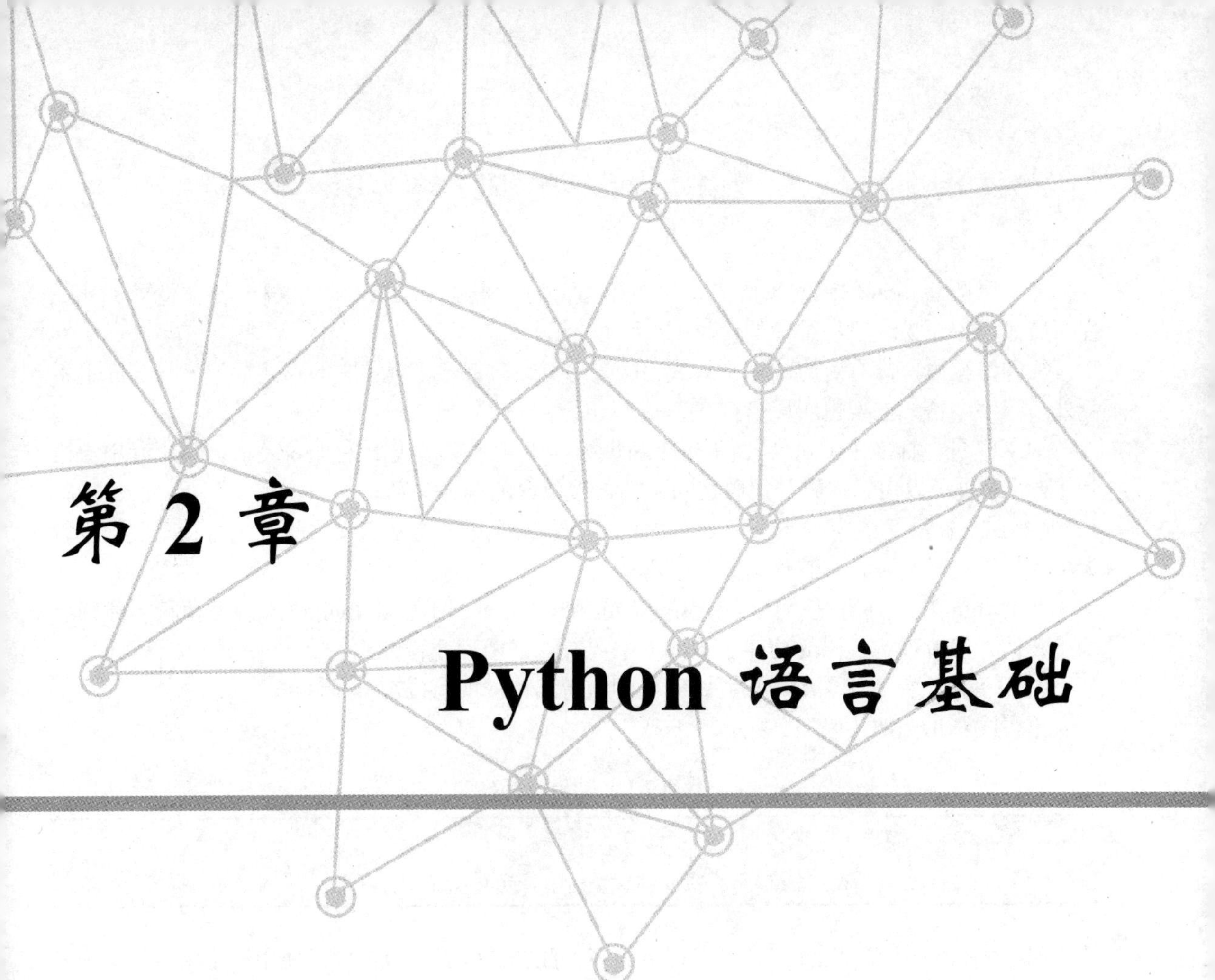

第 2 章 Python 语言基础

在使用 Python 之前，需要了解并掌握 Python 基础语法，这样有助于代码的学习和运用，并有利于保持良好的编程习惯。本章将介绍 Python 变量、数据类型、基本输入/输出、字符串和运算符等，并通过应用案例讲解具体使用方法。

学习目标

（1）掌握 Python 的代码风格。

（2）熟练掌握 Python 变量的常用操作。

（3）熟练掌握 Python 的数据类型。

（4）掌握 Python 输入/输出的基本操作。

（5）掌握 Python 字符串的常用操作。

（6）掌握 Python 常用运算符的使用。

2.1 代码风格

为了保证Python代码的风格统一，Python推出了一份名为“PEP 8”的文档，旨在指导Python程序员如何编写易读、易维护的代码。

每种编程语言都有对应的识别方式，这就需要编写者严格遵守它的格式框架，Python也不例外。程序的格式框架也叫段落格式，是Python语法的一部分。

（1）缩进。标准Python风格中每个缩进级别用4个空格或1个Tab表示，禁止混用空格和Tab。缩进可以表示代码与代码之间包含与被包含的逻辑关系。

（2）空白行。顶层函数与定义的类之间空两行，类中的方法定义之间空一行；函数内逻辑无关的代码之间空一行，其他地方尽量不空行。

在Python中，注释是为代码添加解释或说明的文本，不会被Python解释器执行。注释有助于其他开发者理解代码的功能。Python主要有如下两种注释方式。

（1）单行注释。使用#符号，从#开始到该行结束的所有内容都是注释。

单行注释示例如代码2-1所示。

代码 2-1　单行注释示例

```
1    # 这是一个单行注释
2    print('Hello world')  # 这是一个在代码后面的注释
```

（2）多行注释。Python本身没有直接的多行注释语法，但通常可以使用三个引号（双引号或单引号）来模拟多行注释。

多行注释示例如代码2-2所示。

代码 2-2　多行注释示例

```
1    """
2    这是一个
3    多行注释
4    """
5    print("Hello,again!")
```

2.2 变　　量

变量是在程序运行过程中，其值会发生变化的量。

2.2.1 变量命名的限制

定义变量时需要一个名字，这个名字并不是任意的，必须遵循如下规则。

（1）变量名必须以字母或下画线开头。

（2）变量名只能包含字母、数字和下画线。

（3）变量名是对英文字母大小写敏感的，这意味着 my_var 和 my_Var 是两个不同的变量。

（4）变量名不能是关键字。关键字又称保留字，是 Python 语言中被赋予特殊含义的单词。Python 关键字有 33 个，如表 2-1 所示。

表 2-1　Python 关键字

False	None	True	and	assert	as	async	await	break	class
continue	def	elif	else	except	finally	for	from	global	if
import	in	is	lambda	nonlocal	not	or	pass	raise	try
while	with	yield							

2.2.2　变量赋值

在 Python 中，不需要先声明变量名及其类型，直接赋值即可创建各种类型的变量。赋值就是定义变量，每个变量都应该先赋值再使用。为变量赋值可以通过等号来实现。其语法格式如下。

```
变量名 = value
```

创建不同类型变量的示例如代码 2-3 所示。

代码 2-3　创建不同类型变量的示例

```
1    age = 30  # 整数变量
2    pi = 3.14159  # 浮点数变量
3    name = "Alice"  # 字符串变量
4    is_valid = True  # 布尔变量
5    fruits = ["apple", "banana", "cherry"]  # 列表变量（可变序列）
6    colors = ("red", "green", "blue")  # 元组变量（不可变序列）
```

2.3　数据类型

在 Python 中，基本数据类型分为数值型（Number）和组合数据类型，组合数据类型包括字符串型（String）、列表型（List）、元组型（Tuple）、字典型（Dictionary）和集合型（Set）。Python 的基本数据类型如图 2-1 所示。

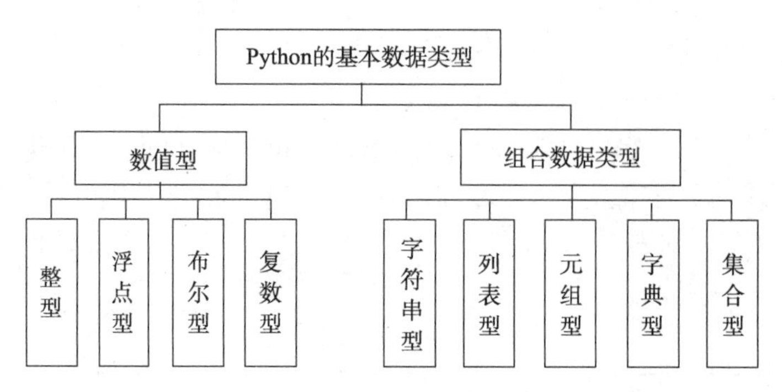

图 2-1 Python 的基本数据类型

数值型（Number）又可进一步分为整型（int）、浮点型（float）、布尔型（bool）和复数型（complex），组合数据类型中的字符串型将在 2.4 节介绍，其他的组合数据类型，如列表型、元组型、字典型和集合型等将在第 5 章详细介绍。

（1）整型（int）用于表示整数，包括正整数、负整数和 0。Python 中整型数据的取值范围只与计算机的内存有关。Python 中可以使用 4 种进制方式表示整型数据，分别为二进制、八进制、十进制和十六进制，默认采用十进制表示。用十进制以外的进制表示需要增加引导符号，其中二进制以“0b”或“0B”开头，八进制以“0o”或“0O”开头，十六进制数以“0x”或“0X”开头。

分别使用不同的进制表示整数 10，如代码 2-4 所示。

代码 2-4 数值型代码示例

```
1    a = 0b1010  # 二进制
2    b = 0o12  # 八进制
3    c = 10  # 十进制
4    d = 0xa  # 十六进制
```

（2）浮点型（float）用于表示包含小数部分的数据，如 1.23、3.14 等。Python 中浮点型一般以十进制表示，由整数和小数部分组成。

浮点型代码示例如代码 2-5 所示。

代码 2-5 浮点型代码示例

```
1    1.23, 10.0, 36.5
```

浮点型可以使用科学计数法表示。科学计数法会把一个数表示成 a 与 10 的 *n* 次幂相乘的形式，Python 使用字母 e 或 E 代表底数 10。

科学计数浮点型代码示例如代码 2-6 所示。

代码 2-6 科学计数浮点型代码示例

```
1    -3.14e2  # 即-314
2    3.14e-3  # 即 0.00314
```

（3）布尔型（bool）有 True 和 False 两个值，通常用于条件判断。常见的布尔值为 False

的情况如下。

①None。

②任何为 0 的数字类型，如 0、0.0、0j。

③任何空序列，如空字符串""、空元组()、空列表[]。

④空字典，如{}。

使用布尔函数 bool()可以查看数据的布尔值，示例如代码 2-7 所示。

代码 2-7　布尔型代码示例

```
1    print(bool(""))  # 查看""的布尔值
2    print(bool("this is a test"))  # 查看"this is a test"的布尔值
3    print(bool(42))  # 查看 42 的布尔值
4    print(bool(0))  # 查看 0 的布尔值
```

运行代码 2-7 的结果如下。

```
False
True
True
False
```

（4）复数型（complex）用于表示复数，即包含实部和虚部的数字。

复数由实部和虚部组成，一般形式为 real+imagj，其中 real 为实部，imag 为虚部，j 为虚部单位，如 3+2j、3.1+4.9j。

定义一个实部是 3、虚部是 2 的复数，如代码 2-8 所示。

代码 2-8　复数型代码示例

```
1    print(3 + 2j)
```

运行代码 2-8 的结果如下。

```
(3+2j)
```

使用内置函数 complex(real.imag)可以通过传入实部（real）和虚部（imag）的方式定义复数。若没有代入虚部，则虚部默认为 0。

使用内置函数示例如代码 2-9 所示。

代码 2-9　内置函数代码示例

```
1    a = complex(3, 2)  # 定义一个复数，复数的实部为 3，虚部为 2
2    print(a)
3    b = complex(5)       # 定义一个复数，复数的实部为 3
4    print(b)
```

运行代码 2-9 的结果如下。

```
(3+2j)
(5+0j)
```

Python 是一种动态类型语言，不需要在声明变量时指定其类型，Python 会根据赋值给变量的值自动确定变量的类型。

2.4 基本输入/输出

输入/输出可以实现用户交互、读写文件，以及在程序运行过程中输出结果。常用的输入输出函数包括 input()、print()、eval()等。

2.4.1 input()函数

input()函数用于从标准输入设备（通常是键盘）获取用户输入的数据。默认情况下，input()函数将输入作为字符串类型返回。input()函数的语法格式如下。

```
input([prompt])
```

input()函数语法格式中的 prompt 是 input()函数的参数，用于设置接收用户输入时的提示信息，可以省略。

input()函数代码示例如代码 2-10 所示。

代码 2-10 input()函数代码示例

```
1    name = input("请输入你的姓名：")
2    age = input("请输入你的年龄：")
3    print(f'我的姓名是{name}，年龄是{age}')
```

运行代码 2-10 的结果如下。

```
请输入你的姓名：小白
请输入你的年龄：20
我的姓名是小白，年龄是 20
```

2.4.2 eval()函数

eval()函数用来执行一个字符串表达式，并返回表达式的值。eval()函数的基本语法如下。

```
eval(expression,globals=None,locals=None)
```

eval()函数的常用参数及说明如表 2-2 所示。

表 2-2 eval()函数的常用参数及说明

参数	说明
expression	这是一个字符串表达式，被执行并返回结果
globals	这是一个可选参数，必须是一个字典，用于在表达式中解析全局变量。如果未提供，则使用当前的全局符号表示
locals	这也是一个可选参数，必须是一个字典，用于在表达式中解析局部变量。如果未提供，则使用当前的局部符号表示

eval()函数代码示例如代码 2-11 所示。

代码 2-11　eval()函数代码示例

```
1    x = 1
2    y = 2
3    expression = "x+y"
4    result = eval(expression)
5    print(result)  # 输出:3
```

在代码 2-11 中，字符串"x+y"被传递给 eval()，通过解析这个表达式，执行加法运算，并返回结果 3。运行代码 2-11 的结果如下。

```
3
```

2.4.3　print()函数

print()函数用于向控制台输出数据，它可以输出任何类型的数据，该函数的语法格式如下，常用的参数及说明如表 2-3 所示。

```
print(*objects,sep=' ',end='\n',file=sys.stdout)
```

表 2-3　print()函数的常用参数及说明

参数	说明
objects	表示输出的对象，多个对象之间使用逗号分隔
sep	用于间隔多个对象，默认值为空格
end	用于设定输出以什么结尾，默认值为换行符\n
file	表示数据输出的文件对象

通过 print()函数输出 2022 年冬季奥运会宣传语的示例如代码 2-12 所示。

代码 2-12　print()函数代码示例

```
1    info = '冰雪筑梦，荣耀北京'
2    mascot = '冬奥会，向世界展示中国的魅力'
3    # 输出变量 info 和 mascot 的值,并设置分隔符为换行符
4    print(info, mascot, sep='\n')
```

运行代码 2-12 的结果如下。

```
冰雪筑梦，荣耀北京
冬奥会，向世界展示中国的魅力
```

2.4.4　转义字符

print()函数的参数 end 的默认值为\n，该参数值表示转义字符中的换行符。转义字符由反斜

杠与 ASCII 字符组合而成，使组合后的字符产生新的含义。转义字符通常用于表示一些无法显示的字符，如换行符、回车符等。常用的转义字符如表 2-4 所示。

表 2-4　转义字符

转义字符	功能说明	转义字符	功能说明
\b	退格符	\r	回车符
\n	换行符	\'	单引号符
\v	纵向制表符	\"	双引号符
\t	横向制表符		

在“冰雪筑梦，荣耀北京；冬奥会，向世界展示中国的魅力”文字中使用换行符，将这段文字分两行输出，如代码 2-13 所示。

代码 2-13　转义字符代码示例

```
1    # 在文字中添加换行符\n
2    info = '冰雪筑梦，荣耀北京\n冬奥会，向世界展示中国的魅力'
3    print(info)
```

运行代码 2-13 的结果如下。

```
冰雪筑梦，荣耀北京
冬奥会，向世界展示中国的魅力
```

2.4.5　应用案例 1：关注个人健康管理

现代社会中，个人健康管理是一个十分重要且具有探讨性的话题。合理饮食、适量运动和良好的生活习惯是维持健康的关键。编程创建一个简单的个人健康管理系统，可帮助个人时刻关注自己的身体健康状况，有助于促进个人健康管理规范化。程序运行效果如图 2-2 所示。

```
请输入您的饮食情况：
我喜欢吃水果
请输入您的运动情况：
我喜欢跑步
我们根据您的饮食情况和运动情况，时刻关注您的个人健康
```

图 2-2　关注个人健康管理的程序运行效果图

【分析】

在设计关注个人健康管理的程序时，需要考虑以下几个方面。

（1）变量定义：程序需要两个简单输入，定义变量 diet_input 用来接收 input()函数所获取到的用户饮食情况，再定义变量 exercise_input 用来接收 input()函数所获取到的用户运动情况。

（2）基本输入输出函数：input()函数可以用于获取用户输入的字符串，通常被用来给出用户所必备的输入信息。print()函数是 Python 中的一个用于输出结果信息的内置函数。这 2 个函

数常常搭配使用，程序使用 input()函数和 print()函数提供一个简单的个人健康管理建议。

（3）转义字符：为美化代码运行界面，增强界面简洁性或与用户交互的舒适性，程序使用转义字符\n 进行输出换行。

（4）变量输出：程序需要定义变量 health_advice 来给出固定健康建议，并使用 print()函数把变量 health_advice 输出到控制台。

【实现】

首先，定义一个变量 diet_print，使用输入函数 input()获取用户所输入的饮食情况，并使用转义字符\n 进行换行输出，以保证程序的简洁性和易读性，具体实现如代码 2-14 所示。

代码 2-14 变量定义

```
1    # 定义变量 diet_input 获取用户的饮食情况
2    diet_input= input("请输入您的饮食情况:\n")
```

然后，定义一个变量 exercise_input，用于接收 input()函数所获取到的用户运动情况，并辅以转义字符\n 实现换行输出。定义变量 health_advice 来给出固定的健康提示信息，并使用 print()函数将变量 health_advice 的值输出，详细实现如代码 2-15 所示。

代码 2-15 关注个人健康管理

```
1    # 定义变量 exercise_input 获取用户的运动情况
2    exercise_input=input("请输入您的运动情况:\n")
3    # 定义变量 health_advice
4    health_advice="我们根据您的饮食情况和运动情况，时刻关注您的个人健康"
5    # 输出变量 health_advice
6    print(health_advice)
```

2.5 字 符 串

在 Python 中，字符串是用于表示文本的数据类型。字符串是一系列字符（如字母、数字、标点符号等）的集合，这些字符被包含在一对单引号（'）、双引号（"）或三引号（'''或"""）中。

字符串代码示例如代码 2-16 所示。

代码 2-16 字符串代码示例

```
1    str1 = 'Python'  # 使用单引号
2    str2 = "Python"  # 使用双引号
3    str3 = '''Python'''  # 使用三单引号
```

2.5.1 字符串的格式化输出

Python 提供了几种不同的方法来格式化字符串，包括旧式的%操作符、format()方法，以及从 Python 3.6 开始引入的 f-string（格式化字符串字面量）。

1. 使用%操作符

格式化字符串是指将指定的字符串转换为想要的格式。字符串具有一种特殊的内置操作，可以使用%进行格式化，其使用格式如下。

```
format%values
```

其中，format 表示需要被格式化的字符串，该字符串中包含单个或多个真实数据占位的格式符；values 表示单个或多个真实数据，多个真实数据以元组的形式存储；%为执行格式化操作，即将 format 中的格式符替换为 values。

Python 中常见的格式符如表 2-5 所示。

表 2-5　常见的格式符

格式符	说明
%c	将对应的数据格式化为字符
%s	将对应的数据格式化为字符串符
%d	将对应的数据格式化为整数
%u	将对应的数据格式化为无符号整型
%o	将对应的数据格式化为无符号八进制数
%x	将对应的数据格式化为无符号十六进制数
%f	将对应的数据格式化为浮点数，可指定小数点后的精度，默认保留 6 位小数

如表 2-5 所示的格式符均由%和字符组成，%后面的字符表示真实数据被转换的类型。以格式符%d 为例，使用%对字符串进行格式化操作，如代码 2-17 所示。

代码 2-17　%操作符代码示例

```
1    age = 10
2    format_str = '我今年%d 岁。'
3    print(format_str % age)
```

在代码 2-17 中，首先定义了一个变量 age 和一个字符串 format_str，该字符串中包含一个格式符%d，然后使用%字符串 format_str 进行格式化操作，将字符串 format_str 中的格式符%d 替换为变量 age 的值。运行代码 2-17 的结果如下。

```
我今年 10 岁。
```

此外，如果字符串中包含多个格式符，那么%后面需要跟上一个元组，该元组中存储了需要替换的多个真实数据。

多个%操作符代码示例如代码 2-18 所示。

代码 2-18　多个%操作符代码示例

```
1    name = '小明'
2    age = 10
3    format_str = '我叫%s,今年%d 岁。'  # 通过两个格式符%s 和%d 为真实数据占位
```

运行代码 2-18 的结果如下。

```
我叫小明，今年 10 岁。
```

2. 使用 format()方法

虽然使用%可以对字符串进行格式化操作，但是这种方法并不直观，一旦开发人员遗漏了替换数据或选择了不匹配的格式符，就会导致字符串格式化失败。为了能更直观、便捷地格式化字符串，Python 为字符串提供了一个格式化方法 format()。format()方法的语法格式如下。

```
str.format(values)
```

在 format()方法中，str 表示需要被格式化的字符串，字符串中包含单个或多个为真实数据占位的符号{}；values 表示单个或多个待替换的真实数据，多个数据之间以逗号分隔。

使用 format()方法格式化字符串，如代码 2-19 所示。

代码 2-19 format()方法代码示例

```
1    name = '小明'
2    string = '我叫{}'
3    print(string.format(name))
```

运行代码 2-19 的结果如下。

```
我叫小明
```

从该结果可以看出，字符串中的占位符号{}被替换为变量 name 存储的数据小明。

3. 使用 f-string 方法

f-string 是 Python 3.6 及之后版本中引入的一种新特性，允许在字符串字面量中嵌入表达式，这些表达式在运行时会被求值，并且其结果会被插入字符串中相应的位置。f-string 提供了最简洁且易读的字符串格式化方式。在形式上以修饰符 f 或 F 引领字符串，在字符串的指定位置使用{变量名}标明需要被替换的真实数据。f-string 的语法格式如下。

```
f{变量名}或 F{变量名}
```

使用 f-string 方法格式化字符串，如代码 2-20 所示。

代码 2-20 f-string 方法代码示例

```
1    name = '小明'
2    age = 25
3    string = f'我叫{name},今年{age}岁'
4    print(string)
```

运行代码 2-20 的结果如下。

```
我叫小明，今年 25 岁
```

2.5.2 字符串的常见操作

Python 中字符串有许多常见的操作，这些操作允许修改、查询和转换字符串的内容。以下是一些常见的字符串操作示例。

1. 字符串的分割

字符串的 split()方法可以使用分隔符把字符串分割成一个序列。split()方法的语法格式如下。

```
str.split(sep=None,maxsplit=-1)
```

split()方法的常用参数及其说明如表 2-6 所示。

表 2-6 split()方法的常用参数及其说明

参数	说明
sep	表示分隔符。如果没有指定分隔符或值为 None，那么分隔符默认是空白字符或空字符串
maxsplit	分隔次数，默认值为–1，表示不限制分隔次数

分别以空格、字母 m 和字母 e 为分隔符对字符串 'The more efforts you make, the more fortune you get.' 进行分割，如代码 2-21 所示。

代码 2-21 split 方法代码示例

```
1  string_example = 'The more efforts you make,the more fortune you get.'
2  print(string_example.split())  # 以空格作为分隔符
3  print(string_example.split('m'))  # 以字母 m 作为分隔符
4  print(string_example.split('e', 2))  # 以字母 e 作为分隔符，分割 2 次
```

运行代码 2-21 的结果如下。

```
['The', 'more', 'efforts', 'you', 'make,the', 'more', 'fortune', 'you', 'get.']
['The ', 'ore efforts you ', 'ake,the ', 'ore fortune you get.']
['Th', ' mor', ' efforts you make,the more fortune you get.']
```

2. 字符串的拼接

Python 中有两种拼接字符串的方法，分别是 join()方法和运算符+。其中 join()方法用于将可迭代对象中的每个元素分别与指定的字符拼接，并生成一个新的字符串。join()方法的语法格式如下。

```
str.join(iterable)
```

参数 iterabe 表示可迭代对象，如字符串、列表、元组、字典等都是可迭代对象。使用*拼接字符串 'Python' 中的各个字符。

join()方法代码示例如代码 2-22 所示。

代码 2-22 join()方法代码示例

```
1  symbol = '*'
2  word = 'Python'
3  print(symbol.join(word))
```

运行代码 2-22 的结果如下。

```
P*y*t*h*o*n
```

用运算符+拼接字符串，将两个字符串拼接后生成一个新的字符串，如代码 2-23 所示。

代码 2-23　运算符+代码示例

```
1   start = 'Py'
2   end = 'thon'
3   print(start + end)
```

运行代码 2-23 的结果如下。

```
Python
```

2.5.3　字符串的索引和切片

在 Python 中，字符串的索引和切片是操作字符串时常用的方法。

1. 字符串的索引

字符串的索引分为正索引和负索引，通常说的索引是正索引。在 Python 中，索引是从 0 开始的，即第一个字母的索引是 0，第二个字母的索引是 1，以此类推，如图 2-3 所示。很明显，正索引是从左到右标记字母；负索引是从右到左标记字母，然后加上一个负号。负索引的第一个值是–1，而不是– 0。

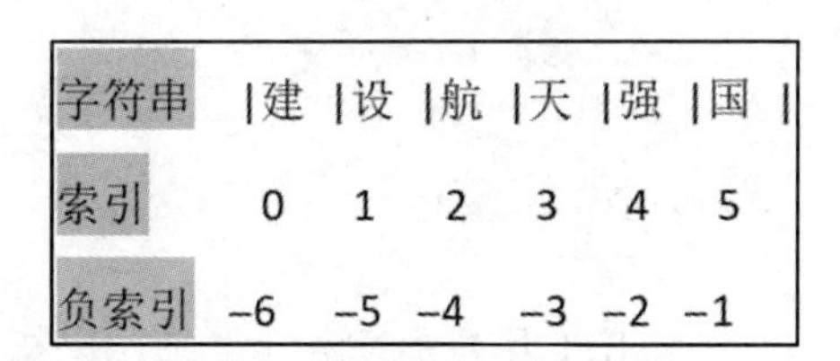

图 2-3　字符串索引

通过索引可以获取字符串中指定位置的字符，语法格式如下。

```
字符串[索引]
```

假设变量 str_python 的值为“建设航天强国”，使用正索引和负索引获取该变量中的字符“强”。需要注意的是，当通过索引访问字符串中的字符时，索引的范围不能越界，否则程序会提示索引越界异常。

字符串索引代码示例如代码 2-24 所示。

代码 2-24　字符串索引代码示例

```
1   str_python[4]   # 利用正索引获取字符
2   str_python[-2]   # 利用负索引获取字符
```

2. 字符串的切片

字符串的切片就是截取字符串的片段，形成子字符串，其语法格式如下。

```
字符串[起始索引:结束索引:步长]
```

其中，方括号里面从左到右依次是起始索引、结束索引和步长，这三项之间以冒号分隔，且可以省略，具体说明如表 2-7 所示。

表 2-7 字符串的切片参数及其说明

参数	说明
起始索引	表示截取字符的起始位置（包含起始索引），取值可以是正索引或负索引
结束索引	表示截取字符的结束位置（不包含结束索引），取值可以为正索引或负索引
步长	表示每隔指定数量的字符截取一次字符串，取值为正、负数均可，默认值为 1。若步长为正数，则会按照从左到右的顺序取值；若步长为负数，则会按照从右到左的顺序取值。需要注意的是，切片选取的区间属于左闭右开型，切下的子字符串包含起始索引，但不包含结束索引

使用字符串切片代码示例如代码 2-25 所示。

代码 2-25 使用字符串切片代码示例

```
1    string = '建设航天强国'
2    print(string[2::])  # 从索引为 2 处开始，到右端点处结束，步长为 1
3    print(string[::])  # 从左端点处开始，到右端点处结束，步长为 1
```

运行代码 2-25 的结果如下。

```
航天强国
建设航天强国
```

2.5.4 应用案例 2：文本进度条

在编程实践中，进度条是一种常见的用户界面元素，常用来指示一个长时间运行任务的完成进度。本案例将创建一个能够根据用户输入的具体数值来进行更新的文本进度条，从而可以呈现出实际的编程任务完成情况。程序运行效果如图 2-4 所示。

```
请输入进度百分比（0-100）：50
[##################################################--------------------------------------------------]
```

图 2-4 文本进度条程序的运行效果图

【分析】

在设计文本进度条的程序时，需要考虑以下几方面。

（1）定义进度值控制变量：程序需要一个输入，定义变量 input_progress 用于接收 input() 函数所获取到的用户输入的进度值，并运用强制类型转换函数 int()，将其转换为整数型以便后续运算，该值所属区间应在 0～100 范围内。

（2）构建进度条字符串：根据变量 input_progress 的不同值，程序需构建不同状态下的进度条字符串。这里使用字符串重复运算符*来重复生成某一字符，再使用字符串拼接运算符+将字符[、字符#、字符–和字符]进行统一组合拼接。

（3）变量输出：程序定义变量 progress_bar 用于接收所构建的进度条字符串，并使用基本输出函数 print()输出。

【实现】

首先，定义一个变量 input_progress，用于获取用户输入的进度值信息，并使用强制类型转换函数 int()将其值转换为整数型，其具体实现如代码 2-26 所示。

代码 2-26　变量定义

```
1    # 获取用户输入的进度值
2    input_progress = int(input("请输入进度百分比（0-100）："))
```

然后，使用字符串拼接运算符+将字符[、字符#、字符 – 和字符]进行拼接。上述字符串运算符*可用于重复字符串，当用此运算符乘一个整数时，该操作会将字符串的内容重复指定的次数，这是字符串操作中的一个常见技巧。根据用户所输入的不同值，所生成的文本进度条字符串也在不断变化。定义变量 progress_bar 用于接收此字符串，并使用 print()函数将其输出到控制台上，详细实现过程如代码 2-27 所示。

代码 2-27　输出文本进度条

```
1    # 定义变量接收文本进度条字符串
2    progress_bar = "[" + "#" * input_progress + "-" * (100 - input_progress)
     + "]"
3    # 输出文本进度条
4    print(progress_bar)
```

2.6　运　算　符

Python 中提供了各种各样的运算符来解决各种实际问题。Python 中的运算符主要包括算术运算符、比较运算符、赋值运算符、逻辑运算符和位运算符。

2.6.1　算术运算符

算术运算符能够完成各种各样的算术运算，如加、减、乘、除等。Python 常用算术运算符如表 2-8 所示。

表 2-8　Python 常用算术运算符

算术运算符	具体描述	示例
+	加，即两个对象相加	3+5 的结果是 8
–	减，即两个对象相减	23–6 的结果是 17
*	乘，即两个对象相乘	2*11 的结果是 22

续表

算术运算符	具体描述	示例
/	除，即两个对象做除法运算	4/2 的结果是 2
%	取模，即返回除法的余数	5%3 的结果是 2
**	求幂，即 x**y，返回 x 的 y 次幂	2**3 的结果是 8
//	整除运算，即返回商的整数部分	21//10 的结果是 2

2.6.2 比较运算符

比较运算符一般用于两个数值或表达式的比较，返回一个布尔值。Python 常用比较运算符如表 2-9 所示。

表 2-9　Python 常用比较运算符

比较运算符	具体描述	示例
= =	等于，即比较对象是否相等	(2= =3)，返回 False
!=	不等于，即比较两个对象是否不相等	!(2= =3)，返回 True
>	大于，即返回 x 是否大于 y	(1>2)，返回 False
<	小于，即返回 x 是否小于 y	(1<2)，返回 True
<=	大于或等于，即返回 x 是否大于或等于 y	(1>=2)，返回 False
<=	小于或等于，即返回 x 是否小于或等于 y	(1<=2)，返回 True

比较运算符代码示例如代码 2-28 所示。

代码 2-28　比较运算符代码示例

```
1    2 == 3
2    2 != 3
```

代码 2-28 的结果运行如下。

```
False
True
```

2.6.3 赋值运算符

Python 常用赋值运算符如表 2-10 所示。

表 2-10　Python 常用赋值运算符

赋值运算符	具体描述	示例
=	简单的赋值运算符	c=a+b，即将 a+b 的结果赋值给 c
+=	加法赋值运算	a+=b，等效于 a=a+b
-=	减法赋值运算	a-=b，等效于 a=a-b

续表

赋值运算符	具体描述	示例
*=	乘法赋值运算	a*=b，等效于 a=a*b
/=	除法赋值运算	a/=b，等效于 a=a/b
%=	取模赋值运算	a%=b，等效于 a=a%b
//=	取整除法赋值运算	a//=b，等效于 a=a//b

赋值运算符代码示例如代码 2-29 所示。

代码 2-29　赋值运算符代码示例

```
1    x = 3  # 简单赋值运算
2    x += 3  # 加法赋值运算
3    print(x)
4    x *= 4  # 乘法赋值运算
5    print(x)
6    x /= 4
7    print(x)  # 除法赋值运算
```

运行代码 2-29 的结果如下。

```
6
24
2.0
```

2.6.4 逻辑运算符

逻辑运算符包括 and、or 和 not，Python 常用逻辑运算符如表 2-11 所示，示例中 a 为 9，b 为 11。

表 2-11　Python 常用逻辑运算符

逻辑运算符	具体描述	示例
and	布尔“与”，即 x and y，如果 x 为 False，返回 False；否则返回 y 的值	代码：a and b 输出结果：11
or	布尔“或”，即 x or y，如果 x 为 True，返回 True；否则返回 x 的值	代码：a or b 输出结果：9
not	布尔“非”，即 not(x)，如果 x 为 True，则返回 False；如果 x 为 False，则返回 True	代码：not(a and b) 输出结果：False

逻辑运算符代码示例如代码 2-30 所示。

代码 2-30　逻辑运算符代码示例

```
1    a = 9
2    b = 11
3    print('a and b=', a and b)
4    print('a or b=', a or b)
5    print('not(a and b)=', not (a and b))
```

运行代码 2-30 的结果如下。

```
a and b=11a
a or b=9
not(a and b)=False
```

2.6.5 位运算符

位运算符允许对整型数中指定的位进行置位运算。Python 常用位运算符如表 2-12 所示。

表 2-12 Python 常用位运算符

位运算符	具体描述
&	按位与运算符：参与运算的两个数如果相应二进制位都为 1，则该位结果为 1，否则为 0
|	按位或运算符：只要对应的两个二进制位有一个为 1，结果位就为 1
^	按位异或运算符：当两者对应的二进制位相异时，结果为 1
~	按位取反运算符：对数据的每个二进制位取反，即把 1 变为 0，把 0 变为 1
<<	左移动运算符：运算数的各二进制位全部左移若干位，由 << 右边的数指定移动的位数，高位丢弃，低位补 0
>>	右移动运算符：运算数的各二进制位全部右移若干位，由 >> 右边的数指定移动的位数，低位丢弃，高位补 0

位运算符代码示例如代码 2-31 所示。

代码 2-31 位运算符代码示例

```
1    a = 56
2    b = 13
3    print('a&b=', a & b)
4    print('a|b=', a | b)
5    print('a^b=', a ^ b)
```

运行代码 2-31 的结果如下。

```
a&b= 8
a|b= 61
a^b= 53
```

2.6.6 运算符优先级

Python 支持的运算符有优先级之分，如表 2-13 所示，运算符按优先级从上到下逐渐降低的顺序排列。

表 2-13 Python 运算符优先级

运算符	具体描述
**	指数（最高优先级）
~ + -	逻辑非、正数、负数（注意：这里的 + 和 - 不是加减运算符）
* / % //	乘、除、取模、取整
+ -	加、减
>> <<	右移、左移

续表

运算符	具体描述
&	按位与运算符
^	按位或运算符
<= < > >=	比较运算符
<> == !=	等于运算符
= %= /= //= – = += *= **=	赋值运算符
is is not	身份运算符
in not in	成员运算符
not or and	逻辑运算符

2.6.7 应用案例3：汇率转换

汇率转换是将一种货币的金额转换为另一种货币的金额的过程，在国际贸易和金融交易中，汇率转换是一种十分常见的需求。用户可在特定提供的金融交易平台上通过输入金额和目标货币的汇率来进行汇率转换，并得到转换后的金额，这将有助于国际贸易与外汇市场的蓬勃发展。本案例将通过编程设计一个简易的汇率转换工具，以此为用户提供汇率转换的功能选择。程序运行效果如图 2-5 所示。

```
请输入金额：1
请输入汇率：7.2255
转换后的金额为：7.2255
```

图 2-5　汇率转换程序的运行效果图

【分析】

在设计实现汇率转换的程序时，需要考虑以下几个方面。

（1）定义输入金额、转换汇率变量：程序需要两个输入，定义变量 amount 和变量 rate 分别用于接收 input()函数所获取到的用户输入金额与转换汇率值，使用赋值运算符将它们连接起来。为保证运算精度，需使用 float()函数将其强制转换为浮点型变量。

（2）汇率转换：程序使用算术运算符*对输入金额和汇率做乘法运算，得到转换后的目标金额。

（3）转换金额输出：需运用 str()函数将转换后的目标金额转换为字符串类型，再利用字符串拼接运算符+进行字符串拼接，最后利用 print()函数进行结果金额的输出。

【实现】

首先，定义变量 amount、rate，input()函数用来接收用户的输入金额与转换汇率值，并使用强制类型转换函数 float()将其值转换为单精度浮点型，具体实现如代码 2-32 所示。

代码 2-32　变量定义

```
1	# 获取用户输入的金额和汇率
2	amount = float(input("请输入金额："))
3	rate = float(input("请输入汇率："))
```

然后，使用乘法运算符*将变量 amount 与变量 rate 相乘，从而达到进行基本汇率转换的目的。定义一个新的变量 converted_amount，使用赋值运算符 = 将相乘后的结果赋值给变量 converted_amount。因其是两个单精度浮点型变量的乘积，故其变量类型也为单精度浮点型，使用强制类型转换函数 str()将其转换为字符串变量，辅以字符串拼接运算符+、print()函数输出，详细汇率转换处理如代码 2-33 所示。

代码 2-33　汇率转换处理

```
1    # 进行汇率转换
2    converted_amount = amount * rate
3    # 输出转换后的金额
4    print("转换后的金额为: " + str(converted_amount))
```

2.7　上机实践：过滤停用词

1. 实验目的

（1）熟练掌握变量的定义方法及赋值操作。
（2）熟练掌握基本输入输出函数的使用方法。
（3）熟练掌握字符串中分割 split()方法和连接 join()方法的使用操作。
（4）理解列表推导式的使用。

2. 实验要求

人工智能在发展新质生产力的道路上起着很重要的作用，而作为人工智能三大应用领域之一的自然语言处理也迎来了全新发展。国内涌现出了一批以文心一言等为代表的自然语言处理大模型。但身处智能化时代的浪潮中，也存在一些挑战，停用词就是如此。“的”“是”“了”等停用词就如同数字世界中的冗余代码，如噪音般干扰着对文本深层含义的解析。

编写一个 Python 程序，读取用户输入的文本，去除其中的停用词，并输出处理后的文本。

3. 运行效果

程序运行效果如图 2-6 所示。

```
请输入一段文本:要 加 强 对 人 工 智 能 发 展 的 潜 在 风 险 的 研 判 和 防 范
过滤后的文本: 加 强 人 工 智 能 发 展 潜 在 风 险 研 判 防 范
```

图 2-6　程序运行效果

4. 程序模板

请按要求，将【代码】替换为 Python 程序代码。

```
1    # 定义停用词列表
2    stopwords = ['的','要','是','和','对']
3    # 输入一段文本
```

```
4     text = input("请输入一段文本：")
5     words = ____________【代码 1】____________ # 使用 split()方法将文本分割成单词列表
6     filtered_words=[word for word in words if word not in stopwords] # 使用列
      表生成式过滤停用词
8     filtered_text = ____________【代码 2】____________ # 使用 join()方法将过滤后的单词列表
      重新组合成字符串
9     # 输出过滤后的文本
10    print("过滤后的文本：", filtered_text)
```

5. 实验指导

（1）首先需要按照具体功能需求定义停用词列表，这通常是文本分析中的重要预处理步骤之一，完备有效的停用词列表可使得问题分析由繁入简。

（2）代码使用 input()函数从键盘获取用户输入，随之利用 split()方法对变量 text 进行分割，并将分割后的子字符串列表存储至 words 中。

（3）应用列表生成式对变量 words 进行筛选过滤，剔除掉停用词，并将处理结果存储至 filtered_words 中。列表生成式是 Python 中一种简洁、高效的创建列表的方法，它常通过与一个表达式和程序控制结构语句相搭配来生成一个新的列表，具有简单逻辑条件下的数据筛选过滤功能，后面章节将详细介绍，在此读者可以尝试理解。

（4）join()方法在本实践中用于重组过滤后的单词列表，用空格字符串调用 join()方法将 filtered_words 中的列表项元素依次进行拼接，最后使用 print()函数输出结果。

6. 实验后的练习

（1）依照功能需求，扩展停用词列表，添加更多的停用词，尝试进行过滤。

（2）在上述程序的基础上，尝试使用其他分隔符，如逗号、句号等，体验 split()方法中第一个参数的作用。

小结

本章主要介绍了 Python 的基础语法和基本数据类型，重点对数值型和字符串型这两个 Python 数据类型进行了介绍。此外，还介绍了 Python 的常用运算符，分别是算术运算符、比较运算符、赋值运算符等，也对运算符的优先级进行了比较。

习题

1. 选择题

（1）下列（　　）不是有效的变量名。

A. _ score　　B. "banana"　　C. Number　　D. my-score

（2）以下不是 Python 的内置数据类型的是（　　）。

A. int　　B. float　　C. list　　D. string

（3）在 Python 中，以下用于比较两个值是否相等的运算符是（　　）。

A. ==　　B. !=　　C. <　　D. >

（4）以下正确描述了 Python 中运算符优先级的是（　　）。

A. 乘法（*）和除法（/）优先于比较运算符（==,!=,>,<）

B. 比较运算符（==,!=,>,<）优先于赋值运算符（=）

C. 赋值运算符（=）优先于所有其他运算符

D. 所有运算符的优先级都是相同的

（5）在 Python 中，以下会首先计算加法运算的是（　　）。

A. a = 3 + 4 * 2　　　　B. a = (3 + 4) * 2

C. a = 3 + (4 * 2)　　　　D. a = 3 * (4 + 2)

（6）使用（　　）关键字来创建自定义函数。

A. Function　　B. func　　C. def　　D. procedure

（7）下列不是 Python 的数据类型的是（　　）。

A. 整数型　　B. 浮点型　　C. 列表型　　D.复数型

（8）下列关于字符串的说法错误的是（　　）。

A. 字符应该视为长度为 1 的字符串

B. 字符串以\0 标志字符串的结束

C. 既可以用单引号，也可以用双引号创建字符串

D. 在三引号字符串中可以包含换行、回车等特殊字符

2. 简答题

（1）简述 Python 的标识符命名规则。

（2）简述 Python 变量的数据类型。

3. 编程题

（1）利用 Python 算术运算符将三位数 279 反向输出。

（2）现有 5 个数 269、621、182、537、366，计算这 5 个数的平均值并判断平均值是否在区间[300,400]内。

（3）判断一个数是否为质数。

（4）比较两个数的最大值。

（5）定义两个变量 a 和 b，分别赋值为 5 和 3。计算它们的和、差、积、商，并将结果打印出来。

第 3 章 程序的控制结构

在编程的世界中，控制结构是构建程序逻辑的基础。无论是简单的脚本还是复杂的系统，都需要通过一系列的控制结构来指导代码的执行流程。本章将深入探讨 Python 程序中的控制结构，包括顺序结构、选择结构和循环结构。另外，当程序出错时，Python 使用异常处理流程来处理。

学习目标

（1）理解三种基本程序控制结构的含义。

（2）掌握单分支、双分支及多分支结构语句的使用方法。

（3）能够熟练运用 for 语句和 while 语句实现循环结构。

（4）能运用三种基本程序控制结构灵活解决实际问题。

（5）掌握异常处理语句的使用。

3.1 程序的顺序结构

若程序按语句出现的先后次序执行，则称之为顺序结构。顺序结构的流程图如图 3-1 所示。

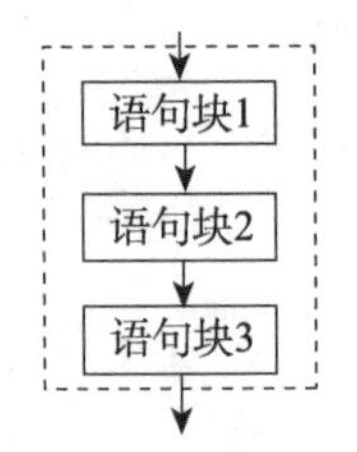

图 3-1　顺序结构流程图

输入圆的半径长，计算圆的周长，如代码 3-1 所示。

代码 3-1　计算圆的周长代码

```
1  r = 3
2  c = 2 * 3.14 * r
3  print(c)
```

代码 3-1 的运行结果如下。

```
18.84
```

顺序结构的运行过程非常简单，只需按语句的先后顺序执行即可。

3.2 程序的选择结构

选择结构也称为分支结构，选择结构的程序在运行时，允许程序根据不同的“条件”运行相应的语句块，从而控制程序的运行流程。Python 中用于构建分支结构的关键字有 if、elif 和 else。

3.2.1 单分支结构

单分支结构语法如下。

```
if 条件表达式:
    语句/语句块
```

if 单分支结构的各部分解读如下。

（1）条件表达式：可以是关系表达式、逻辑表达式、算术表达式等。

（2）语句/语句块：可以是单个语句，也可以是多个语句。多个语句的缩进必须一致。

当条件表达式的值为 True 时，执行 if 相应的语句/语句块，否则不执行该语句。最后，将跳出单分支结构，继续执行后面的其他代码（如果有的话）。单分支结构流程图如图 3-2 所示。

条件表达式可以是任意表达式，其值为 True 或 False。如果表达式的结果为数值类型（0）、空字符串（""）、空元组（()）、空列表（[]）、空字典（{}），其值为 False；否则其值为 True。

用单分支结构实现：输入两个整数 a 和 b，比较两者大小，输出较大值。单分支结构代码示例如代码 3-2 所示。

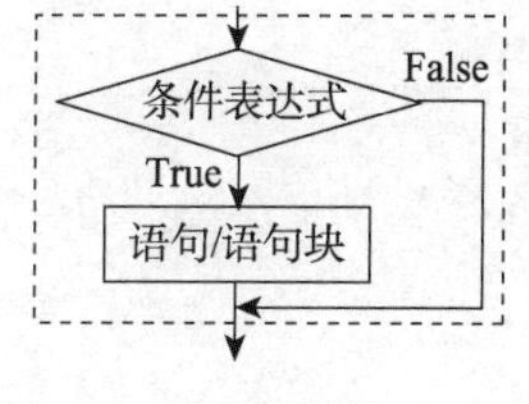

图 3-2　单分支结构流程图

代码 3-2　单分支结构代码示例

```
1  a = int(input("请输入第一个整数: "))
2  b = int(input("请输入第二个整数: "))
3  print(str.format("a、b 分别为: {0}, {1}", a, b))
4  if a < b:
5      print(str.format("较大的值为: "), b)
6  print(str.format("较小的值为: "), a)
```

代码 3-2 的运行结果如下。

```
请输入第一个整数: 234
请输入第二个整数: 12312
a、b 分别为: 234, 12312
较大的值为:  12312
较小的值为:  234
```

3.2.2　双分支结构

双分支结构语法如下。

```
if 条件表达式:
    语句/语句块 1
else:
    语句/语句块 2
```

在运行上述结构的程序时，首先会计算 if 语句中的条件表达式对应的逻辑值，如果计算结果为 True，就运行语句/语句块 1 并忽略语句/语句块 2；否则，忽略语句/语句块 1 并运行语句/语句块 2。

双分支结构流程图如图 3-3 所示。

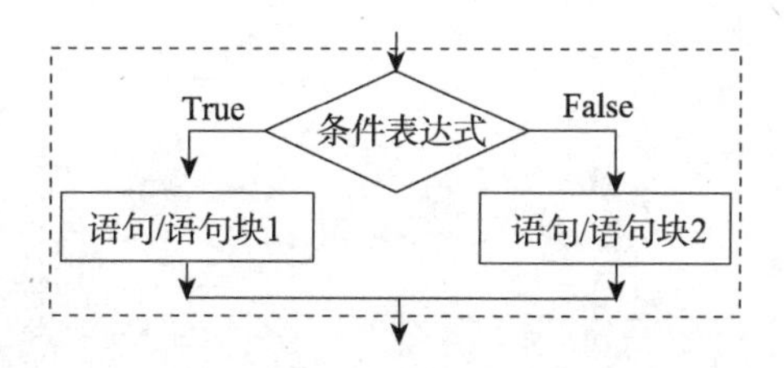

图 3-3　双分支结构流程图

用双分支实现：输入两个整数 a 和 b，比较两者大小，输出较大值。双分支结构代码示例如代码 3-3 所示。

代码 3-3　双分支结构代码示例

```
1  a = int(input("请输入第一个整数："))
2  b = int(input("请输入第二个整数："))
3  print(str.format("a,b 分别为:{0}, {1}", a, b))
4  if a > b:
5      print(str.format("较大的值为："), a)
6  else:
7      print(str.format("较大的值为："), b)
```

代码 3-3 的运行结果如下。

```
请输入第一个整数：234
请输入第二个整数：1231
a,b 分别为：234, 1231
较大的值为： 1231
```

3.2.3　多分支结构

当程序处理的问题需要判断两种以上的不同情况时，就需要使用多分支结构，多分支结构语法如下。

```
if 条件表达式 1:
        语句/语句块 1
elif 条件表达式 2:
        语句/语句块 2
        ......
else:
        语句/语句块 n
```

其中，省略号表示 elif 条件表达式及语句可出现多次。

多分支结构的执行过程是依次判断语句中列出的条件，只要找到一个条件表达式的结果为真，就执行对应的语句，不再判断其他条件，也不执行其后的分支语句。只有在所有条件都不成立时，才会执行 else 分支语句块。多分支结构流程图如图 3-4 所示。

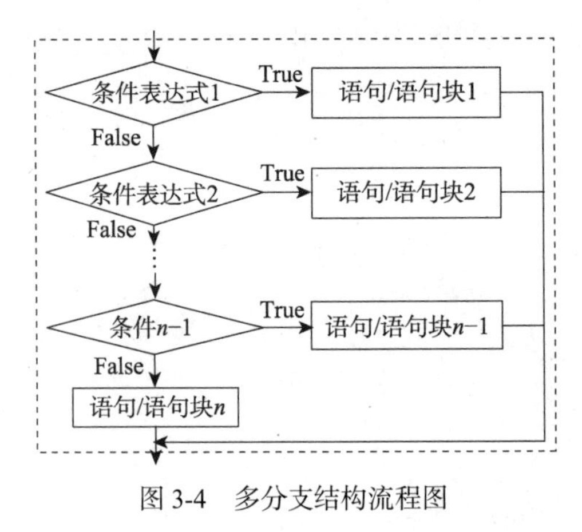

图 3-4　多分支结构流程图

【例 3-1】 供水公司居民用水价格表如表 3-1 所示，请计算某户居民一年应缴的水费。

具体代码实现如代码 3-4 所示。

表 3-1　供水公司居民用水价格表

水费梯度	年用水量	单价
第一梯度	年用水量≤180m^3	3.04 元/m^3
第二梯度	180m^3<年用水量≤300m^3	3.75 元/m^3
第三梯度	年用水量>300m^3	5.88 元/m^3

代码 3-4　计算某户居民一年应缴的水费

```
1   total = int(input("请输入年用水量："))
2   if total <= 180:
3       price = 3.04 * total
4   elif total <= 300:
5       price = 3.04 * 180 + 3.75 * (total - 180)
6   else:
7       price = 3.04 * 180 + 3.75 * (300 - 180) + 5.88 * (total - 300)
8   print(f"年用水量为{total}立方米的用户需缴纳水费{price}元")
```

代码 3-4 的运行结果如下。

```
请输入年用水量：231
年用水量为 231 立方米的用户需缴纳水费 738.45 元
```

3.2.4　应用案例 1：航空会员等级划分

近年来，我国航空业发展迅速。在我国航空产业体系中，对于乘客用户所属会员等级的划分越来越重要，因为不同的会员等级可以享受不同的服务和优惠，从而可以帮助航空公司更有针对性地了解并服务不同用户。编程创建一个简单的航空会员等级划分程序，可以帮助航空公司更好地管理会员信息，并为用户提供个性化的服务。程序运行效果如图 3-5 所示。

```
请输入您的飞行里程：40000
请输入您的消费金额：6000
您是金卡会员
```

图 3-5 航空会员等级划分程序运行效果

【分析】

在设计航空会员等级划分的程序时，需要考虑以下几个方面。

（1）变量定义：程序需要两个简单输入，定义变量 flight_kms 用来接收 input()函数所获取到的用户飞行里程信息，定义变量 expense 用来接收 input()函数所获取到的用户消费金额信息。

（2）强制类型转换：为保证运算精度，程序使用强制类型转换函数 float()将变量 flight_kms 和变量 expense 转换为浮点型变量。

（3）多分支选择输出：根据用户所输入的飞行里程和消费金额的不同，程序使用多分支结构 if-elif-else 语句进行分门别类的输出。

【实现】

分别定义两个变量 flight_kms、expense，使用基本输入函数 input()分别获取用户所输入的飞行里程信息和消费金额信息，并辅助使用强制类型转换函数 float()将这两个变量转为浮点型，具体实现如代码 3-5 所示。

代码 3-5　变量定义与强制类型转换

```
1  # 获取用户输入的飞行里程信息
2  flight_kms= float(input("请输入您的飞行里程："))
3  # 获取用户输入的消费金额信息
4  expense = float(input("请输入您的消费金额："))
```

根据用户所输入的飞行里程和消费金额的不同，使用多分支结构 if-elif-else 语句、比较运算符>=、逻辑运算符 and 和基本输出函数 print()输出，具体分支选择规则参考如下，详细实现如代码 3-6 所示。

（1）若用户的飞行里程累计超过 40000 公里且其所消费金额超过 75000 元，则输出“您是白金卡会员”。

（2）若用户的飞行里程累计超过 25000 公里且其所消费金额超过 37500 元，则输出“您是金卡会员”。

（3）若用户的飞行里程累计超过 15000 公里且其所消费金额大于或等于 20000 元，则输出“您是银卡会员”；

（4）其他情况下，输出“您是普通会员”。注意，多分支结构下，程序只会选择一个分支输出。

代码 3-6　会员等级判断分支

```
1  # 判断会员等级
2  if flight_kms>= 40000 and expense >= 75000:
3      print("您是白金卡会员")
4  elif flight_kms>= 25000 and expense >= 37500:
5      print("您是金卡会员")
6  elif flight_kms>= 15000 and expense >= 20000:
7      print("您是银卡会员")
8  else:
9      print("您是普通会员")
```

3.3　程序的循环结构

循环结构用来让程序代码块在一定条件下重复运行。通过构建循环结构的程序，计算机在满足“预设条件”的情况下，可以重复运行一段语句块，称为条件循环。构造条件循环有两个要素：一个是循环体，即重复运行的语句块；另一个是循环条件，即重复运行语句块所要满足的条件。

3.3.1　遍历循环：for 语句

在 Python 中通常使用 for 语句来构建遍历循环，使用 for 可以遍历各种序列数据结构，如字符串、列表、集合或字典。

遍历循环的语法格式如下。

```
for<循环变量>in<可迭代对象>:
    <循环体>
```

遍历循环语法格式中需要注意以下几点。

（1）for 语句后的冒号必不可少。

（2）可迭代对象可以是字符串、文件、列表、元组、字典、集合等，也可以是函数 range()。

执行 for 语句时，迭代变量依次从可迭代对象中取出元素，当所有元素从可迭代对象中取出后，循环语句结束。因此，循环的次数由可迭代对象中元素的个数来决定。每取到一个元素就执行一次循环体中的语句，除非在循环体内遇到 break 或 continue 语句。for 循环结构流程图如图 3-6 所示。

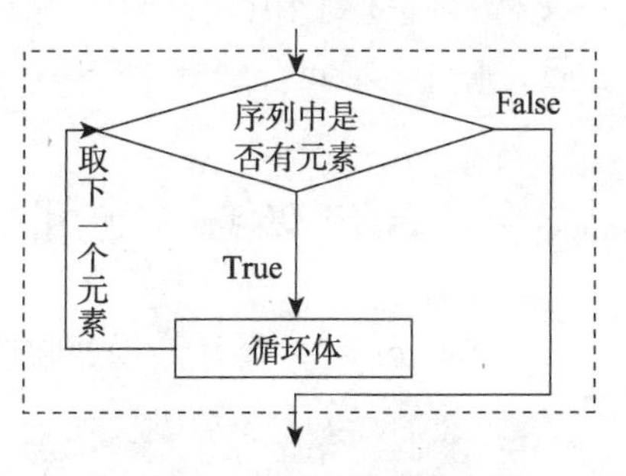

图 3-6　for 循环结构流程图

range()函数常与 for 语句搭配使用，用于控制循环的执行次数。range()函数会生成一个由整数组成的递增列表，语法格式如下，其常用参数及说明如表 3-2 所示。

```
range(start,stop[,step])
```

表 3-2　range()函数常用参数及说明

参数	说明
start	表示计数的起始位置，该参数可以省略，默认从 0 开始
stop	表示计数的结束位置，但不包括 stop
step	表示计数的步长，该参数可以省略，默认为 1。例如，range(0,5)效果等同于 range(0,5,1)

range 函数代码示例如代码 3-7 所示。

代码 3-7　range 函数代码示例

```
1  for i in range(3):
2      print(i)
```

代码 3-7 的运行结果如下。

```
0
1
2
```

【例 3-2】 求 1~100 中所有奇数的和、偶数的和，如代码 3-8 所示。

代码 3-8　求 1~100 中所有奇数的和、偶数的和

```
1  sum_odd = 0  # 奇数和
2  sum_even = 0  # 偶数和
3  for i in range(1, 101):
4      if i % 2 != 0:
```

```
5           sum_odd += i
6       else:
7           sum_even += i
8   print(f"奇数的和为：{sum_odd}，偶数的和为：{sum_even}")
```

代码 3-8 的运行结果如下。

```
奇数的和为：2500，偶数的和为：2550
```

循环结构一般由三部分构成：循环变量的初始化、循环条件和循环体。代码 3-8 中，第 3 行代码的 range(1,101)函数中，循环变量的初始值为 1，循环条件为 i<101，循环变量的修改即默认步长 1，第 4 行到第 7 行为循环体。

3.3.2 无限循环：while 循环

在 Python 中，循环结构通常使用 while 关键字来构建条件循环。其语法结构如下。

```
while 条件表达式:
    循环体
```

while 循环结构流程图如图 3-7 所示，当条件表达式的值为 True 时，循环体中的语句块被重复执行，直到条件表达式的值为 False 才退出循环，再继续执行后面其他代码。

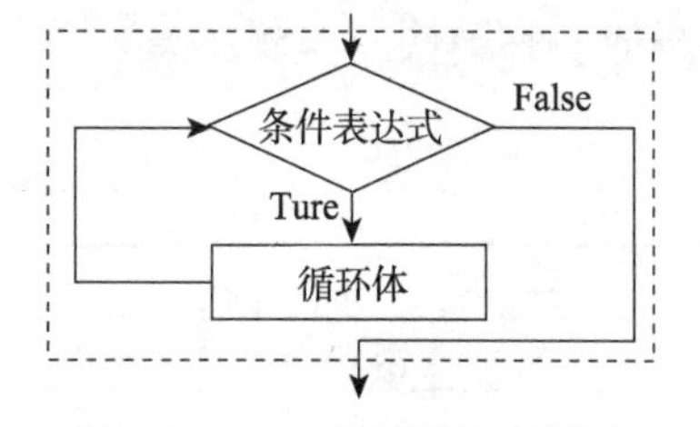

图 3-7　while 循环结构流程图

无限循环语法格式中需要注意如下几点。

（1）while 语句后的冒号必不可少。

（2）循环体可以是一条语句，也可以是多条语句，多条语句缩进保持一致。

（3）使用 while 语句时，注意条件的设置，否则可能陷入无限循环，即死循环。若程序陷入死循环，可按“Ctrl+C”组合键强制中断程序执行。

【例 3-3】 对用户输入的 *n* 个整数求和，如代码 3-9 所示。

代码 3-9　对用户输入的 *n* 个整数求和

```
1   n = int(input("请输入求和的整数个数："))
2   i = 1
3   sum = 0
4   while i <= n:
5       j = int(input(f"请输入第{i}个整数："))
6       sum = sum + j
7       i = i + 1
8   print(f"{n}个整数的和是：{sum}")
```

代码 3-9 的运行结果如下。

```
请输入求和的整数个数：5
请输入第 1 个整数：324
```

```
请输入第 2 个整数：76
请输入第 3 个整数：45
请输入第 4 个整数：76
请输入第 5 个整数：23
5 个整数的和是：544
```

在代码 3-9 中，循环变量的初始化是对变量 i 赋初值，即第 2 行代码 i=1；循环条件为第 4 行代码，判断 i<=N 是否为 True；循环体由多条语句构成，循环体内一般含有改变循环变量的语句，即第 7 行代码 i=i+1，直到循环条件（i<=N）为 False，结束循环。综上，循环结构在实际开发中十分常见，使用得当能够事半功倍，提高程序效率。但如果循环变量使用不当，有可能陷入无限循环，导致程序无法正确运行，甚至影响系统的性能。

【例 3-4】利用循环输出九九乘法表，如代码 3-10 所示。

代码 3-10　利用循环输出九九乘法表

```
1  for i in range(1, 10):  # 外层循环
2      for j in range(1, 10):  # 内层循环
3          print(f"{i}*{j}={i * j:2}", end=" ")  # 输出格式:2 表示 i*j 的结果占 2 个字
   符宽度即 2 列
4      print()
```

在代码 3-10 中，for 循环中还包含了另一个 for 循环，这种结构称为循环嵌套。循环嵌套的形式有多种，如 for 中嵌套 while、while 中嵌套 for 等。第 1 行代码中的 for 循环称为外层循环，其中的循环变量 i 负责对被乘数进行遍历。循环变量 i 的每次遍历又包含内层循环，即第 2 行代码的 for 循环，其中循环变量 j 负责对乘数进行遍历。由于对乘数的遍历输出在同一行中，因此输出算式时，指定其结束标记由默认的换行改为一个空格。又由于在输出完一整行算式后，需要在下一行输出被乘数的下一次遍历，因此在内层循环结束之后，需要使用 print()语句输出一个换行符。代码 3-10 的运行结果如图 3-8 所示。

```
1*1= 1 1*2= 2 1*3= 3 1*4= 4 1*5= 5 1*6= 6 1*7= 7 1*8= 8 1*9= 9
2*1= 2 2*2= 4 2*3= 6 2*4= 8 2*5=10 2*6=12 2*7=14 2*8=16 2*9=18
3*1= 3 3*2= 6 3*3= 9 3*4=12 3*5=15 3*6=18 3*7=21 3*8=24 3*9=27
4*1= 4 4*2= 8 4*3=12 4*4=16 4*5=20 4*6=24 4*7=28 4*8=32 4*9=36
5*1= 5 5*2=10 5*3=15 5*4=20 5*5=25 5*6=30 5*7=35 5*8=40 5*9=45
6*1= 6 6*2=12 6*3=18 6*4=24 6*5=30 6*6=36 6*7=42 6*8=48 6*9=54
7*1= 7 7*2=14 7*3=21 7*4=28 7*5=35 7*6=42 7*7=49 7*8=56 7*9=63
8*1= 8 8*2=16 8*3=24 8*4=32 8*5=40 8*6=48 8*7=56 8*8=64 8*9=72
9*1= 9 9*2=18 9*3=27 9*4=36 9*5=45 9*6=54 9*7=63 9*8=72 9*9=81
```

图 3-8　代码 3-10 的运行结果

3.3.3 循环保留字：break 语句和 continue 语句

for 语句和 while 语句都只有在循环条件不成立时才结束循环，如果想提前结束循环，那么可以使用 break 语句或 continue 语句。

1. break 语句

break 语句可以提前结束循环，执行循环语句的后继语句。在循环嵌套中，break 语句只能跳出它所在层的循环。在 while 循环中使用 break 语句的语法形式如下。

```
while 条件表达式 1:
    语句 1
    if 条件表达式 2:
        break
    语句 2
```

while 循环中使用 break 语句的流程图如图 3-9 所示。for 循环中使用 break 语句同理。

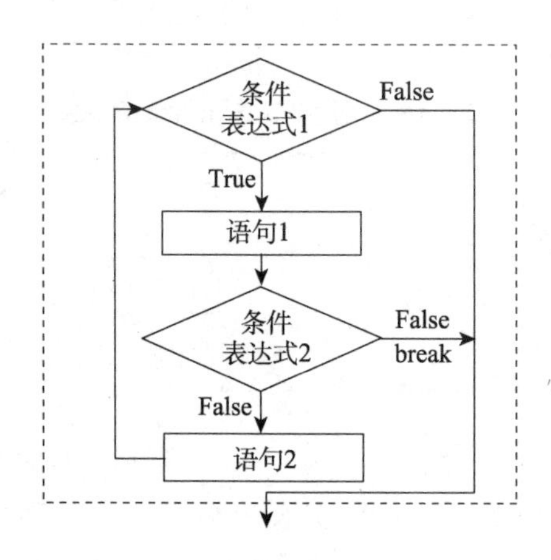

图 3-9 while 循环中使用 break 语句的流程图

【例 3-5】 判断用户输入的正整数是否为素数。

素数是指除了 1 和本身，不能被任何整数整除的正整数。判断一个正整数 m 是否为素数，只需要判断 m 能否被 2~$\sqrt{m}$之中的任何一个整数整除即可，如果 m 不能被此范围中任何一个整数整除，那么 m 就是素数，否则为合数。

方法一：利用 while 循环，如代码 3-11 所示。

代码 3-11 利用 while 循环判断用户输入的正整数是否为素数

```
1   import math  # 导入模块
2
3   m = int(input("请输入一个大于 1 的正整数: "))  # 提示输入整数
4   k = int(math.sqrt(m))  # 取整数 m 的平方根
5   flag = True  # 先假设所输入的整数为素数
6   i = 2  # while 循环赋初值
7   while (i <= k and flag == True):  # 判断循环条件
8       if m % i == 0:  # 整除运算余数为 0,表示可以整除
9           flag = False  # 可以整除，肯定不是素数，结束循环
10      else:
11          i += 1  # 循环计数值加 1,继续循环
12  if flag == True:  # 素数判断标志一直为 True
```

```
13      print(m, "是素数！")  # m是素数
14  else:  # 素数判断标志被修改为False
15      print(m, "是合数！")  # m是合数
```

方法二：利用for循环和break语句，如代码3-12所示。

代码3-12　利用for循环判断用户输入的正整数是否为素数

```
1   import math  # 导入模块
2
3   m = int(input("请输入一个大于1的正整数："))  # 提示输入整数
4   k = int(math.sqrt(m))  # 取整数m的平方根
5   for i in range(2, k + 2):  # 判断m可否被2~m的平方根之中任何整数整除
6       if m % i == 0:  # 整除运算的余数为0,表示可以整除
7           break  # 可以整除，肯定不是素数，结束循环
8   if i == k + 1:  # m不能被2~m的平方根之中的任何一个整数整除
9       print(m, "是素数！")  # m是素数
10  else:  # m可以被2~m的平方根之中的某个整数整除
11      print(m, "是合数！")  # m是合数
```

2. continue语句

continue语句可以提前结束本次循环，跳过当前循环的剩余语句，接着执行下次循环，该语句并不会终止整个循环。在while循环中使用continue语句的形式如下。

```
while 条件表达式1:
    语句1
    if 条件表达式2:
        continue
    语句2
```

在while循环中使用continue语句的流程图如图3-10所示。for循环中使用continue语句同理。

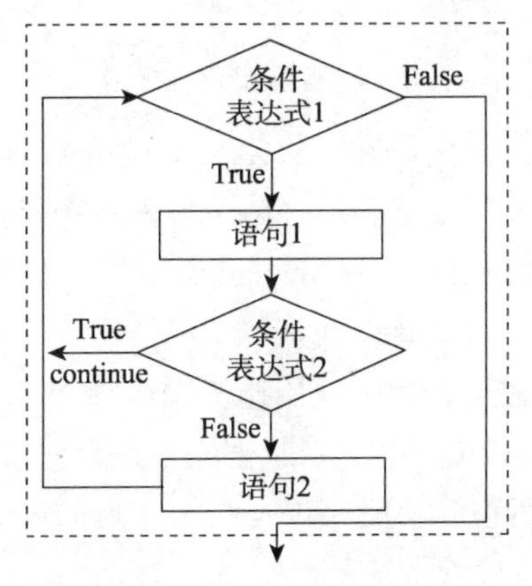

图3-10　在while循环中使用continue语句的流程图

【例3-6】显示100~200中不能被3整除的数，要求一行输出10个数，如代码3-13所示。

代码 3-13　输出 100~200 中不能被 3 整除的数

```
1  j = 0  # 控制一行显示的数值个数
2  print('100~200 中不能被 3 整除的数为：')
3  for i in range(100, 200 + 1):  # 100~200 循环
4      if i % 3 == 0:  # 跳过能被 3 整除的数
5          continue
6      print(str.format("{0:<5}", i), end="")  # 每个数占 5 列，不足后面补空格且不换行
7      j += 1  # 一行输出的个数加 1
8      if (j % 10 == 0):  # 一行输出 10 个后换行
9          print()
```

代码 3-13 的运行结果如图 3-11 所示。

```
100~200中不能被3整除的数为：
100  101  103  104  106  107  109  110  112  113
115  116  118  119  121  122  124  125  127  128
130  131  133  134  136  137  139  140  142  143
145  146  148  149  151  152  154  155  157  158
160  161  163  164  166  167  169  170  172  173
175  176  178  179  181  182  184  185  187  188
190  191  193  194  196  197  199  200
```

图 3-11　代码 3-13 的运行结果

3.3.4　应用案例 2：密码强度检查

在网络时代，个人密码安全性的重要程度不言而喻。若个人所设置的密码强度过弱，则其账号将很容易受到来自黑客的攻击，从而导致个人隐私信息的全面暴露，后果不堪设想。本案例将编写一个 Python 程序，实现对用户所输入的密码字符的遍历，并按照一定的判断规则给出此密码强弱的指导意见，从而帮助用户更好地保护个人隐私安全。程序运行效果图如图 3-12 所示。

```
请输入您的密码：Wy20021023
您的密码强度为：强
```

图 3-12　密码强度检查程序运行效果图

【分析】

在设计密码强度检查的程序时，需要考虑以下几个方面。

（1）变量定义：程序需要一个密码输入，定义变量 password 用于接收 input()函数所获取到的用户输入的密码；再定义一个整型变量 strength 表示密码强度，初始化其值为 0；定义布尔类型变量 has_digit、has_lowercase、has_uppercase，用于判断密码中是否包含数字、小写字母、大写字母，其初始化值统一为 False。

（2）判断密码中是否包含数字：程序使用遍历循环结构 for 语句、单分支结构 if 语句、字符串 isdigit()方法遍历变量 password，用于判断密码中是否包含数字，若包含，则变量 strength 实行自增运算。判断密码中是否包含小写字母与大写字母的逻辑与上述逻辑相同，下文将详细叙述。

（3）分类输出：最后，根据变量 strength 的具体值，程序使用多分支结构语句 if-elif-else 进行密码强度提示信息的输出。

【实现】

首先定义一个变量 password，使用 input()函数获取用户输入的密码，再定义一个整型变量 strength，目的是后续进行密码强度检查，初始化其值为 0，具体实现如代码 3-14 所示。

代码 3-14　变量定义

```
1  # 从键盘上获取用户的输入密码
2  password = input("请输入您的密码：")
3  # 定义密码强度整型变量
4  strength = 0
```

然后分别定义三个布尔类型变量 has_digit、has_lowercase、has_uppercase 用于判断密码中是否包含数字、小写字母、大写字母，其初始化值统一设置为 False。紧接着进入逻辑判断，具体实现过程参考如下。

（1）首先，使用程序的遍历循环结构 for 语句对变量 password 中的每个字符进行遍历，辅助使用单分支结构 if 语句、字符串 isdigit()方法对每个遍历到的字符进行其是否为数字的逻辑判断。

（2）isdigit()方法是 Python 中一个用于判断当前字符是否为数字的内置方法，在 Python 中非常常用。若当前字符为数字，则返回 True；反之，则返回 False。本程序中正是使用 isdigit()方法来完成数字逻辑判断的任务，此时若 isdigit()方法的返回值为 True，在 if 分支下，将变量 has_digit 的返回值设置为 True，然后使用循环保留字 break 退出当前循环。

（3）然后，将变量 has_digit 的值作为双分支结构 if-else 的表达式进行逻辑判断，若其值为 True，执行 if 分支下的语句，即 strength 自增；若其值为 False，执行 else 分支下的语句，即给出"密码中未包含数字！"的提示信息。之后的编码流程基本类似，这里不再赘述，仅同步介绍一下在此会用到的两个字符串方法：islower()和 isupper()。islower()方法和 isupper()方法与 char.isdigit()方法类似，分别用于判断所处理的字符是否为小写字母和大写字母，使用后可大幅提高编程效率。

判断输入密码中是否包含数字、小写字母、大写字母的代码块语句分别如下。

（1）判断输入密码字符串中是否包含数字，详细实现如代码 3-15 所示。

代码 3-15　判断密码中是否包含数字

```
1   # 判断是否包含数字
2   has_digit = False
3   # 使用 for 语句循环遍历变量 password 中的每个字符
4   for char in password:
5       # 使用 isdigit()方法对所遍历到的每个字符做分支结构判断
6       if char.isdigit():
7           # 若该字符是数字，则将变量 has_digit 的值设为 True
8           has_digit = True
9           break
10  # 若变量 password 中存在数字，则 strength 自增 1
11  if has_digit:
12  strength += 1
```

```
13  else:
14  print("密码中未包含数字！")
```

（2）判断输入密码字符串中是否包含小写字母，详细实现如代码 3-16 所示。

代码 3-16　判断密码中是否包含小写字母

```
1   # 判断是否包含小写字母
2   has_lowercase = False
3   # 使用 for 语句循环遍历变量 password 中的每个字符
4   for char in password:
5       # 使用 islower()方法对所遍历到的每个字符做分支结构判断
6       if char.islower():
7           # 若该字符是小写字母，则将变量 has_lowercase 的值设为 True
8           has_lowercase = True
9           break
10  # 若变量 password 中存在小写字母，则 strength 自增 1
11  if has_lowercase:
12      strength += 1
13  else:
14      print("密码中未包含小写字母！")
```

（3）判断输入密码字符串中是否包含大写字母，详细实现如代码 3-17 所示。

代码 3-17　判断密码中是否包含大写字母

```
1   # 判断是否包含大写字母
2   has_uppercase = False
3   # 使用 for 语句循环遍历变量 password 中的每个字符
4   for char in password:
5       # 使用 isupper()方法对所遍历到的每个字符做分支结构判断
6       if char.isupper():
7           # 若该字符是大写字母，则将变量 has_uppercase 的值设为 True
8           has_uppercase = True
9           break
10  # 若变量 password 中存在大写字母，则 strength 自增 1
11  if has_uppercase:
12      strength += 1
13  else:
14      print("密码中未包含大写字母！")
```

最后，程序使用多分支结构 if-elif-else 语句，结合经过前面运算后的 strength 的值，给出不同的密码强度等级提示信息，具体实现操作如代码 3-18 所示。

代码 3-18　判断密码强度等级

```
1   # 输出密码强度等级
2   if strength == 3:
3       print("您的密码强度为：强")
```

```
4  elif strength == 2:
5      print("您的密码强度为：中")
6  else:
7      print("您的密码强度为：弱")
```

3.4 程序的异常处理

程序运行时引发的错误称为异常，引发异常的原因有很多，包括输入错误数据、除数为 0、数据越界、文件不存在、网络异常等。在 Python 中，一个异常即一个事件，通常情况下，当程序无法继续运行时就会发生异常。

异常的处理包括两个阶段：①检测到错误且解释器认为是异常，抛出异常；②捕获异常，并对不同类型的异常给出不同的处理。

3.4.1 try…except 语句

在 Python 中使用 try 和 except 关键字可以构建最基本的异常处理程序，其语法格式如下。

```
try:
    可能出错的语句
except [异常类型]:
    异常处理语句
```

try…except 语句的执行过程如下。

（1）先执行 try 子句，即 try 与 except 之间的代码。

（2）若 try 子句中没有产生异常，则忽略 except 子句中的代码。

（3）若 try 子句产生异常，则忽略 try 子句的剩余代码，执行 except 子句的代码。

try…except 语句使用示例如代码 3-19 所示。

代码 3-19　try...except 语句使用示例

```
1  a = 36
2  num = [2, 4, 0, 3]
3  for n in num:
4      try:
5          print(f"{a}/{n}={a / n}")
6      except:
7          print("发生异常！")
```

代码 3-14 的运行结果如下。

```
36/2=18.0
36/4=9.0
发生异常!
36/3=12.0
```

在 Python 中，可以通过添加多个 except 子句来捕获不同类型的异常，其语法结构如下。

```
try:
    #可能引发异常的语句
except 异常类型名称 1 [as 异常类型别名 1]:
    #异常处理语句 1
except 异常类型名称 2 [as 异常类型别名 2]:
    #异常处理语句 2
    ……
except 异常类型名称 N [as 异常类型别名 N]:
    #异常处理语句 N
except:
    #异常处理语句 N+1
```

上述异常处理流程如下。

（1）执行 try 子句，如果 try 子句中的代码没有发生异常，则忽略所有 except 子句，Python 会继续往下执行异常处理结构之后的代码。

（2）如果 try 子句引发异常，Python 会按照 except 子句的顺序依次匹配指定的异常，如果异常类型和 except 之后的异常类型名称相符，将会执行对应的 except 子句；如果异常已经得到处理，就不会进入后面的 except 子句，Python 会继续往下执行异常处理结构之后的代码。

（3）如果 except 子句后面不指定异常类型，则默认捕获所有异常。

（4）如果发生的异常没有被任何 except 子句捕获，就会继续抛出异常。

【例 3-7】 设计程序为除法运算添加异常处理。

为对比清晰，首先举例展示未加入异常处理的除法运算，未加入异常处理的代码如代码 3-20 所示，测试情况有以下两种。

①输入 x、y 的值分别为 1、2，输出正常。

②输入 x、y 的值分别为 1、0，输出异常，如图 3-13 所示。

代码 3-20　未加入异常处理的代码

```
1  x = int(input('x='))
2  y = int(input('y='))
3  print("x/y=%8.2f" % (x / y))
```

```
x=1
y=0
Traceback (most recent call last):
  File "C:\Users\Zeng\PycharmProjects\pythonProject\a.py", line 161, in <module>
    print("x/y=%8.2f"%(x/y))
ZeroDivisionError: division by zero
```

图 3-13　代码 3-20 输出异常的提示

再举例展示加入异常处理的除法运算，加入异常处理的代码如代码 3-21 所示。

代码 3-21　加入异常处理的代码

```
1  try:
2      x = int(input('x='))
3      y = int(input('y='))
```

```
4      print("x/y=%8.2f" % (x / y))
5  except Exception as e:
6      print('程序捕捉到异常：', e)
```

运行代码 3-21 时，系统不会显示错误信息，分别测试以下 3 种情况。

①输入 x、y 的值分别为 1、2，输出正常。

②输入 x、y 的值分别为 1、0，输出异常，如图 3-14 所示。

```
x=1
y=0
程序捕捉到异常： division by zero
```

图 3-14　代码 3-21 输出异常的提示 1

③输入 x、y 的值分别为 1、2.0，输出异常，如图 3-15 所示。

```
x=1
y=2.0
程序捕捉到异常： invalid literal for int() with base 10: '2.0'
```

图 3-15　代码 3-21 输出异常的提示 2

可以看出，出现如图 3-14 所示的异常是因为除数是 0，出现如图 3-15 所示的异常是因为输入的浮点数用 int()无法转换，但异常的类型并没有进行说明。

加入指定类型异常处理如代码 3-22 所示。如果需要按异常类型的不同输出不同的提示信息，就要根据系统出错代码分别进行处理。

代码 3-22　加入指定类型异常处理

```
1  try:
2      x = int(input('x='))
3      y = int(input('y='))
4      print("x/y=%8.2f" % (x / y))
5  except ZeroDivisionError:
6      print('除数为 0 异常！')
7  except Exception as e:
8      print('程序捕捉到异常：', e)
```

在代码 3-22 中，ZeroDivisionError 是系统出错代码的符号提示。运行代码 3-22，测试以下 2 种情况。

①输入 x、y 的值分别为 1、0，输出异常，如图 3-16 所示。

```
x=1
y=0
除数为0异常！
```

图 3-16　代码 3-22 输出异常的提示 1

②输入 x、y 的值分别为 1、2.0，输出异常，如图 3-17 所示。

```
x=1
y=2.0
程序捕捉到异常： invalid literal for int() with base 10: '2.0'
```

图 3-17　代码 3-22 输出异常的提示 2

【例 3-8】编写程序求学生成绩的平均分数，如代码 3-23 所示。

代码 3-23　求学生成绩的平均分数

```
1   sum = 0
2   n = 1
3   while True:
4       try:
5           score = input('请输入第{0}个分数: '.format(n))
6           score = float(score)
7           if 0 <= score <= 100:
8               sum = sum + score
9               n = n + 1
10              if n == 7:
11                  break
12          else:
13              print('输入分数超出范围!')
14              continue
15      except:
16          print('分数输入错误!')
17  print("平均分数=", round(sum / 6, 2))
```

代码 3-18 的运行结果如下。

```
请输入第 1 个分数: 345
输入分数超出范围!
请输入第 1 个分数: 56
请输入第 2 个分数: 67
请输入第 3 个分数: 89
请输入第 4 个分数: 78
请输入第 5 个分数: 90
请输入第 6 个分数: 7
平均分数= 64.5
```

3.4.2　else 子句

异常处理的主要目的是防止外部环境的变化导致程序产生无法控制的错误，而不是处理程序的设计错误。因此，将所有的代码都用 try 子句包含起来的做法是不推荐的，try 子句应尽量只包含可能产生异常的代码。Python 中 try…except 语句可以与 else 子句联合使用，将 else 子句放在 except 语句之后，当 try 子句没有出现错误时应执行 else 语句中的代码。try…except…

else 的语法格式如下。

```
try:
    可能出错的语句
except:
    出错处理语句
else:
    未出错时的执行语句
```

加入 else 子句的异常处理示例代码如代码 3-24 所示。

代码 3-24 加入 else 子句的异常处理示例代码

```
1  a = 36
2  num = [2, 4, 0, 3]
3  for i in range(5):
4      try:
5          print(f"{a}/{num[i]}={a / num[i]}")
6      except:
7          print("发生异常！")
8      else:
9          print("没有发生异常！")
```

代码 3-24 的运行结果如下。

```
36/2=18.0
没有发生异常！
36/4=9.0
没有发生异常！
发生异常！
36/3=12.0
没有发生异常！
发生异常！
```

从代码 3-24 的运行结果可知，当 try 子句中的除法正常运行时，Python 运行 else 子句，但若 try 子句在运行时发生异常，else 子句就会被忽略。

3.4.3 异常处理 finally 子句

finally 子句与 try…except 语句连用时，无论 try…except 是否捕获到异常，finally 子句后的代码都要执行，其语法格式如下。

```
try:
    可能出错的语句
except:
    出错处理语句
finally:
    无论是否出错都会执行的语句
```

加入 finally 子句的异常处理示例代码如代码 3-25 所示。

代码 3-25　加入 finally 子句的异常处理示例代码

```
1   a = 36
2   num = [2, 4, 0, 3]
3   for i in range(5):
4       try:
5           print(f"{a}/{num[i]}={a / num[i]}")
6       except:
7           print(f"第{i}次发生异常！")
8       else:
9           print(f"第{i}次没有发生异常！")
10      finally:
11          print(f"这是第{i}次循环。")
```

代码 3-25 的运行结果如下。

```
36/2=18.0
第 0 次没有发生异常!
这是第 0 次循环。
36/4=9.0
第 1 次没有发生异常!
这是第 1 次循环。
第 2 次发生异常!
这是第 2 次循环。
36/3=12.0
第 3 次没有发生异常!
这是第 3 次循环。
第 4 次发生异常!
这是第 4 次循环。
```

3.5　上机实践：DNA 序列分析器

1. 实验目的

（1）熟练掌握程序的多分支结构 if-elif-else 语句和遍历循环结构 for 语句的使用。

（2）熟练掌握常见的比较运算符、逻辑运算符等运算符的使用。

（3）熟练掌握基本输入输出函数的使用。

2. 实验要求

生命科学是一门涉及多个交叉领域、运用前沿技术来探究生命本源、理解生命本质及生命现象规律性的复合型学科。DNA 序列分析对于理解生命科学中的基因组和生物进化具有重要意义。本实验将以 DNA 序列分析为背景，设计一个简单的 DNA 序列分析器，帮助用户进行 DNA 序列的不同碱基百分比计数。注意，DNA 分子结构仅包含四种碱基，分别是腺嘌呤 A、鸟嘌呤 G、胞嘧啶 C、胸腺嘧啶 T。

编写一个 Python 程序，读取用户输入的 DNA 序列字符串，循环遍历每个字符并按碱基类型进行计数，最后输出处理后的DNA序列分析结果。

3. 运行效果示例

程序运行效果如图3-18所示。

```
请输入DNA序列：ATCCGATG
DNA序列分析结果:
碱基A的百分比：25.00%
碱基T的百分比：25.00%
碱基C的百分比：25.00%
碱基G的百分比：25.00%
```

图3-18　DNA序列分析器程序运行效果

4. 程序模板

请按要求，将【代码】替换为Python程序代码。

```
1     # 输入DNA序列
2     dna_sequence = input("请输入DNA序列：")
3     # 初始化碱基计数
4     count_a = 0
5     count_t = 0
6     count_c = 0
8     count_g = 0
9     for ________【代码1】________:  # 使用for循环统计碱基数量
10    # 统计输入的DNA序列中腺嘌呤A碱基的数量
11        if base == 'A':
12            count_a += 1
13    # 统计输入的DNA序列中胸腺嘧啶T碱基的数量
14        elif base == 'T':
15            count_t += 1
16    # 统计输入的DNA序列中胞嘧啶C碱基的数量
17        elif base == 'C':
18            count_c += 1
19        elif ________【代码2】________:  # 若遍历到的碱基是鸟嘧啶G
20            count_g += 1
21    # 计算碱基百分比
22    total_bases = ________【代码3】________  # 计算DNA序列中的碱基总数
23    percent_a = (count_a / total_bases) * 100
24    percent_t = (count_t / total_bases) * 100
25    percent_c = (count_c / total_bases) * 100
26    percent_g = (count_g / total_bases) * 100
27    # 输出分析结果
28    print("DNA序列分析结果:")
29    print(________【代码4】________)  # 使用字符串格式化输出方法计算碱基A的百分比
30    print("碱基T的百分比：{:.2f}%".format(percent_t))
```

```
31    print("碱基C的百分比: {:.2f}%".format(percent_c))
32    print("碱基G的百分比: {:.2f}%".format(percent_g))
```

5. 实验指导

（1）首先使用基本输入函数 input()提示用户输入一个目标 DNA 序列，并定义变量 dna_sequence 接收此序列，以待后续处理。同时初始化碱基计数变量 count_a、count_c、count_t、count_g 为 0。

（2）代码使用 for 循环语句遍历所输入的 DNA 序列字符串中的每个字符，并在其循环体中辅以多分支结构 if-elif-else 语句判断每次循环所遍历的碱基字符是 A、C、T 还是 G，并相应地增加对应的碱基计数变量。

（3）程序将四种碱基计数变量的值相加，表示输入字符串中的碱基总数量，并将其值存储到变量 total_bases 中。然后运用算术除法运算符/和算术乘法运算符*分别计算每种碱基所占的百分比。

（4）最后使用 print()函数输出 DNA 序列分析结果，包括四种碱基所占的百分比，在此使用字符串的格式化输出方法 format()控制计算结果所保留的小数位数。

6. 实验后的练习

（1）在上述程序基础上，输出 DNA 序列中各碱基的数量。

（2）在 DNA 序列分析器程序中增加一个功能，判断输入的 DNA 序列是否有效（即是否只包含 A、T、C、G 这四种碱基），并给出相应的提示信息。

小结

本章介绍了 Python 中的顺序结构、选择结构和循环结构三种控制结构。其中，顺序结构是最基本的程序结构。选择结构是在顺序结构的程序中加入了判断和选择的功能，在 Python 中使用关键字 if、else 和 elif 构建分支结构程序。循环结构可以消除程序代码中的重复语句块，通常使用 while 或 for 关键字来构建循环。再介绍了用于程序流程控制的 break、continue 等关键字及通过关键字 try…except、else 和 finally 构建异常处理程序的方式。

习题

1. 选择题

（1）以下关于程序控制结构描述错误的是（　　）。

A. 单分支结构是只要满足一个条件，就执行相应的处理代码

B. 双分支结构是根据条件的真假，执行两种处理代码

C. 多分支结构可以处理多种可能的情况

D. 在 Python 程序流程图中，可以用处理框表示计算的输出结果

（2）下列有关 break 语句与 continue 语句的描述，不正确的是（　　）。

A. 当多个循环语句彼此嵌套时，break 语句只结束最内层循环语句的执行

B. continue 语句类似于 break 语句，必须在 for、while 循环中使用

C. continue 语句提前结束本次循环，继续执行下一轮循环

D. break 语句结束所有循环语句的执行

（3）下列选项中可实现多分支结构的是（　　）。

A. while　　B. if-elif-else　　C. for　　D. if-else

（4）下列选项中能够与保留字 for 一起实现遍历循环的是（　　）。

A. in　　B. loop　　C. elif　　D. while

（5）下列关键字中用于终止循环结构的运行的是（　　）。

A. exit　　B. else　　C. break　　D. continue

（6）下列程序段中，print 语句的执行次数是（　　）。

```
k = 1314
while k > 1:
    print(k)
k = k / 2
```

A. 7　　B. 1314　　C. 657　　D. 11

（7）在包含异常处理的程序中，如果没有发生异常，则会执行关键字（　　）引导的语句块。

A. try　　B. except　　C. finally　　D. else

（8）关于异常的说法不正确的是（　　）。

A. 异常是程序控制进行错误处理

B. 如果程序考虑到了所有错误情况的处理方法就不需要异常处理

C. 如果程序不加异常处理代码，如果运行时出现异常，程序就无法继续执行

D. except Exception 中不包含所有错误情况

2. 简答题

（1）请简述 Python 中的三种基本控制结构。

（2）在 Python 中，break 和 continue 语句分别用于什么场景？

（3）在 Python 中，如何结合使用 for 循环和 range()函数来遍历一个指定的数字范围？

（4）在 Python 中，elif 关键字是如何与 if 关键字和 else 关键字一起使用的？请给出一个示例。

（5）请解释 Python 中的异常处理机制，包括如何捕获和处理异常。

3. 编程题

（1）编程实现输入长方体的长、宽、高，计算输出长方体的表面积和体积，要求输出结果有提示信息。

（2）输入百分制成绩，然后将其转换成 A、B、C、D、E 等级并输出。规定 A 级成绩大于或等于 90 分，B 级成绩大于或等于 80 分且小于 90 分，C 级成绩大于或等于 70 分且小于 80 分，D 级成绩大于或等于 60 分且小于 70 分，E 级成绩小于 60 分。

（3）假设公鸡 10 元 1 只，母鸡 5 元 1 只，小鸡 1 元 3 只，用 100 元买了 100 只鸡，编程求解公鸡、母鸡和小鸡的数量。

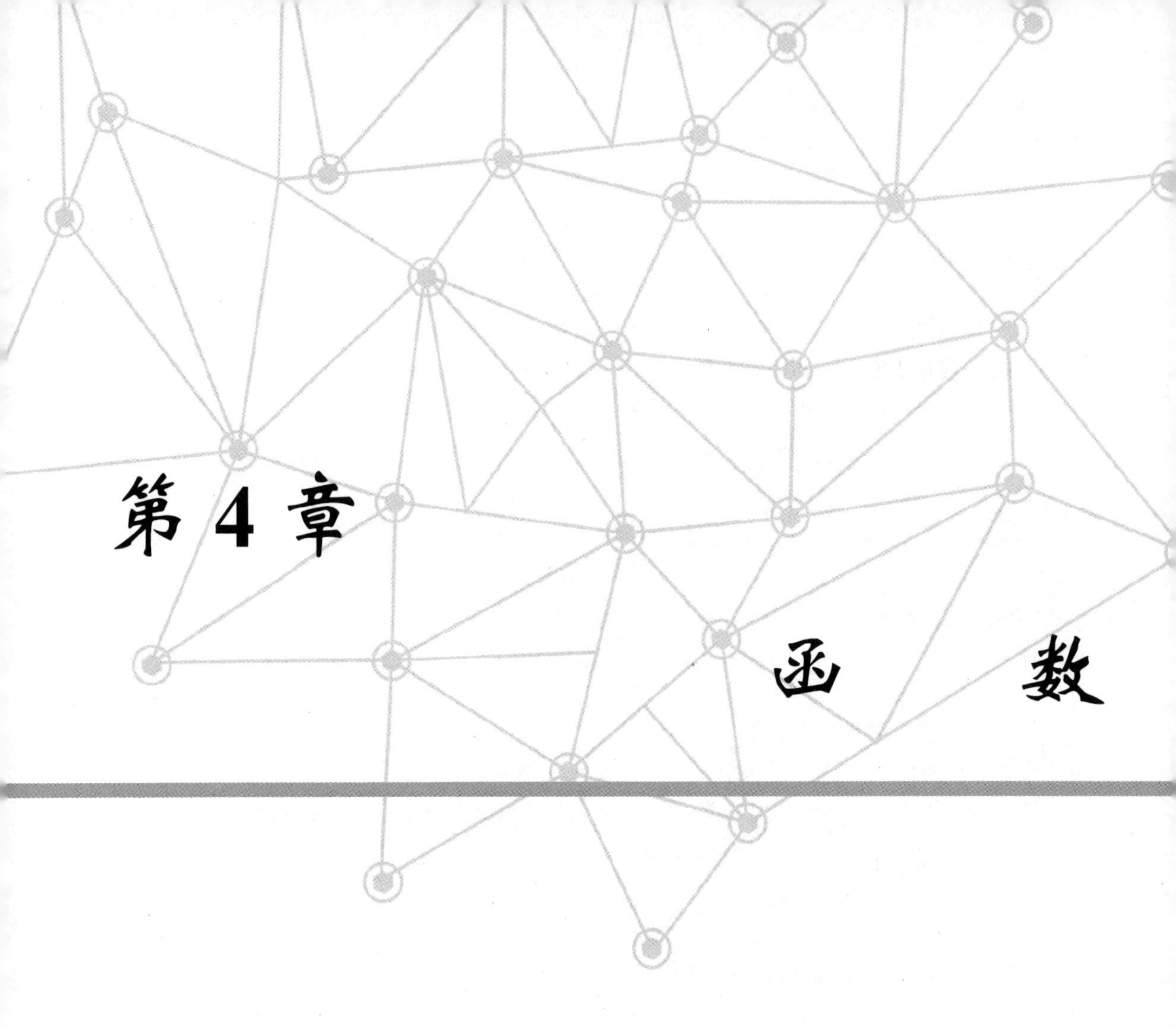

第 4 章　函　　数

当需要多次执行同一项任务时，如果反复编写相同的代码，将非常费时费力。此时，就可以使用函数。函数是带名字的、可重复使用的、用于完成某一特定功能的代码段。第 2 章介绍了 Python 提供的一些内置函数，如 input()、print()等，当想要使用该函数定义的特定功能时，只需调用该函数即可。通过函数，程序的编写、阅读、测试和维护都将更容易。本章将详细介绍函数的定义与调用、函数的参数传递、函数的返回值、变量的作用域，以及匿名函数与递归函数。

学习目标

（1）掌握函数的定义和调用方法。

（2）掌握函数的多种参数使用方式。

（3）理解变量的作用域。

（4）了解匿名函数的定义与使用方法。

（5）理解递归的含义及递归函数的使用方法。

4.1 函数引入的意义

在程序的编写中，经常会发现有些代码是完全相同或高度相似的，其差别往往在于要处理的数据，但处理过程是一样的。

【例 4-1】 现有 2 个半径不同的圆，要求编写代码计算并输出它们的周长，如代码 4-1 所示。

代码 4-1 计算并输出圆的周长

```
1  r1 = 3
2  c1 = 2 * 3.14 * r1
3  print(c1)
4  r2 = 6
5  c2 = 2 * 3.14 * r2
6  print(c2)
```

在代码 4-1 中，周长计算的代码重复出现，不同之处在于每次计算时的半径不同。若想提高计算精度，还需要将所有的 3.14 进行替换，增加了工作量。

为此，可以提炼重复代码，形成一个函数 calc_length(r)，通过接收一个输入（半径 r），计算并输出结果。该函数只需要编写一次，就可以被多次使用（具体使用方式见 4.2 节）。如果需要提高计算精度，只需将函数体中的 3.14 进行一次替换即可。

4.2 函数的定义与调用

本节中函数的定义与调用指的是自定义函数的定义与调用。函数可通俗地理解为将一组相关的代码块封装成一个整体，后期可以通过函数调用来执行，提高代码的重用性和可读性。

4.2.1 函数的定义

函数定义的语法格式如下。

```
def 函数名([形式参数1,形式参数2,......] ):
    函数体
    [return [表达式]]
```

图 4-1 是用来计算圆的周长的函数定义及各部分标注。

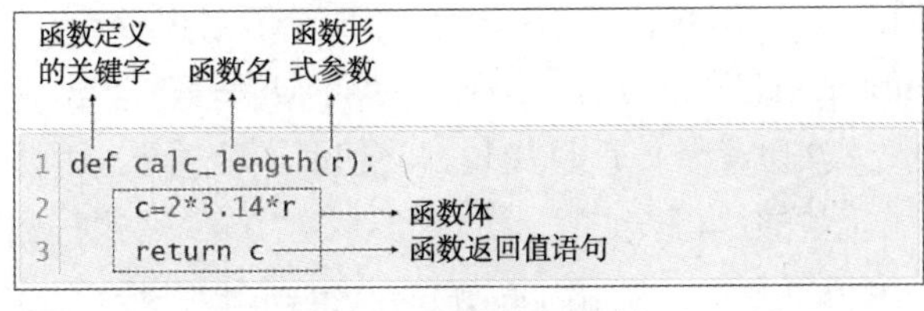

图 4-1 函数定义示例

函数定义的规则总结如下。

（1）自定义函数以关键词 def 开头，后接函数名和圆括号()，其中，函数名必须满足标识符命名规则且不能用保留字作为函数名。

（2）圆括号()内是函数的形式参数（形式参数），多个参数间用逗号隔开，若函数没有参数，则省略不写（形式参数是可选的，用方括号[]括起来），但圆括号()一定要有且后面一定要有冒号。

（3）函数体即实现函数功能的语句块。若函数体有多行代码，必须统一左对齐，且相对 def 缩进 4 个字符。

（4）若函数有返回值，则用 return 表达式的形式结束函数。若无返回值，则不写 return 或只写 return（相当于返回 None）。

4.2.2 函数的调用

函数的调用就是通过一个函数使用一段代码，并且根据需要向函数传递数据。调用函数一般需要执行如下步骤。

（1）当前程序执行到函数调用表达式时，暂停执行。

（2）将实际参数（实参）的值传递给函数定义中对应的形式参数。

（3）执行流程从当前调用语句传递转移到被调用函数，开始执行函数体的第 1 条语句。

（4）函数调用结束，程序回到调用处继续执行。

函数必须先定义再调用，调用语法形式如下。

```
函数名(实际参数列表)
```

【例 4-2】 定义并调用计算圆的周长函数，如代码 4-2 所示。

代码 4-2 定义并调用计算圆的周长函数

```
1  # 以下是函数定义部分
2  def calc_length(r):
3      c = 2 * 3.14 * r
4      return c
5  # 以下是函数调用部分
6  r = 3
7  c = calc_length(r)
8  print(f"半径{r=}的圆周长是:", c)
```

代码 4-2 的执行结果如下。

```
半径 r=3 的圆周长是: 18.84
```

在代码 4-2 中，程序首先从第 6 行开始执行，将 3 赋值给半径 r（实际参数），再执行第 7 行，调用函数 calc_length(r)，此时，当前代码暂停执行，流程转向被调用函数 calc_length(r)内部，即从第 3 行开始，代入实际参数值计算周长并将值赋给变量 c，再执行第 4 行 return 语句，返回周长 c 并结束被调用函数的执行。此时，流程回到第 7 行继续执行剩余部分，即将返回值赋值给变量 c。最后，程序执行第 8 行，调用内置函数 print()输出结果，至此，整个程序执行结束。

4.3　函数的参数传递

函数调用时，传递的实际参数和函数定义的形式参数在顺序、个数上要一致，否则调用时会报错。实际参数对形式参数的数据传递是单向的，即只能把实际参数的值传递给形式参数，而不能把形式参数的值反向传递给实际参数。

【例 4-3】　定义并调用函数，将两个数交换后输出，如代码 4-3 所示。

代码 4-3　定义并调用函数，将两个数交换后输出

```
1   # 以下是函数定义部分
2   def swap(a, b):
3       print("(1) swap()函数中初始形式参数 a、b 的值为：", a, "、", b)
4       t = a
5       a = b
6       b = t
7       print("(2) swap()函数调用结束时 a、b 的值为：", a, "、", b)
8
9   # 以下是函数调用部分
10  x = 20
11  y = 30
12  print("(3) 未调用 swap()函数前实际参数 x、y 的值为：", x, "、", y)
12  swap(x, y)
14  print("(4) 调用 swap()函数后实际参数 x、y 的值为：", x, "、", y)
```

代码 4-3 的运行结果如下。

```
(3) 未调用 swap()函数前实际参数 x、y 的值为：20、30
(1) swap()函数中初始形式参数 a、b 的值为：20、30
(2) swap()函数调用结束时 a、b 的值为：30、20
(4) 调用 swap()函数后实际参数 x、y 的值为：20、30
```

函数调用过程中所有参数的变化过程如图 4-2 所示。

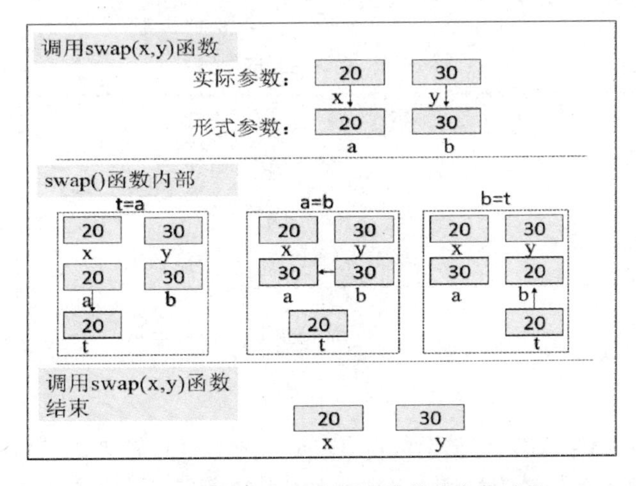

图 4-2　函数调用过程中所有参数的变化过程

函数调用时的参数传递有多种方式，如默认参数、位置参数、关键字参数（命名参数）、可变参数（打包参数）、组合参数、解包参数等。

4.3.1 默认参数

若函数定义时给形式参数指定了默认值，而在函数调用时没有给对应的参数传递值，此时，就将以默认参数值作为实际参数的值，默认参数也被称为可选参数。

带默认形式参数值的函数定义形式如下。

```
def 函数名([形式参数1,形式参数2,……] ,形式参数n=默认值):
    函数体
    [return [表达式]]
```

注意：有默认值的形式参数必须放在形式参数列表的最右边，即任何一个有默认值的形式参数右边不能出现无默认值的形式参数。

正确定义并调用函数（默认参数）的代码，如代码4-4所示。

代码4-4　定义并调用函数（默认参数）

```
1   # 以下是函数定义部分
2   def fun(a=1, b=2, c=3):
3       print(a, b, c)
4
5   # 以下是函数调用部分
6   fun(2, 3, 4)
7   fun(7)
8   fun()
```

代码4-4的运行结果如下。

```
2 3 4
7 2 3
1 2 3
```

错误定义的示例如代码4-5所示。

代码4-5　错误定义的示例

```
1   def fun0(a=1, b, c=3):  # 错误示例1
2       print(a, b, c)
3
4   def fun0(a=1, b=2, c):  # 错误示例2
5   print(a, b, c)
```

4.3.2 位置参数

调用函数时，实际参数默认根据函数定义的形式参数的位置来传递的参数被称为位置参数。

正确定义并调用函数（位置参数）的代码如代码4-6所示。

代码 4-6　定义并调用函数（位置参数）

```
1  # 以下是函数定义部分
2  def fun1(x, y):
3      return x ** y
4
5  # 以下是函数调用部分
6  print(fun1(2, 3))
7  print(fun1(3, 2))
```

代码 4-6 的运行结果如下。

```
8
9
```

在代码 4-6 中，函数 fun1(x,y)的两个参数 x 和 y 属于位置参数，调用 fun1(2,3)与 fun1(3,2)所得值分别为 8 和 9。可见，位置参数顺序不同，得到的函数值也不同。

4.3.3　关键字参数（命名参数）

这类参数是按名称指定传入。调用函数时，通过“参数名=值”的方式传递参数值。

定义并调用函数（关键字参数），如代码 4-7 所示。

代码 4-7　定义并调用函数（关键字参数）

```
1  # 以下是函数定义部分
2  def fun2(x, y):
3      return x ** y
4
5  # 以下是函数调用部分
6  print(fun2(x=2, y=3))
7  print(fun2(y=3, x=2))
```

代码 4-7 的运行结果如下。

```
8
8
```

代码 4-7 的两次调用结果都为 8，说明关键字参数之间不存在先后顺序。

4.3.4　可变参数（打包参数）

调用函数时，若不能确定会传入多少个参数，在定义函数时，可以将参数设置为可变参数。可变参数即传入的参数个数是可变的，通过在参数前面加星号来实现。带有星号的可变参数只能出现在形式参数列表的最右边。

1. 带一个星号的可变参数

带一个星号的可变参数可接收任意数量的实际参数。调用函数时，传递的任意多个位置参数打包成一个元组，传递给带星号的可变参数。

定义并调用函数（带一个星号的可变参数）的代码如代码 4-8 所示。

代码 4-8　定义并调用函数（带一个星号的可变参数）

```
1   # 以下是函数定义部分
2   def sum(*x):
3       s = 0
4       print(type(x))
5       for i in x:
6           s = s + i
7       return s
8
9   # 以下是函数调用部分
10  print(sum(1, 2, 3))
```

代码 4-8 的运行结果如下。

```
<class 'tuple'>
6
```

调用该函数时，将 1、2、3 打包成一个元组传递给参数 x。

2. 带两个星号的可变参数

带两个星号的可变参数可接收任意数量的关键字参数。

定义并调用函数（带两个星号的可变参数）的代码如代码 4-9 所示。

代码 4-9　定义并调用函数（带两个星号的可变参数）

```
1  # 以下是函数定义部分
2  def fun3(**x):
3      print(type(x))
4      print(x)
5
6  # 以下是函数调用部分
7  fun3(a=1, b=2, c=3, d=4)
```

代码 4-9 的运行结果如下。

```
<class 'dict'>
{'a': 1, 'b': 2, 'c': 3, 'd': 4}
```

将关键字参数 a、b、c、d 打包成字典传递给参数 x。

4.4　函数的返回值

函数可以通过 return 语句返回一个或多个函数值并跳出函数。

用 return 语句返回一个值，如代码 4-10 所示。

代码 4-10 返回一个值

```
1   # 以下是函数定义部分
2   def max(x, y):
3       if x > y:
4           return x
5       elif x < y:
6           return y
7
8   # 以下是函数调用部分
9   a, b = eval(input("请输入两个整数，用逗号分隔："))
10  if max(a, b) == None:
11      print("两个数相等")
12  else:
13      print(f"{a},{b}中较大的数是{max(a, b)}")
```

代码 4-10 的运行结果如下。

```
请输入两个整数，用逗号分隔：3,2
3,2 中较大的数是 3
```

用 return 语句返回两个值，如代码 4-11 所示。

代码 4-11 返回两个值

```
1   # 以下是函数定义部分
2   def min(x, y):
3       if x > y:
4           return y, x
5       elif x < y:
6           return x, y
7
8   # 以下是函数调用部分
9   a, b = eval(input("请输入两个整数，用逗号分隔："))
10  if max(a, b) == None:
11      print("两个数相等")
12  else:
13      c, d = min(a, b)
14      print(f"{a},{b}中较小的数是{c},较大的数是{d}")
```

代码 4-11 的运行结果如下。

```
请输入两个整数,用逗号分隔：111,1223
111,1223 中较小的数是 111,较大的数是 1223
```

4.5 变量的作用域

作用域是一个标识符在程序中起作用的范围，不同作用域的同名标识符之间不会互相影响。

变量的作用域分为局部作用域和全局作用域。

4.5.1 局部作用域与局部变量

局部变量是定义在函数内部的变量，其作用域是当前函数的函数内部，函数外部的语句无法访问当前函数中的局部变量。

局部变量的作用域如代码 4-12 所示。

代码 4-12 局部变量的作用域

```
1   # 以下是函数定义部分
2   def fun(a):  # 形式参数 a 作用域的开始
3       b = a  # 变量 b 作用域的开始
4       if b < 0:  # 如果创建了变量 c 就无法创建变量 d
5           c = a  # 变量 c 作用域的开始
6       else:  # 如果创建了变量 d 就无法创建变量 e
7           d = b  # 变量 d 作用域的开始
8       e = a + b  # 变量 e 作用域的开始
9       print(e)  # 形式参数 a 及变量 b、c、d、e 作用域的结束
10
11  # 以下是函数调用部分
12  fun(6)
13  fun(-6)
```

代码 4-12 的运行结果如下。

```
12
-12
```

在代码 4-12 中，第 2 行的函数 fun()在形式参数列表中声明了形式参数 a，第 3 行在函数内部创建了变量 b，并用 a 的值初始化 b。接着在 if 语句中，第 5 行创建了变量 c，用 a 的值对其初始化。然后在 else 语句中，第 7 行创建了变量 d，用 b 的值对其初始化。最后在第 8 行创建了变量 e，用 a、b 的和对其初始化。

整个函数中，形式参数 a 的作用域是从形式参数的声明处开始，到整个函数结束，即从代码第 2 行到代码第 8 行。函数内部定义的变量，其作用域从定义处开始，一直到该函数结束。例如，变量 b 的作用域是从代码第 3 行到代码第 8 行，变量 c 的作用域是从代码第 5 行到代码第 8 行，变量 d 的作用域是从代码第 7 行到代码第 8 行。形式参数 a 和变量 b、c、d、e 的作用范围都是局部的，称为局部作用域。在函数内部定义的变量，其作用域只在函数内局部有效，这种在局部作用域内有效的变量称为局部变量。

4.5.2 全局作用域与全局变量

一般在函数外部定义的变量称为全局变量，其作用域是从该变量赋值语句开始到程序文件

结束的整个范围。全局变量不仅在所有函数内部起作用，在函数外部也起作用。

Python 中变量的定义不需要提前声明，假设执行到某个函数内，当前环境下不存在某标识符的局部变量，但存在一个该标识符的全局变量，这时如果向该标识符赋值，程序不会修改该标识符的全局变量的值，而是会创建一个以该标识符命名的局部变量。对于这个特点，全局变量在使用时需注意以下几种情况。

（1）如果程序中已经声明了某个全局变量 a，程序调用某个函数时，函数中又定义了局部变量 a，则在进入该函数后局部变量 a 会屏蔽同名的全局变量 a，这时对 a 的任何赋值都将对局部变量 a 的值进行修改。当该函数调用结束后回到程序中时，该函数定义的局部变量 a 消失，全局变量 a 可见。

（2）变量已经在函数外部定义，属于全局变量。如果想在某个函数内部修改该全局变量的值，可以在该函数内部通过 global 声明全局变量，使用 global 的前提是，该函数内部不能有同名局部变量在 global 声明前被创建，否则程序将报错。

（3）在函数内部，如果直接使用 global 关键字对一个变量进行声明，而此时主程序没有该变量的全局变量，则主程序会自动增加一个该变量的全局变量。

一般而言，局部变量的引用要比全局变量速度快，并且由于局部变量在函数结束后会被回收，不会长期占用内存，所以如果没有特殊需求，应尽量少创建全局变量，多使用局部变量。

局部变量与全局变量的作用域如代码 4-13 所示。

代码 4-13　局部变量与全局变量的作用域

```
1    # 以下是函数定义部分
2    def fun(b):
3        a = 30  # 创建局部变量 a
4        b = b + 1  # 修改形式参数 b 的值
5        global c  # 声明全局变量 c
6        c = 35  # 修改全局变量 c 的值
7        print(a, b, c)
8
9    # 以下是函数调用部分
10   a = 5
11   b = 15
12   c = 20
13   fun(b)
14   print("a, b, c=", a, b, c)
```

代码 4-13 的运行结果如下。

```
30 16 35
a, b, c= 5 15 35
```

在代码 4-13 中，第 5 行声明变量 c 为全局变量，于是第 6 行对 c 的赋值就实现了修改全局变量 c 的值。

同名局部变量和全局变量的作用域如代码 4-14 所示。

代码 4-14　同名局部变量和全局变量的作用域

```
1   # 以下是函数定义部分
2   n = 100  # 全局变量 n
3
4   def fun():
5       n = 150  # 局部变量 n
6
7   print(f"{n=}")  # 输出局部变量 n
8   # 以下是函数调用部分
9   fun()
10  print(f"{n=}")  # 输出全局变量 n
```

代码 4-14 的运行结果如下。

```
n=150
n=100
```

4.6　函数的特殊形式

在 Python 中还有几种特殊的函数形式，具体如下。

4.6.1　lambda 表达式及匿名函数

可以使用 lambda 表达式直接定义匿名函数。匿名函数主要用于需要使用函数对象作为参数、函数比较简单且只使用一次的场景。lambda 表达式定义匿名函数的格式如下。

```
lambda[参数列表]:表达式
```

注意：整个 lambda 语句是一个表达式，不是语句块，该语句的值就是冒号后面表达式的计算结果。

与普通函数相比，匿名函数的特点如下。

（1）匿名函数不需要使用函数名进行标识，而普通函数需要使用函数名进行标识。

（2）匿名函数的函数体只能是一个表达式，而普通函数的函数体中可以有多条语句。

（3）匿名函数只能实现比较单一的功能，而普通函数可以实现比较复杂的功能。

（4）匿名函数不能被其他程序使用，而普通函数可以被其他程序使用。

lambda 表达式示例 1 如代码 4-15 所示。

代码 4-15　lambda 表达式示例 1

```
1   f1 = lambda x, y: x + y  # f1 相当于该表达式的名字
2   print(f1(11, 22))
```

代码 4-15 的运行结果如下。

```
33
```

lambda 表达式示例 2 如代码 4-16 所示。

代码 4-16　lambda 表达式示例 2

```
1  f2 = lambda x, y=1, z=1: x + y + z  # 含有默认参数值
2  print(f2(1, 2))
```

代码 4-16 的运行结果如下。

```
4
```

4.6.2　递归函数

递归是指在函数体中又调用自身的一种程序设计方法。递归解决问题的思路是将大规模问题转换成相似的小规模问题。递归函数即自调用函数，在函数体内部直接或间接地自己调用自己，即函数的嵌套调用。

【例 4-4】　定义递归函数，求解 n 的阶乘 $n!=\begin{cases}1, & n=1\\ n(n-1)!, & n>1\end{cases}$，如代码 4-17 所示。

代码 4-17　递归函数

```
1   # 以下是函数定义部分
2   def fact(n):
3       if n == 1:
4           return 1
5       else:
6           return n * fact(n - 1)
7
8   # 以下是函数调用部分
9   n = 3
10  print(fact(n))
```

代码 4-17 的运行结果如下。

```
6
```

递归函数调用过程如图 4-3 所示。

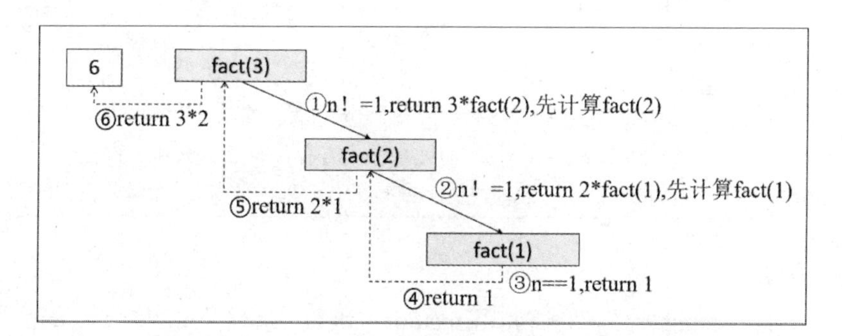

图 4-3　递归函数调用过程

4.6.3 应用案例：递归函数应用——失之毫厘，谬以千里

“失之毫厘，谬以千里”出自《礼记·经解》，表示开始的一点错误，结果会造成巨大的错误。递归函数在递归调用时有健壮性和鲁棒性两大特性，运用该函数可以将这一句谚语生动形象地用代码的形式展现出来。首先以一个常见的编程错误为例，即在递归中错误地使用相同的参数值而不是减去 1，从而递归计算就会陷入无限的循环。再以计算 0.9、1.0 和 1.1 的 100 次幂为例，感受小错误的严重性。大家都知道

$$0.9^{100}=0.000026561399$$

$$1.0^{100}=1$$

$$1.1^{100}=13779.612339822379$$

对比三次计算，尽管 0.9、1.0 和 1.1 三个数相差很小，但经过 100 次幂运算后的结果却相差巨大。由此可见，无论是在生活、学习还是在工作中，都应该重视早期发现的小错误，绝不能放任不管，只有保持缜密、严谨的态度，不断地迭代，才能收获预期的结果。

【分析】

在递归函数中，factorial()函数的递归调用错误地使用了 n 而不是 n–1，导致递归无法结束，陷入了无限循环。由于基线条件不会被满足，递归调用会一直进行下去，直到递归层数达到 Python 的最大递归深度，最终引发 RecursionError 异常。最后测试部分尝试捕获 RecursionError 异常，并输出相应的错误信息。

计算 0.9、1.0 和 1.1 的 100 次幂时，根据 $f(y)=1$（$y=0$）和 $f(y)=x\times f(y-1)$（$y>0$），定义一个递归函数 power()来计算给定底数和指数的幂，在函数体内部，使用条件语句判断指数的值进行下一步运算。主体部分调用两次 power()函数用于计算 1.1 的 100 次幂和 1.0 的 100 次幂的差值。

【实现】

（1）自定义函数及初始化变量。

首先定义一个名为 factorial 的函数，该函数用于计算阶乘。基线条件是，n==0 或 n==1 时返回 1，否则执行递归调用。定义函数及初始化变量如代码 4-18 所示。

代码 4-18　自定义函数及初始化变量

```
1   def factorial(n):
2       if n == 0 or n == 1:
3           return 1
4       else:
5           #引入一个小错误：在递归调用中没有减 1，导致无限递归
6           return n * factorial(n) #这里应该是 n-1，但错误地写成了 n
7           #return n * factorial(n-1) #正确的代码
```

（2）测试部分。

设置测试用例为 number=5。尝试调用 factorial()函数计算阶乘，并输出结果。如果函数陷入无限循环导致 RecursionError 异常，则捕获异常并输出相应的错误信息。测试部分如代码 4-19

所示。

代码 4-19　测试部分

```
1   number = 5
2   try:
3       result = factorial(number)
4       print(f"{number} 的阶乘是：{result}")
5   except RecursionError:
6       print("由于错误的递归调用，函数陷入了无限循环。这就是“失之毫厘，谬以千里”的典型例
    子。")
```

（3）自定义次方差计算函数。

自定义一个递归函数 power()来计算给定底数和指数的幂，该函数接收两个参数 x 和 y，分别表示底数和指数。在函数体内部，使用条件语句判断 y 的值，若 y 大于 0，则返回 x 乘以 power(x,y–1)的结果，即调用函数本身，并将指数减 1，直到指数为 0。若 y 等于 0，则返回 1，因为任何数的 0 次幂都是 1。

程序的主体部分调用两次 power()函数，分别计算 1.1 的 100 次幂和 1.0 的 100 次幂，并将它们的差值保存在 result 变量中。最后输出 result 变量的值，即 1.1 的 100 次幂和 1.0 的 100 次幂的差值。本例函数如代码 4-20 所示。

代码 4-20　本例函数

```
1   # 计算 1.1 的 100 次幂和 1.0 的 100 次幂的差值
2   def power(x, y):
3       if y > 0: # y 大于 0
4           return x * power(x, y - 1)
5       elif y == 0:  # y 等于 0
6           return 1
7
8
9   result = power(1.1, 100) - power(1.0, 100)
10  print(result)
```

【运行】

```
由于错误的递归调用，函数陷入了无限循环。这就是“失之毫厘，谬以千里”的典型例子。
13779.612339822379

进程已结束,退出代码 0
```

4.7　上机实践：学生成绩管理系统

1. 实验目的

（1）熟练掌握函数的定义与调用。

（2）熟练掌握函数的参数传递。

（3）熟练掌握变量的作用域。

（4）熟练掌握 float()类型转换函数。

2. 实验要求

本实验要求设计并实现一个学生成绩管理系统，该系统能够录入、查找、修改和删除学生的成绩信息。通过学习使用字典及其相关操作函数，掌握输入函数、条件语句、循环语句，熟悉字典的嵌套结构和删除操作。通过实践建立一个完整的程序，具备良好的稳定性和用户交互性。

3. 运行效果示例

程序运行效果如图 4-4 所示。

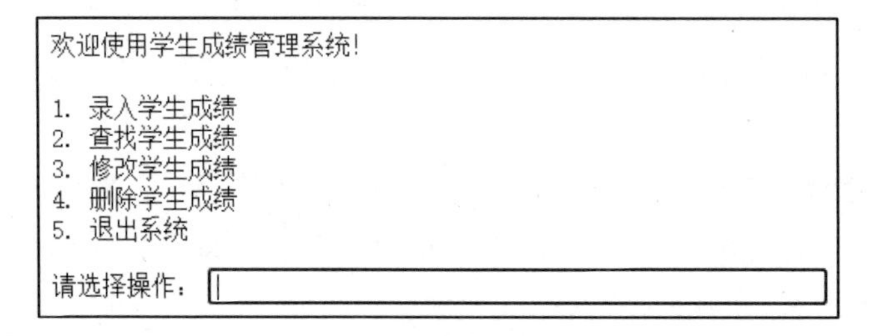

图 4-4　程序运行效果

4. 程序模板

```
1     # 学生成绩字典，用于存储学生姓名及对应的成绩
2     student_scores = {}
3
4
5     # 定义函数：录入学生成绩
6     def input_score():
7         student_name = input("请输入学生姓名：")  # 获取用户输入的学生姓名
8         subject = ____【代码 1】____ # 获取用户输入的考试科目
9         score = ____【代码 2】____ # 将输入的成绩转换为浮点数类型（float 方法的应用）
10    student_scores.setdefault(student_name, {})[subject] = score  # 将学生成绩
      记录在字典中
11        print("成绩录入成功！")  # 输出提示信息
12
13
14    # 定义函数：查找学生成绩
15    def search_score(student_name):
16    """
17    student_name：表示指定要查找成绩的学生姓名
18    """
19        if ______【代码 3】______ # 判断学生姓名是否存在于学生成绩字典中
20            print(f"{student_name}的成绩如下：")  # 输出学生姓名
21            for subject, score in student_scores[student_name].items(): # 遍历
```

```
    学生成绩字典中该学生的成绩信息
22              print(f"科目：{subject}，成绩：{score}")  # 输出科目和成绩
23      else:
24          print("该学生没有成绩记录。")  # 若学生姓名不存在于字典中，则输出提示信息
25
26
27  # 定义函数：修改学生成绩
28  def modify_score(student_name, subject):
29  """
30  subject：表示指定要修改成绩的科目
31  student_name：表示指定要查找成绩的学生姓名
32  """
33      if    student_name    in    student_scores    and    subject    in
    student_scores[student_name]:  # 判断学生姓名和科目是否存在于学生成绩字典中
34          new_score =_______【代码 4】_______# 获取用户输入的新成绩（float 方法的应
    用）
35          student_scores[student_name][subject] =_____【代码 5】_____# 更新学生成
    绩字典中的成绩信息
36          print("成绩修改成功！")  # 输出提示信息
37      else:
38          print("该学生没有对应科目的成绩记录。")  # 若学生姓名或科目不存在于字典中，则
    输出提示信息
39
40
41  # 定义函数：删除学生成绩
42  def____【代码 6】____#定义删除学生成绩函数，参数参考修改学生成绩定义
43      if    student_name    in    student_scores    and    subject    in
    student_scores[student_name]:  # 判断学生姓名和科目是否存在于学生成绩字典中
44          del student_scores[student_name][subject]  # 从学生成绩字典中删除指定
    学生姓名和科目的成绩记录
45          print("成绩删除成功！")  # 输出提示信息
46      else:
47          print("该学生没有对应科目的成绩记录。")  # 若学生姓名或科目不存在于字典中，则
    输出提示信息
48
49
50  # 主程序
51  def____【代码 7】____#定义主程序
52      print("欢迎使用学生成绩管理系统！")  # 输出欢迎信息
53      while True:
54  print("\n1. 录入学生成绩\n2. 查找学生成绩\n3. 修改学生成绩\n4. 删除学生成绩\n5.
    退出系统") # 输出操作菜单
55          choice = input("请选择操作：")  # 获取用户选择的操作
56          if choice == '1':
57              input_score()  # 调用录入成绩函数
58          elif choice == '2':
59              student_name =_____【代码 8】_____# 获取用户输入的学生姓名
```

```
60              search_score(student_name)  # 调用查找成绩函数
61          elif choice == '3':
62              student_name =_______【代码 9】_______# 获取用户输入的学生姓名
63              subject = input("请输入要修改成绩的科目：") # 获取用户输入的科目
64              modify_score(student_name, subject)  # 调用修改成绩函数
65          elif choice == '4':
66              student_name =_______【代码 10】_______# 获取用户输入的学生姓名
67              subject = input("请输入要删除成绩的科目：") # 获取用户输入的科目
68              delete_score(student_name, subject)  # 调用删除成绩函数
69          elif choice == '5':
70              print("感谢使用学生成绩管理系统，再见！")  # 输出感谢信息
71              break  # 退出循环，结束程序
72          else:
73              print("输入有误，请重新输入。")  # 若输入有误，则输出提示信息
74
75
76  if_________【代码 11】__________#考查主函数的调用
77      main()  # 调用主程序函数
```

5. 实验指导

（1）依次完成各个功能函数的编写，并在主程序中添加相应的功能菜单。

（2）注意函数的参数传递方式，尽量选择合适的参数类型来实现函数。

（3）注意各个函数的规范使用，如 if…else…结构的缩进、input()函数的使用等。

6. 实验后的练习

（1）修改程序模板，添加异常处理结构，确保程序在用户输入错误时能够给出合适的提示信息。

（2）扩展功能，如计算学生平均成绩、单科最高成绩等功能。

（3）添加成绩排序功能，对学生的成绩按照某一科目进行排序，并输出排名结果。

小结

本章介绍了 Python 中函数的定义与调用、参数传递等。函数是可重复使用的语句块，通常用于实现特定的功能。在程序中可以通过函数调用提高程序代码的复用性，从而提高编程效率及程序的可读性。函数有多种参数传递方式，且参数变量有多种作用域。根据作用域的不同，变量可以分为全局变量和局部变量。同时，也介绍了匿名函数及递归函数的定义与使用方式。

习题

1. 选择题

（1）关于形式参数和实际参数的描述，下列选项中正确的是（　　）。

A. 函数定义时参数列表中的参数是实际参数，简称实际参数

B. 参数列表中给出要传入函数内部的参数，这类参数称为形式参数，简称形式参数

C. 程序在调用函数时，将实际参数赋予函数的形式参数

D. 程序在调用函数时，将形式参数赋予函数的实际参数

（2）关于参数传递，下列选项中描述正确的是（　　）。

A. 在 Python 中定义函数时，位置参数所在的位置顺序可以任意

B. 默认参数是指调用函数时指明了值的参数

C. 关键字参数是指在调用函数时以“参数名=值”的形式进行传参的参数

D. 定义函数时，可变参数的位置可以任意指定

（3）自定义函数 fl(x,y,z)如下，运行程序后的输出结果是（　　）。

```
def fl(x,y,z):
print(x+y)
nums=(1,2,3)

fl(nums)
```

A. 6　　B. 3

C. 1　　D. 语法错误

（4）关于函数和变量，下列选项中描述错误的是（　　）。

A. 函数内部定义的变量除非特意声明为全局变量，否则均默认为局部变量

B. 使用关键字 global 声明的变量为全局变量

C. 递归函数必须有明确的终止条件

D. lambda()函数中可以有 return 语句

（5）在 Python 中，表示函数可以接收任意数量的参数的是（　　）。

A. *args　　B. **kwargs

C. args　　D. kwargs

（6）关于 Python 中的函数返回值，以下（　　）说法是正确的。

A. 函数只能返回一个值

B. 函数可以返回多个值，但需要使用元组或列表来包装

C. 函数不能返回任何值（即没有返回值）

D. 函数必须返回一个值，否则会导致错误

（7）在 Python 中，函数参数传递的方式默认为（　　）。

A. 值传递　　B. 引用传递

C. 地址传递　　D. 指针传递

（8）假设有一个函数 def multiply(a, b): return a * b，调用 multiply(3, 5)会返回（　　）。

A. 8　　B. 15

C. 35　　D. 错误

2. 简答题

（1）请解释 Python 中变量的作用域是什么，并给出一个示例说明局部作用域和全局作用域。

（2）请解释 Python 中匿名函数的作用和用法。

（3）请解释 Python 函数中的参数和返回值是什么。

（4）请解释 Python 中的默认参数和可变参数（关键字参数和位置参数）是什么。

（5）请解释 Python 中递归函数的概念，并给出一个简单的递归函数示例。

3. 编程题

（1）编写函数，实现根据键盘输入的长、宽、高的值计算长方体体积。

（2）编写函数，从键盘输入一个整数，判断其是否为完全数。所谓完全数，是指该数的各因子（除该数本身外）之和正好等于该数本身，例如 6=1+2+3，28=1+2+4+7+14。

（3）去超市购买 54 元的巧克力和 53 元的果冻，货币面值有 20 元、10 元、2 元、1 元，按付款货币数量最少原则，计算需要付给超市多少数量的货币，编写函数实现该算法。

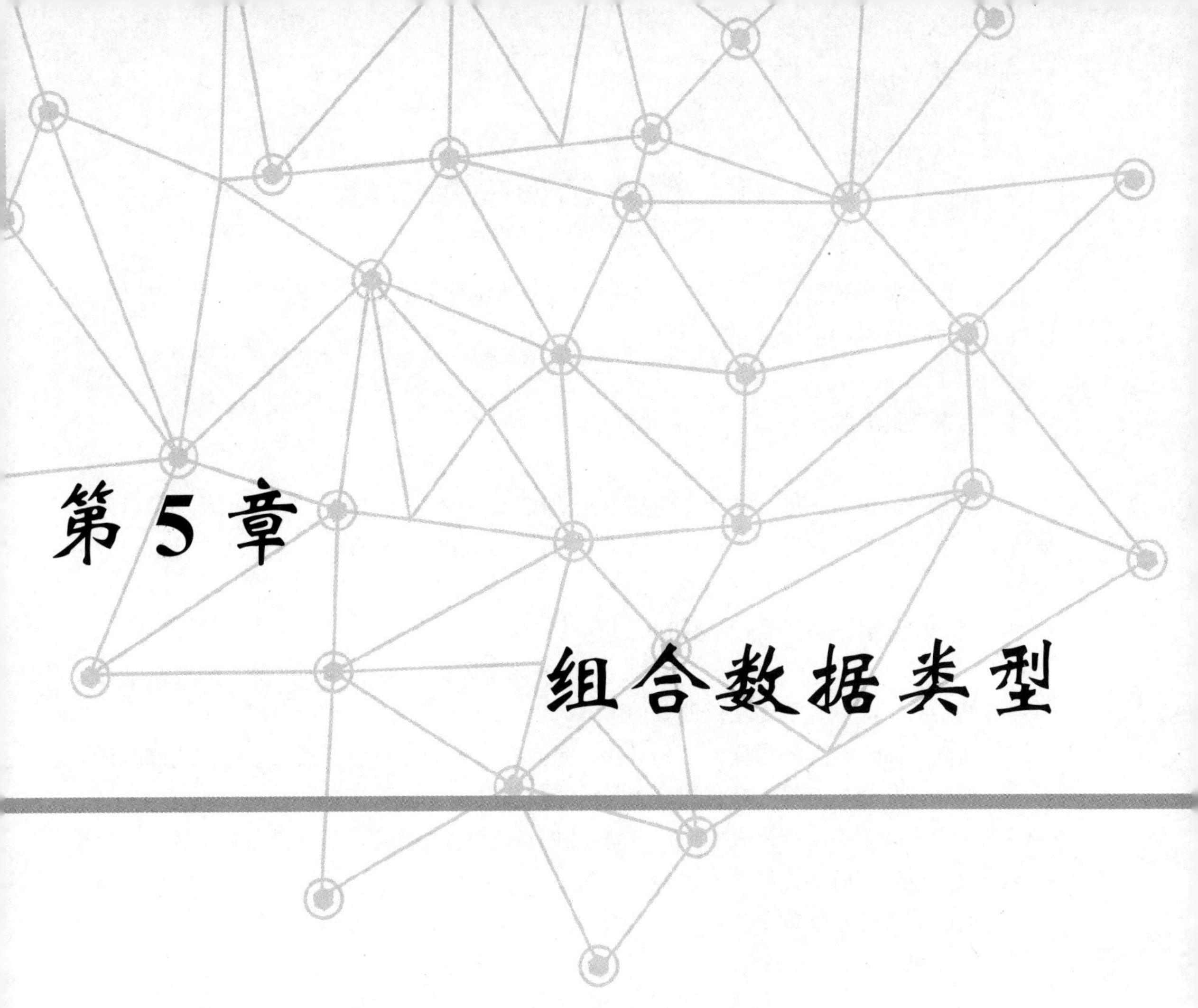

第 5 章 组合数据类型

组合数据类型是 Python 中用于表示复杂数据结构的工具，它们通过组织和处理复杂数据，增强了代码的可读性、可维护性，并实现了数据的封装和模块化。本章将介绍列表、元组、字典和集合等组合数据类型的应用。

学习目标

（1）了解序列、集合和映射的基本概念。
（2）了解列表与元组的定义和用途。
（3）掌握列表与元组的常用方法和操作。
（4）了解字典与集合的定义和用途。
（5）掌握字典与集合的常用方法和操作。
（6）能够应用组合数据类型处理复杂数据。

5.1 组合数据类型概述

组合数据类型根据数据组织方式的不同，主要分为序列类型、集合类型和映射类型三类，每种类型都有其特点和适用场景。

5.1.1 序列类型

序列类型是一种有序的元素集合，其中元素按照特定的顺序排列，每个元素都可以通过索引来访问。序列中的元素可以是任何数据类型，并且元素之间不排他，即序列中可以包含重复的元素。

在 Python 中，常见的序列类型如下。

（1）字符串（string）：由任意数量字符组成的序列，包括字母、数字、标点符号等。字符串是不可变的，即创建后无法修改其内容。

（2）列表（list）：一种可变的序列类型，允许在列表的任意位置插入、删除或修改元素。列表常用于存储和处理有序的数据集合，且元素可以重复。

（3）元组（tuple）：与列表类似，也是一种有序的序列类型。但与列表不同的是，元组是不可变的，一旦创建就不能修改其内容。

序列类型的共同特性如下。

（1）索引性：序列中的每个元素都可以通过索引来访问。

（2）切片性：通过切片操作，可以方便地获取序列的一个子集。

（3）可迭代性：可以使用循环结构（如 for 循环）来遍历序列中的每个元素。

序列中的字符串已在第 2 章中讲解，后续会在 5.2 节对另外两种序列——列表和元组做进一步讲解。

5.1.2 集合类型

集合类型是一种无序的、不重复的元素集合。集合类型的特性如下。

（1）元素的唯一性：集合内的元素都是唯一的，不允许出现重复。

（2）无索引性：集合不支持通过索引来访问其内部的元素。

（3）无序性：集合中的元素没有顺序，因此不能直接对集合进行排序操作。

5.1.3 映射类型

映射类型是一种存储键值对的数据结构，其中每个元素都由一个键（key）和一个值（value）组成。通过键可以快速访问对应的值。在 Python 中，映射类型主要通过字典（dictionary）来实现。

映射类型的特性如下。

（1）键的唯一性：字典中的每个键都是唯一的，不同的键可以映射到相同的值，但一个键只能映射到一个值。

（2）无序性：字典中的键值对没有固定的顺序，每次创建或修改字典时，键值对的顺序可能会发生变化。

（3）可迭代性：可以使用循环结构来遍历字典中的键、值和键值对。

Python 中组合数据类型的分类及特点，如表 5-1 所示。

表 5-1　Python 组合数据类型的分类及特点

分类	数据类型	特点
序列类型	字符串、列表、元组	通过索引访问，元素之间不排他
集合类型	集合	没有固定的顺序，且不允许出现重复元素
映射类型	字典	每个键都与一个值相关联，可以通过键来访问对应的值

5.2　列表与元组

列表与元组是 Python 中两种重要的序列类型，可以存储多个不同类型的元素，并支持索引、切片、遍历等一系列操作。

5.2.1　列表的创建与删除

列表（list）是 Python 中一种内置的可变序列数据类型。它允许存储多个不同类型的元素，如数字、字符串、布尔值等，这些元素在列表中有序排列。在形式上，列表的所有元素放在一对方括号[]中，相邻元素之间使用逗号分隔开，如代码 5-1 所示。

代码 5-1　列表

```
1  list1 = [1, "hello", True, 4.5]
```

在代码 5-1 中，list1 包含了四个不同类型的元素：一个整数、一个字符串、一个布尔值和一个浮点数。

1. 列表的创建

创建列表主要有两种方式：使用方括号[]和使用 list()函数。

（1）使用方括号[]创建列表。

直接在方括号中列出所需的元素，并使用逗号分隔，如代码 5-2 所示。

代码 5-2　使用方括号[]创建列表

```
1  list1 = []  # 创建一个空列表
2  print(list1)
3  list3 = [1, 'a', 2.5]  # 创建一个包含不同类型元素的列表
```

```
4   print(list3)
```

代码 5-2 的运行结果如下。

```
[]
[1, 'a', 2.5]
```

（2）使用 list()函数创建列表。

list()函数是 Python 中用于从可迭代对象（iterable）中创建列表的方法。可迭代对象包括但不限于元组、字符串、集合和 range()对象等，如代码 5-3 所示。

代码 5-3　使用 list()函数创建列表

```
1   list1 = list()  # 创建一个空列表
2   print(list1)
3   list2 = list((1, 2, 3, 4, 5))  # 将元组转换为列表
4   print(list2)
5   list3 = list(range(1, 10, 2))  # 将 range(1,10,2)的结果转换为列表
6   print(list3)
```

代码 5-3 的运行结果如下。

```
[]
[1, 2, 3, 4, 5]
[1, 3, 5, 7, 9]
```

2. 列表的删除

当列表不再需要使用时，可以使用 del 语句来删除整个列表，如代码 5-4 所示。

代码 5-4　删除列表

```
1   List1 = [1, 2, 3, 4, 5]  # 创建一个包含整数的列表
3   del list1  # 使用 del 语句删除列表 list1
```

5.2.2　列表元素的访问

访问列表元素是列表操作的基础，通过索引、切片和遍历，可以读取列表中的元素，并为进一步的数据处理操作做准备。

1. 访问单个元素

要访问列表中的单个元素，可以使用方括号[]，并在其中指定所需的元素索引。此操作的语法格式如下。

```
列表名[索引]
```

列表的索引是从 0 开始的整数，因此第一个元素的索引是 0，第二个元素的索引是 1，以此类推，最后一个元素的索引为列表的长度–1。

此外，Python 还支持使用负索引来访问列表中的元素。负索引从列表的末尾开始计数，其中最后一个元素的索引为–1，倒数第二个元素的索引为–2，以此类推。

使用索引访问单个元素如代码 5-5 所示。注意，若尝试访问超出列表范围的索引，Python 将抛出一个 IndexError 异常，提示"list index out of range"。

代码 5-5　使用索引访问单个元素

```
1  list1 = ['p', 'y', 't', 'h', 'o', 'n']
2  print(list1[0])  # 正向索引，访问列表的第一个元素
3  print(list1[2])  # 正向索引，访问列表的第三个元素
4  print(list1[-1]) # 逆向索引，访问列表的最后一个元素
5  # list1[6]       # 尝试访问超出列表范围的索引，将会报错
```

代码 5-5 的运行结果如下。

```
'p'
't'
'n'
```

2. ***访问多个元素***

通过切片机制，可以一次性访问列表中的多个元素。切片操作的语法格式如下，其参数及说明如表 5-2 所示。

```
原列表名[start: end: step]
```

表 5-2　切片参数及说明

参数	说明
start	切片的起始索引。如果省略，切片将从列表的起始位置开始
end	切片的结束索引（不包含该索引位置的元素）。如果省略，则持续到末尾
step	切片的步长。如果省略，则步长为 1

访问列表中的多个元素如代码 5-6 所示。

代码 5-6　访问多个元素

```
1  list1 = ['p', 'y', 't', 'h', 'o', 'n']
2  print(list1[1:4])  # 读取从索引 1 到索引 4（不包括 4）的元素（索引 1、2、3 的元素）
3  print(list1[:3])  # 读取从列表的起点开始，直到索引 3（不包括 3）的元素
4  print(list1[::2])  # 读取列表从起点开始到末尾的所有偶数索引的元素
```

代码 5-6 的运行结果如下。

```
['y', 't', 'h']
['p', 'y', 't']
['p', 't', 'o']
```

3. *遍历列表*

遍历列表允许程序逐一访问列表中的每个元素。几种常见的遍历列表的方法如下。

（1）使用 for 循环遍历。

for 循环是遍历列表最基本且直观的方式。在每次循环迭代中，循环变量（如 item）将依次被赋值为列表中的每个元素，并执行相应的操作，如代码 5-7 所示。

代码 5-7　使用 for 循环遍历列表

```
1  list1 = ['红楼梦', '西游记', '水浒传', '三国演义']
2  for item in list1:  # for 循环遍历列表
3      print(f"{item}是中国四大名著之一")
```

代码 5-7 的运行结果如下。

```
红楼梦是中国四大名著之一
西游记是中国四大名著之一
水浒传是中国四大名著之一
三国演义是中国四大名著之一
```

（2）使用 while 循环和索引遍历。

使用 while 循环结合列表的索引来遍历列表。通过 len()函数确定列表的长度，并设置一个索引变量（如 i）来逐个访问列表中的每个元素，如代码 5-8 所示。

代码 5-8　使用 while 循环和索引遍历列表

```
1  list1 = ['红楼梦', '西游记', '水浒传', '三国演义']
2  i = 0  # 初始化索引变量
3  # while 循环遍历列表，注意检查索引是否小于列表长度
4  while i < len(list1):
5      print(f"{list1[i]}是中国四大名著之一")
6      i += 1  # 每次迭代后递增索引变量，避免无限循环
```

代码 5-8 的运行结果如下。

```
红楼梦是中国四大名著之一
西游记是中国四大名著之一
水浒传是中国四大名著之一
三国演义是中国四大名著之一
```

5.2.3　列表元素的添加、修改和删除

列表作为一种动态数据结构，提供了灵活的修改操作，允许用户添加新元素、更新现有元素的值以及删除已有元素。

1. 添加列表元素

以下是添加列表元素的几种方法，这些方法允许用户以不同的方式扩展列表内容。

（1）append()方法。

append()方法用于在列表的末尾添加一个新元素。它接收一个参数，即要添加到列表末尾

的元素，如代码 5-9 所示。

代码 5-9　使用 append()方法添加元素

```
1  list1 = ['北京', '上海', '天津', '重庆']
2  list1.append('南昌')  # 在列表末尾添加元素
3  print(list1)
```

代码 5-9 的运行结果如下。

```
['北京', '上海', '天津', '重庆', '南昌']
```

（2）insert()方法。

insert()方法用于在列表的指定位置插入一个元素。它接收两个参数，第一个参数是插入位置的索引点，第二个参数是要插入的元素，如代码 5-10 所示。

代码 5-10　使用 insert ()方法添加元素

```
1  list1 = ['北京', '上海', '天津', '重庆']
2  list1.insert(1, '南昌')  # 在索引 1 的位置插入元素
3  print(list1)
```

代码 5-10 的运行结果如下。

```
['北京', '南昌', '上海', '天津', '重庆']
```

（3）extend()方法。

extend()方法用于将一个列表中的所有元素添加到另一个列表的末尾，从而扩展原有的列表，如代码 5-11 所示。

代码 5-11　使用 extend()方法添加元素

```
1  list1 = ['北京', '上海', '天津', '重庆']
2  list2 = ['南昌', '长沙']
3  list1.extend(list2)  # 将 list2 的所有元素添加到 list1 的末尾
4  print(list1)
```

代码 5-11 的运行结果如下。

```
['北京', '上海', '天津', '重庆', '南昌', '长沙']
```

2. 修改列表元素

修改列表元素的操作简单直接，只需通过索引指定位置并赋予新值即可，如代码 5-12 所示。

代码 5-12　修改列表元素

```
1  list1 = ['红楼梦', '西厢记', '水浒传', '三国演义']
2  list1[1] = '西游记'  # 修改索引位置为 1 的元素
3  print("中国四大名著是：", list1)  # 输出修改后的列表
```

代码 5-12 的运行结果如下。

```
中国四大名著是: ['红楼梦', '西游记', '水浒传', '三国演义']
```

3. 删除列表元素

以下是删除列表元素的几种方法，这些方法能够根据用户需求删除列表中的元素。

（1）使用 del 关键字删除元素。

del 关键字可以根据索引来删除列表中的单个或多个元素。当指定一个索引时，该索引位置的元素将被删除。若指定了一个索引范围（通过切片），则范围内的所有元素都将被删除，如代码 5-13 所示。

代码 5-13　使用 del 关键字删除元素

```
1  list1 = ['红楼梦', '西厢记', '聊斋志异', '封神演义', '儒林外史', '西游记', '水浒传', '三国演义']
2  del list1[1]  # 删除索引为 1 的元素
3  print(list1)
4  del list1[1:5]  # 删除索引范围为 1～4 的元素
5  print("中国四大名著是: ", list1)
```

代码 5-13 的运行结果如下。

```
['红楼梦', '聊斋志异', '封神演义', '儒林外史', '西游记', '水浒传', '三国演义']
中国四大名著是: ['红楼梦', '西游记', '水浒传', '三国演义']
```

（2）使用 remove()方法删除元素。

remove()方法用于从列表中删除特定值的第一个匹配项。它不需要指定索引，可以根据元素的值来删除。如果列表中存在多个相同的值，remove()只会删除第一个匹配的元素，如代码 5-14 所示。

代码 5-14　使用 remove()方法删除元素

```
1  list1 = ['红楼梦', '西厢记', '西游记', '水浒传', '三国演义']
2  list1.remove('西厢记')  # 删除值为'西厢记'的第一个元素
3  print(list1)
```

代码 5-14 的运行结果如下。

```
['红楼梦', '西游记', '水浒传', '三国演义']
```

（3）使用 pop()方法删除元素。

pop()方法用于删除指定索引位置的元素，并返回该元素的值。如果省略索引，则默认删除并返回列表中的最后一个元素，如代码 5-15 所示。

代码 5-15　使用 pop()方法删除元素

```
1  list1 = ['红楼梦', '西厢记', '西游记', '水浒传', '三国演义']
2  removed_element = list1.pop(1)  # 删除索引为 1 的元素，并返回其值
```

```
3  print("被移除的元素:", removed_element)
4  print("修改后的列表:", list1)
```

代码 5-15 的运行结果如下。

```
被移除的元素: 西厢记
修改后的列表: ['红楼梦', '西游记', '水浒传', '三国演义']
```

（4）使用 clear()方法删除所有元素。

clear()方法用于清空整个列表，即删除列表中的所有元素，如代码 5-16 所示。

代码 5-16　使用 clear()方法清空列表

```
1  list1 = ['红楼梦', '西游记', '水浒传', '三国演义']
2  list1.clear()  # 清空列表
3  print("清空后的列表", list1)
```

代码 5-16 的运行结果如下。

```
清空后的列表 []
```

5.2.4　列表的内置函数与常见方法

在处理列表数据时，了解其内置函数和常见方法对于提高编程效率和代码可读性至关重要。这些函数和方法不仅简化了对列表的操作，还极大地扩展了列表的应用范围。

1. 内置函数

Python 为列表提供了多种内置函数，这些函数能够直接应用于列表并返回相应的结果。以下是几个常用的内置函数及其功能描述，如表 5-3 所示。

表 5-3　Python 中常用的内置函数

函数名	功能描述
len()	返回列表的长度，即列表中元素的个数
sum()	返回列表中所有数值元素的和
max()	返回列表中的最大值
min()	返回列表中的最小值

内置函数的使用如代码 5-17 所示。

代码 5-17　内置函数的使用

```
1  list1 = [1, 2, 3, 4, 5]
2  print("列表元素的长度是", len(list1))  # 输出列表的长度
3  print("列表元素的和是", sum(list1))  # 输出列表元素的和
4  print("列表中的最大值是", max(list1))  # 输出列表中的最大值
5  print("列表中的最小值是", min(list1))  # 输出列表中的最小值
```

代码 5-17 的运行结果如下。

```
列表的长度是 5
列表元素的和是 15
列表中的最大值是 5
列表中的最小值是 1
```

2. 常见方法

除了内置函数，列表还提供了多种方法来执行特定的操作。以下是列表的一些常见方法及使用示例。

（1）count()方法。

count()方法用于统计列表中某个元素出现的次数。它接收一个参数，即要统计的元素值，并返回该元素值在列表中出现的次数，如代码 5-18 所示。

代码 5-18　count()方法的使用

```
1  list1 = ['北京', '上海', '南昌', '天津', '重庆']
2  count = list1.count('南昌')
3  print(count)
```

代码 5-18 的运行结果如下。

```
1
```

（2）index()方法。

index()方法用于查找列表中某个元素的第一个匹配项的索引位置。若元素不存在于列表中，则会报错，如代码 5-19 所示。

代码 5-19　index ()方法的使用

```
1  list1 = ['北京', '上海', '南昌', '天津', '重庆']
2  index = list1.index('南昌')
3  print(index)
```

代码 5-19 的运行结果如下。

```
2
```

（3）reverse()方法。

reverse()方法用于将列表中的元素顺序反转，即列表的第一个元素变成最后一个，最后一个元素变成第一个，以此类推，如代码 5-20 所示。

代码 5-20　reverse()方法的使用

```
1  list1 = ['北京', '上海', '南昌', '天津', '重庆']
2  list1.reverse()
3  print(list1)
```

代码 5-20 的运行结果如下。

```
['重庆', '天津', '南昌', '上海', '北京']
```

（4）sort()方法。

sort()方法用于对列表进行排序。在默认情况下，按升序排列列表中的元素。该方法接收一个可选参数 reverse，用于指定排序顺序。若 reverse 参数为 True，则列表会按降序排列；若为 False 或未指定，则按升序排列，如代码 5-21 所示。

代码 5-21　sort()方法的使用

```
1  list1 = [4, 9, 20, 17, 5, 8]
2  list1.sort()
3  print(list1)
4  list1.sort(reverse=True)
5  print(list1)
```

代码 5-21 的运行结果如下。

```
[4, 5, 8, 9, 17, 20]
[20, 17, 9, 8, 5, 4]
```

5.2.5　嵌套列表

列表不仅可以包含不同类型的数据元素（如整数、浮点数、字符串等），还可以包含其他列表。这种包含其他列表的列表，被称为嵌套列表。嵌套列表可以用于构建更复杂的数据结构，如二维数组、矩阵和树形结构等。

1. 创建嵌套列表

嵌套列表的创建方式与普通列表相同，只需要在列表中的某个位置放置另一个列表即可，如代码 5-22 所示。

代码 5-22　创建嵌套列表

```
1  list1 = [1, [2, 3], 4, [5, [5, 6, 7]]]  # 创建一个嵌套列表
```

2. 访问嵌套列表元素

访问嵌套列表中的元素需要使用多个索引。外部的索引定位到子列表，子列表的索引再用于定位到具体的元素，如代码 5-23 所示。

代码 5-23　访问嵌套列表元素

```
1  list1 = [1, [2, 3], 4, [5, [5, 6, 7]]]
2  print(list1[0])
3  print(list1[2])
4  print(list1[3][1])
```

代码 5-23 的运行结果如下。

```
1
4
[5,6,7]
```

5.2.6 元组的创建与元素访问

元组（tuple）是 Python 中一种不可变的序列类型。由于元组的不可变性，其常被用于存储那些不需要修改的数据。

1. 元组的创建

创建元组主要有两种方式：使用圆括号()和使用 tuple()函数。

（1）使用圆括号()创建元组。

直接在圆括号中列出元素，并使用逗号分隔，如代码 5-24 所示。

代码 5-24 使用圆括号()创建元组

```
1  tuple1 = ()  # 创建一个空元组
2  print(tuple1)
3  tuple2 = (1, 'a', 2.5)  # 创建一个包含不同类型元素的元组
4  print(tuple2)
5  tuple3 = ('a',)  # 创建单个元素的元组，逗号不能省略
6  print(tuple3)
```

代码 5-24 的运行结果如下。

```
()
(1, 'a', 2.5)
('a',)
```

（2）使用 tuple()函数创建元组。

tuple()函数可以将其他可迭代对象转换为元组，如代码 5-25 所示。

代码 5-25 使用 tuple()创建元组

```
1  tuple1 = tuple()  # 创建一个空元组
2  print(tuple1)
3  tuple2 = tuple([1, 2, 3, 4, 5])  # 将列表转换为元组
4  print(tuple2)
5  tuple3 = tuple(range(1, 10, 2))  # 将 range(1, 10, 2)的结果转换为元组
6  print(tuple3)
```

代码 5-25 的运行结果如下。

```
()
(1, 2, 3, 4, 5)
(1, 3, 5, 7, 9)
```

2. 元组元素的访问

与列表相似，元组中的元素也可以通过索引或切片来访问，如代码 5-26 所示。

代码 5-26 元组元素的访问

```
1  tuple1 = ('p', 'y', 't', 'h', 'o', 'n')
2  print(tuple1[0])  # 正向索引，访问元组的第一个元素
3  print(tuple1[-1])  # 逆向索引，访问元组的最后一个元素
4  print(tuple1[1:3])  # 使用切片访问元组中的多个元素
```

代码 5-26 的运行结果如下。

```
p
n
('y', 't')
```

注意：元组是不可变的，不能通过索引或切片来修改元素，也不能向元组中添加或删除元素。

5.3 字 典

字典是 Python 中用于存储键值对映射关系的数据结构。在字典中，每个键都是唯一的，并且是不可变的，而值可以是任何数据类型。字典是可变的，允许在运行时添加、删除或修改键值对。

5.3.1 字典的创建

创建字典主要有两种方法：使用花括号{}和使用 dict()类型构造器。

1. 使用花括号{}创建字典

在花括号中指定键值对，键和值之间用冒号分隔，键值对之间用逗号分隔，如代码 5-27 所示。

代码 5-27 使用花括号{}创建字典

```
1  dict1 = {}  # 创建一个空字典
2  print(dict1)
3  dict2 = {'江西': '滕王阁', '湖北': '黄鹤楼', '湖南': '岳阳楼', '山西': '鹳雀楼'}
4  print(dict2)
```

代码 5-27 的运行结果如下。

```
{}
{'江西': '滕王阁', '湖北': '黄鹤楼', '湖南': '岳阳楼', '山西': '鹳雀楼'}
```

2. 使用dict()类型构造器创建字典

dict()类型构造器可以用来创建字典。当不带参数调用时，它将创建一个空字典，如果传递一个由键值对元组组成的列表或迭代器作为参数，dict()将自动识别这些键值对并创建一个字典，如代码 5-28 所示。

代码 5-28　使用类型构造器创建字典

```
1  dict1 = dict()  # 创建一个空字典
2  print(dict1)
3  item1 = [('江西', '滕王阁'), ('湖北', '黄鹤楼'), ('湖南', '岳阳楼'), ('山西', '
   鹳雀楼')]
4  dict2 = dict(item1)  # 将列表 item1 中的键值对创建为字典
5  print(dict2)
```

代码 5-28 的运行结果如下。

```
{}
{'江西': '滕王阁', '湖北': '黄鹤楼', '湖南': '岳阳楼', '山西': '鹳雀楼'}
```

5.3.2　字典的访问与更新

字典的访问与更新是字典操作中的基本部分。以下将介绍如何访问字典中的值以及如何添加、修改和删除字典中的元素。

1. 字典的访问

访问字典中的值需要使用键作为索引。通过方括号[]指定键名，即可获取该键对应的值，如代码 5-29 所示。

代码 5-29　访问字典中的值

```
1  dict2 = {'江西': '滕王阁', '湖北': '黄鹤楼', '湖南': '岳阳楼', '山西': '鹳雀楼'}
2  print(dict2['江西'])  # 访问键为'江西'的值
```

代码 5-29 的运行结果如下。

```
'滕王阁'
```

注意：如果尝试访问的键不存在，Python 会抛出 KeyError 异常。为了避免这种情况，可以使用 get()方法，如代码 5-30 所示。

代码 5-30　使用 get()方法访问字典中的值

```
1  print(dict2.get('江西'))  # 使用 get()方法访问字典中的值
2  print(dict2.get('烟台', '蓬莱阁'))  # 键不存在，返回指定的默认值"蓬莱阁"
```

代码 5-30 的运行结果如下。

```
'滕王阁'
'蓬莱阁'
```

2. 更新字典

字典支持动态地添加、修改或删除元素。

(1) 添加元素。

向字典中添加新元素只需使用新的键和值进行赋值即可，如代码 5-31 所示。

代码 5-31　添加字典中的元素

```
1  dict2 = {'江西': '滕王阁', '湖北': '黄鹤楼', '湖南': '岳阳楼'}
2  dict2['山西'] = '鹳雀楼'  # 添加一个键值对元素
3  print(dict2)
```

代码 5-31 的运行结果如下。

```
{'江西': '滕王阁', '湖北': '黄鹤楼', '湖南': '岳阳楼', '山西': '鹳雀楼'}
```

(2) 修改元素。

修改字典中的元素，只需重新为已有的键赋值即可，如代码 5-32 所示。

代码 5-32　修改字典中的元素

```
1  dict2 = {'江西': '绳金塔', '湖北': '黄鹤楼', '湖南': '岳阳楼', '山西': '鹳雀楼'}
2  dict2['江西'] = "滕王阁"  # 修改键'江西'对应的值
3  print(dict2)
```

代码 5-32 的运行结果如下。

```
{'江西': '滕王阁', '湖北': '黄鹤楼', '湖南': '岳阳楼', '山西': '鹳雀楼'}
```

(3) 删除元素和字典。

使用 del 关键字可以删除字典中的元素或整个字典，如代码 5-33 所示。

代码 5-33　删除字典中的元素

```
1  dict2 = {'江西': '滕王阁', '湖北': '黄鹤楼', '湖南': '岳阳楼', '山西': '鹳雀楼'}
2  del dict2['山西']  # 删除键为'山西'的元素
3  print(dict2)
4  del dict2  # 删除整个字典
5  # print(dict2)      # 这行代码会引发 NameError，因为 dict2 已不存在
```

代码 5-33 的运行结果如下。

```
{'江西': '滕王阁', '湖北': '黄鹤楼', '湖南': '岳阳楼'}
```

注意：在使用 del 关键字时，请确保所指定的键或字典名确实存在，否则将引发异常。

5.3.3 字典的方法

字典提供了多种内置方法来操作和管理其键值对。一些常用的字典方法及示例如下。

1. keys()方法

keys()方法用于获取字典中所有的键，如代码 5-34 所示。

代码 5-34　字典的 keys()方法

```
1  dict2 = {'江西': '滕王阁', '湖北': '黄鹤楼', '湖南': '岳阳楼', '山西': '鹳雀楼'}
2  keys_view = dict2.keys()
3  print(keys_view)
```

代码 5-34 的运行结果如下。

```
dict_keys(['江西', '湖北', '湖南', '山西'])
```

2. values()方法

values()方法用于获取字典中所有的值，如代码 5-35 所示。

代码 5-35　字典的 values()方法

```
1  dict2 = {'江西': '滕王阁', '湖北': '黄鹤楼', '湖南': '岳阳楼', '山西': '鹳雀楼'}
2  values_view = dict2.values()
3  print(values_view)
```

代码 5-35 的运行结果如下。

```
dict_values(['滕王阁', '黄鹤楼', '岳阳楼', '鹳雀楼'])
```

3. items()方法

items()方法用于获取字典中所有的键值对，如代码 5-36 所示。

代码 5-36　字典的 items()方法

```
1  dict2 = {'江西': '滕王阁', '湖北': '黄鹤楼', '湖南': '岳阳楼', '山西': '鹳雀楼'}
2  items_view = dict2.items()
3  print(items_view)
```

代码 5-36 的运行结果如下。

```
dict_items([('江西', '滕王阁'), ('湖北', '黄鹤楼'), ('湖南', '岳阳楼'), ('山西', '
鹳雀楼')])
```

4. update()方法

update()方法用于将一个字典的键值对添加到另一个字典中，若键已存在，则更新其值，如代码 5-37 所示。

代码 5-37　字典的 update()方法

```
1  dict1 = {'江西': '滕王阁', '湖北': '黄鹤楼'}
2  dict2 = {'湖南': '岳阳楼', '山西': '鹳雀楼'}
```

```
3  dict1.update(dict2)
4  print(dict1)
```

代码 5-37 的运行结果如下。

```
{'江西': '滕王阁', '湖北': '黄鹤楼', '湖南': '岳阳楼', '山西': '鹳雀楼'}
```

5. pop()方法

pop()方法用于删除字典中指定的键及其值，并返回该值。若键不存在，且未提供默认值，则抛出 KeyError 异常，如代码 5-38 所示。

代码 5-38　字典的 pop()方法

```
1  dict2 = {'江西': '滕王阁', '湖北': '黄鹤楼', '湖南': '岳阳楼', '山西': '鹳雀楼'}
2  print(dict2.pop('山西'))  # 删除键'山西'并返回其对应的值
3  print(dict2.pop('烟台', '蓬莱阁'))  # 键'烟台'不存在，返回默认值'蓬莱阁'
4  # print(dict2.pop('江北'))           # 尝试删除不存在的键，将抛出 KeyError 异常
```

代码 5-38 的运行结果如下。

```
鹳雀楼
蓬莱阁
```

6. clear()方法

clear()方法用于清空字典，即删除字典中的所有键值对，如代码 5-39 所示。

代码 5-39　字典的 clear()方法

```
1  dict2 = {'江西': '滕王阁', '湖北': '黄鹤楼', '湖南': '岳阳楼', '山西': '鹳雀楼'}
2  dict2.clear()
3  print(dict2)
```

代码 5-39 的运行结果如下。

```
{}
```

5.4 集　　合

集合（Set）是 Python 中一种特殊的数据结构，用于存储唯一元素，即不允许有重复的元素。

5.4.1 集合的创建

创建集合主要有两种方法：使用花括号{}和使用 set()函数。

1. 使用花括号{}创建集合

在花括号中列出集合的元素，元素之间用逗号分隔，如代码 5-40 所示。

代码 5-40　使用花括号{}创建集合

```
1  set1 = {'Python', 'C++', 'Java'}
2  print(set1)
```

代码 5-40 的运行结果如下。

```
{'Python', 'C++', 'Java'}
```

2. 使用 set()函数创建集合

set()函数可以将一个可迭代对象（如列表、元组、字符串）转换为一个集合，并自动去除重复元素，如代码 5-41 所示。

代码 5-41　使用 set()函数创建集合

```
1  set1 = set()  # 创建一个空集合
2  print(set1)
3  set2 = set(['Python', 'C++', 'Java'])
4  print(set2)
5  set3 = set({'Python', 'C++', 'Java', 'C++'})
6  print(set3)
```

代码 5-41 的运行结果如下。

```
set()
{'Python', 'C++', 'Java'}
{'Python', 'C++', 'Java'}
```

注意：空集合只能使用 set()函数来创建，因为花括号{}在 Python 中用于创建空字典。

5.4.2 集合的访问与更新

集合在 Python 中虽然是无序的，但仍然可以通过多种方式对其进行访问和更新。

1. 检查元素是否存在

使用 in 或 not in 可以判断元素是否在集合中，如代码 5-42 所示。

代码 5-42　判断元素是否在集合中

```
1  set1 = {'C++', 'Java', 'Python'}
2  print('Python' in set1)  # 判断元素存在于集合中
3  print('Ruby' not in set1)  # 判断元素不存在于集合中
```

代码 5-42 的运行结果如下。

```
True
True
```

2. 遍历集合

使用循环可以遍历集合中的每个元素，如代码 5-43 所示。

代码 5-43　遍历集合

```
1  set1 = {'C++', 'Java', 'Python'}
2  for i in set1:  # 遍历集合中的每个元素
3      print(i, end=' ')
```

代码 5-43 的运行结果如下。

```
Python Java C++
```

注意：由于集合是无序的，所以每次遍历的顺序可能不同。

3. 添加元素

add()方法用于添加单个元素，update()方法用于添加多个元素或另一个集合的元素，如代码 5-44 所示。

代码 5-44　集合中添加元素

```
1  set1 = {'Python', 'C++', 'Java'}
2  print("原集合:", set1)
3  set1.add('PHP')  # 添加单个元素
4  print("添加单个元素后的集合:", set1)
5  set1.update(['C#', 'JavaScript'])  # 添加多个元素
6  print("添加多个元素后的集合:", set1)
7  set2 = {'MySQL', 'SQLite'}
8  set1.update(set2)  # 添加另一个集合的元素
9  print("添加另一个集合的元素后的集合:", set1)
```

代码 5-44 的运行结果如下。

```
原集合: {'Python', 'C++', 'Java'}
添加单个元素后的集合: {'PHP', 'Python', 'C++', 'Java'}
添加多个元素后的集合: {'Python', 'C++', 'C#', 'PHP', 'JavaScript', 'Java'}
添加另一个集合的元素后的集合: {'MySQL', 'Python', 'C++', 'C#', 'PHP', 'SQLite',
'JavaScript', 'Java'}
```

4. 删除元素和集合

集合提供了多种方法来删除集合中的元素或整个集合。

（1）使用 remove()方法删除元素。

remove()方法用于删除指定元素。若元素不存在，则提示错误信息，如代码 5-45 所示。

代码 5-45　使用 remove()方法删除元素

```
1  set1 = {'Python', 'C++', 'Java', }
2  set1.remove('C++')  # 删除指定元素
```

```
3  print("删除指定元素后的集合:", set1)
4  # set1.remove('Ruby')  # 尝试删除不存在的元素，将会抛出异常
```

代码 5-45 的运行结果如下。

```
删除指定元素后的集合: {'Python', 'Java'}
```

（2）使用 discard()方法删除元素。

discard()方法也用于删除指定元素，但元素不存在时不会报错，如代码 5-46 所示。

代码 5-46　使用 discard()方法删除元素

```
1  set1 = {'Python', 'C++', 'Java'}
2  set1.discard('C++')  # 删除指定元素
3  print("删除指定元素后的集合:", set1)
4  set1.discard('Ruby')  # 尝试删除不存在的元素，但不会有任何影响
5  print("尝试删除不存在元素后的集合:", set1)
```

代码 5-46 的运行结果如下。

```
删除指定元素后的集合: {'Python', 'Java'}
尝试删除不存在元素后的集合: {'Python', 'Java'}
```

（3）使用 clear()方法清空集合。

clear()方法用于清空集合中的所有元素，如代码 5-47 所示。

代码 5-47　使用 clear()方法清空集合

```
1  set1 = {'Python', 'C++', 'Java'}
2  set1.clear()  # 清空集合
3  print("清空后的集合:", set1)
```

代码 5-47 的运行结果如下。

```
清空后的集合: set()
```

（4）使用 del 语句删除集合。

del 语句用于删除整个集合对象，如代码 5-48 所示。

代码 5-48　使用 del 语句删除集合

```
1  set1 = {'C++', 'Java', 'Python'}
2  del set1  # 删除整个集合
```

5.4.3 应用案例：学生模拟选课系统

为了提高教务管理效率，使学生选课更加方便快捷，开发一个学生模拟选课系统，以简化学校教务管理流程。学生可以通过系统注册并选择课程，教务管理人员可以查看学生的选课情

况，最终使学生便捷地选课。学生模拟选课系统代码运行结果如图 5-1 所示。

```
======= 学生选课系统 =======
1. 学生选课
2. 显示可选课程
3. 退出
请输入您的选择：
```

图 5-1　学生模拟选课系统代码运行结果

【分析】

实现学生模拟选课系统，需考虑以下几个方面。

（1）学生模拟选课系统基于列表可存储任意类型的数据，并且允许重复的特性，通过字典和列表存储学生信息及课程信息，实现了一个简单的学生模拟选课系统。

（2）初始化课程列表和学生信息字典，通过定义 select_courset()、show_courses()等函数实现选课、查看可选课程。

（3）通过一个无限循环，接收用户输入的操作选项，然后调用相应的函数来执行对应的功能，即用户选课、显示可选课程或退出系统。

【实现】

（1）初始化课程列表和学生信息字典。

创建一个包含预设课程的列表 courses 和一个学生信息字典 students，用于存储学生的选课信息。初始化课程列表和学生信息字典如代码 5-49 所示。

代码 5-49　初始化代码

```
1   # 初始化可选课程列表
2   courses = ['数据会说话', '数学文化', '智能文明']
3
4   # 初始化学生信息字典，包括这几位学生
5   students = {
6   '张三': {'courses': []},
7   '李四': {'courses': []},
8   '王五': {'courses': []},
9   '王二麻': {'courses': []},
10  '刘小明': {'courses': []}
11  }
```

（2）自定义学生选课函数、可选课程显示函数。

自定义学生选课函数 select_course()的作用是实现学生在选课系统中进行课程选择的功能。根据输入的学生姓名和课程名称，将选课信息记录到学生信息字典中，同时进行一系列的合法性检查，确保选课操作的有效性和安全性。

可选课程显示函数 show_courses()的作用是显示当前系统中可供选择的所有课程列表，给学生提供查看和选择课程的参考。通过输出提示信息显示系统中所有可供选择的课程列表。函数首先输出一个提示信息指示正在显示可选课程，然后使用循环遍历存储包含所有可选课程名称的列表 courses，逐行输出每个课程名称到屏幕上，以便学生查看和选择课程。

自定义学生选课函数、可选课程显示函数如代码 5-50 所示。

代码 5-50　自定义函数

```
1    # 自定义学生选课函数
2    def select_course(student_name, course):
3    """
4    student_name: 表示可选课学生姓名列表
5    course: 表示课程列表
6    """
7    # 检查学生是否存在于学生信息字典中
8    if student_name in students:
9    # 检查课程是否为可选课程
10       # 检查学生是否存在于学生信息字典中
11       if student_name in students:
12           # 检查课程是否为可选课程
13           if course in courses:
14               # 检查学生是否已选该课程
15               if course not in students[student_name]['courses']:
16                   # 将课程添加到学生的选课列表中
17                   students[student_name]['courses'].append(course)
18                   print(f"{student_name}成功选择了{course}课程！")
19               else:
20                   # 若学生已选该课程，则输出重复选择的提示信息
21                   print(f"{student_name}已经选择了{course}课程，请勿重复选择！")
22           else:
23               # 若课程不在可选课程列表中，则输出课程不可选的提示信息
24               print(f"抱歉，{course}课程不在可选课程列表中，请重新选择！")
25       else:
26           # 若学生不是指定的几位学生之一，则输出学生不存在的提示信息
27           print(f"抱歉，{student_name}不是可选学生，请核实后再选择！")
28
29
30   # 自定义可选课程显示函数
31   def show_courses():
32       print("可选课程列表：")
33       for course in courses:
33   print(course)
```

（3）编写主程序。

通过一个无限循环，不断显示操作菜单供学生选择。学生可以选择学生选课、显示可选课程或退出系统。根据学生的选择，调用相应的函数来执行对应的功能。主程序如代码 5-51 所示。

代码 5-51　主程序代码

```
1    # 主程序
```

```
2   if __name__ == "__main__":
3       while True:
4           print("\n======= 学生选课系统 =======")
5           print("1. 学生选课")
6           print("2. 显示可选课程")
7           print("3. 退出")
8
9           # 获取用户选择的操作
10          choice = input("请输入您的选择：")
11
12          if choice == "1":
13              # 学生选课
14              student_name = input("请输入学生姓名：")
15              course = input("请输入要选修的课程：")
16              select_course(student_name, course)
17          elif choice == "2":
18              # 显示可选课程
19  show_courses()
20          elif choice == "3":
21              # 退出系统
22              print("感谢使用学生选课系统，再见！")
23              break
24          else:
25              # 输入无效时，输出提示信息
26              print("输入无效，请重新输入！")
```

【运行】

```
======= 学生选课系统 =======
1. 学生选课
2. 显示可选课程
3. 退出
请输入您的选择：2
可选课程列表：
数据会说话
数学文化
智能文明

======= 学生选课系统 =======
1. 学生选课
2. 显示可选课程
3. 退出
请输入您的选择：1
请输入学生姓名：张三
请输入要选修的课程：数学文化
张三成功选择了数学文化课程!
```

```
======= 学生选课系统 =======
1. 学生选课
2. 显示可选课程
3. 退出
请输入您的选择: 3
感谢使用学生选课系统，再见!

进程已结束,退出代码 0
```

5.5 上机实践：智慧菜篮

1. 实验目的

（1）熟练掌握列表的创建。

（2）熟练掌握列表、字典元素的增加、修改、删除。

（3）熟练掌握函数的定义与调用。

2. 实验要求

为了推动农村电商高质量发展，实现乡村振兴，探索新的发展路径，智慧菜篮等服务于农村电商的系统应运而生。本实验的智慧菜篮主要实现以下功能。

（1）可以添加新的农产品、购买数量、产地，自动合并相同农产品的不同购买记录。

（2）可以查询任意农产品的具体信息，了解购买数量和产地。

（3）可以自动统计当前购物清单中所包含的所有不同农产品种类，用户可以查看某种农产品在购物清单中的总购买数量。

3. 运行效果示例

程序运行效果如图 5-2 所示。

```
=====  智慧菜篮程序  =====
1. 添加农产品到菜篮
2. 从菜篮中移除农产品
3. 查询农产品信息
4. 统计菜篮中农产品种类
5. 查看农产品总购买数量
6. 显示菜篮内容
7. 退出程序
请选择操作（输入数字）:
```

图 5-2　智慧菜篮程序运行效果

4. 程序模板

```
1    class SmartBasket: # 自定义一个类，用于管理一个购物清单
2        def __init__(self): # __int__方法用于初始化购物清单
3            self.______【代码 1】______ # 初始化购物清单，用列表存储农产品信息
```

```
4
5       def add_product(self, name, quantity, origin):  # 添加农产品信息
6           """
7           self:它代表类的实例，用来访问实例的属性
8           name: 要添加的农产品的名称
9           quantity: 要添加的农产品数量
10          origin: 要添加的农产品的产地
11          """
12          for product in self.shopping_list:
13              if product['name'] == name:
14                  # 若购物清单中已存在相同名称的农产品，则更新数量
15                  product_____【代码 2】_____  # 更新已有农产品的数量
16                  print(f"成功更新 {name} 的购买数量为 {product['quantity']}")
17                  return
18
19          # 若购物清单中不存在该农产品，则添加新的农产品信息
20          new_product = {'name':【代码 3】, 'quantity': 【代码 4】, 'origin': 【代码 5】} # 创建新的农产品字典
21          self.shopping_list._____【代码 6】_____ # 将新的农产品添加到购物清单中
22          print(f"成功添加新农产品 {name} 到购物清单。")
23
24      def remove_product(self, name):
25          # 从购物清单中移除指定名称的农产品
26          for product in self.shopping_list:  # 遍历购物清单中的每一个农产品
27              if product_____【代码 7】_____:  # 若找到要移除的农产品
28                  self.shopping_list._____【代码 8】_____ # 从购物清单中移除该农产品
29                  print(f"成功从购物清单中移除 {name}")  # 输出移除成功的消息
30                  return  # 结束函数
31          print(f"购物清单中没有 {name}，无须移除。")
32
33      def find_product(self, name):
34          # 查找指定名称的农产品信息
35          for product in self.shopping_list:  # 遍历购物清单中的每一个农产品
36              if product['name'] ==_____【代码 9】_____:  # 若找到指定名称的农产品
37                  return product  # 返回该农产品的信息
38          return None  # 若未找到指定名称的农产品，返回 None
39
40  def count_product_categories(self):
41          # 统计购物清单中所有不同农产品种类
42          product_set = {product['name'] for product in self.shopping_list}
43  # 使用集合推导式获取购物清单中所有农产品的名称集合
44          num_categories = _____【代码 10】_____  # 统计集合中不同农产品种类的数量
45  return product_set, num_categories  # 返回所有不同农产品的名称集合和数量
46
47  def total_quantity(self, name):
48          # 查询指定农产品的总购买数量
```

```
49         total_quantity = 0  # 初始化总购买数量为 0
50         for product in self.________【代码 11】________:  # 遍历购物清单中的每一个农
    产品
51             if product['name'] == name:  # 若找到指定名称的农产品
52                 total_quantity += ________【代码 12】________  # 将该农产品数量累加到总购买
    数量中
53         return total_quantity  # 返回指定农产品的总购买数量
54 
55 
56 def main(): # 自定义了程序的主函数，用于控制整个程序的流程和逻辑
57     basket = SmartBasket()  # 创建一个智能购物篮实例
58 
59     while True:
60         print("\n===== 智慧菜蓝程序 =====")
61         print("1. 添加农产品到菜蓝")
62         print("2. 从菜蓝中移除农产品")
63         print("3. 查询农产品信息")
64         print("4. 统计菜蓝中农产品种类")
65         print("5. 查看农产品总购买数量")
66         print("6. 显示菜蓝内容")
67         print("7. 退出程序")
68 
69         choice = input("请选择操作（输入数字）：")  # 接收用户输入的操作选项
70 
71         if choice == '1':
72             # 添加农产品到购物清单
73             name = input("请输入要添加的农产品名称：")  # 获取要添加的农产品名称
74             quantity = int(input("请输入要添加的数量："))  # 获取要添加的数量并转
    为整数
75             origin = input("请输入农产品的产地：")  # 获取农产品的产地信息
76             basket.add_product(name, quantity, origin)  # 调用添加农产品方法
77 
78         elif choice == '2':
79             # 从购物清单中移除农产品
80             name = input("请输入要移除的农产品名称：")  # 获取要移除的农产品名称
81             basket.________【代码 13】________  # 调用移除农产品方法
82 
83         elif choice == '3':
84             # 查询农产品信息
85             name = input("请输入要查询的农产品名称：")  # 获取要查询的农产品名称
86             product = basket.find_product(name)  # 调用查找农产品信息方法
87             if product:
88                 print(f"农产品信息：{product}")  # 若找到，则输出农产品信息
89             else:
90                 print(f"购物清单中没有 {name}。")  # 若未找到，则提示清单中没有该农
    产品
```

```
91
92          elif choice == '4':
93              # 统计菜蓝中的农产品种类，调用统计农产品种类方法
94              product_set, num_categories = basket.count_product_categories()
95              print("购物清单中的农产品种类有:", product_set)  # 输出所有不同农产品种
    类的集合
96              print("购物清单中共有", num_categories, "种不同的农产品。") # 输出不同
    农产品种类数量
97
98          elif choice == '5':
99              # 查看农产品总购买数量 获取要查询总购买数量的农产品名称
100             name = input("请输入要查询总购买数量的农产品名称: ")
101         total_quantity = basket.total_quantity(name)  # 调用查询总购买数量方法
102         print(f"{name} 的总购买数量为: {total_quantity}")  # 输出指定农产品的总购买
    数量
103
104         elif choice == '6':
105             # 显示当前购物篮内容
106             print("当前菜蓝内容如下:")
107             for product in basket.shopping_list:
108                 print(f"{product['name']}:              {product['quantity']}
    ({product['origin']})")
109                 # 输出购物清单中每种农产品的名称、数量和产地
110
111         elif choice == '7':
112             # 退出程序
113             print("退出程序。")
114             break  # 结束循环，退出程序
115
116         else:  # 无效选择
117             print("无效的选择，请重新输入。")  # 提示用户输入的选项无效，重新循环
118
119
120 if __name__ == "__main__":
121     main()
```

5. 实验指导

（1）创建一个空列表 shopping_list，用于存储所有农产品的信息。

（2）用列表和字典实现自定义农产品信息存储结构。每个农产品信息可以作为一个字典存储在列表中。每个字典包含三个键值对，分别是农产品的名称 name、数量 quantity、产地 origin。

（3）实现农产品添加功能：自定义函数 add_product，将新农产品添加到购物清单中。若购物清单中已存在相同名称的农产品，则更新其数量。

（4）实现农产品查询功能：自定义函数 find_product，遍历购物清单列表，查找指定名称的农产品信息并返回。若未找到对应农产品，则返回提示信息。

（5）实现农产品统计功能：定义函数 count_product_categories，通过集合存储购物清单列

表中所有农产品名称，并返回该集合及种类个数。定义函数 total_quantity，遍历购物清单列表，查找指定农产品的总数量，若未找到对应农产品，则返回提示信息。

（6）编写测试用例，测试各个功能是否能正确运行。测试添加农产品、查询农产品、统计农产品种类和总数等功能是否正常。

6. 实验课后练习

（1）修改 SmartBasket 类以包含每个农产品的额外信息，如价格和保质期。更新显示这些信息。

（2）添加一个方法到 SmartBasket，根据农产品的数量和价格计算购物清单中所有农产品的总成本。在添加农产品到购物清单时，提示用户输入农产品的价格。

小结

本章概述了 Python 中的组合数据类型，包括序列（列表、元组）、集合和映射（字典）。对于序列类型，介绍了列表的创建以及列表元素的访问、修改和删除等操作，并阐述了列表的内置函数和常见方法。同时，还讨论了嵌套列表的处理方法。元组是不可变序列类型，本章介绍了元组创建方法和元组元素访问方式。在映射类型方面，讲解了字典的创建、访问、更新操作，并列举了字典的经典方法。最后，对于集合类型，讲解了集合的创建、元素的添加和删除操作等。

习题

1. 选择题

（1）在 Python 中，不是组合数据类型的是（　　）。

A. 整数　　B. 列表

C. 元组　　D. 字典

（2）在 Python 中，如何删除列表中的元素？（　　）

A. 使用 del 关键字　　B. 使用 remove()方法

C. 使用 pop()方法　　D. 以上都可以

（3）在 Python 中，嵌套列表是（　　）。

A. 列表中的元素是另一个列表　　B. 列表中的元素是元组

C. 列表中的元素是字典　　D. 列表中的元素是集合

（4）元组支持哪些常见的操作？（　　）

A. 添加元素　　B. 修改元素

C. 删除元素　　D. 索引和切片

（5）元组与列表的主要区别是（　　）。

A. 元组是可变的，列表是不可变的

B. 元组是不可变的，列表是可变的

C. 元组可以有重复元素，列表不可以

D. 元组可以包含不同类型元素，列表不可以

（6）在字典中，如何更新一个已存在的键的值？（　　）

A. 使用 append()方法　　B. 直接对键赋值

C. 使用 clear()方法　　D. 使用 insert()方法

（7）集合中的元素是什么样的？（　　）

A. 有序且可重复　　B. 无序且可重复

C. 有序且不重复　　D. 无序且不重复

（8）下列哪个方法用来检查一个元素是否在一个集合中？（　　）

A. contains()　　B. includes()

C. in　　D. has()

2. 简答题

（1）简述序列类型的定义及其主要特性。

（2）什么是索引？如何使用索引访问列表中的元素？

（3）简述列表和元组的主要区别。

（4）简述字典中键和值的特点。

（5）简述集合类型在 Python 中的主要特性。

3. 编程题

（1）利用 while 循环创建一个包含 10 个偶数的列表，如果输入的不是偶数要给出提示信息并能继续输入，然后计算该列表的和与平均值。

（2）给定一个包含 10 位评委分数的元组 scores，要求计算去掉一个最高分和一个最低分后的平均分，最终分数保留两位有效小数。

（3）在处理学生数据时，经常需要统计学生的姓名及出现的次数。给定一个包含学生姓名的列表，其中部分学生的姓名是重复的。列表如下：['Alice', 'Bob', 'Charlie', 'Alice', 'David', 'Bob', 'Eva']。请编写代码完成以下任务。

①创建一个集合，该集合应仅包含列表中不重复的学生姓名。

②统计每个学生姓名在原始列表中出现的次数，并返回一个字典，其中字典的键为学生姓名，值为对应的出现次数。

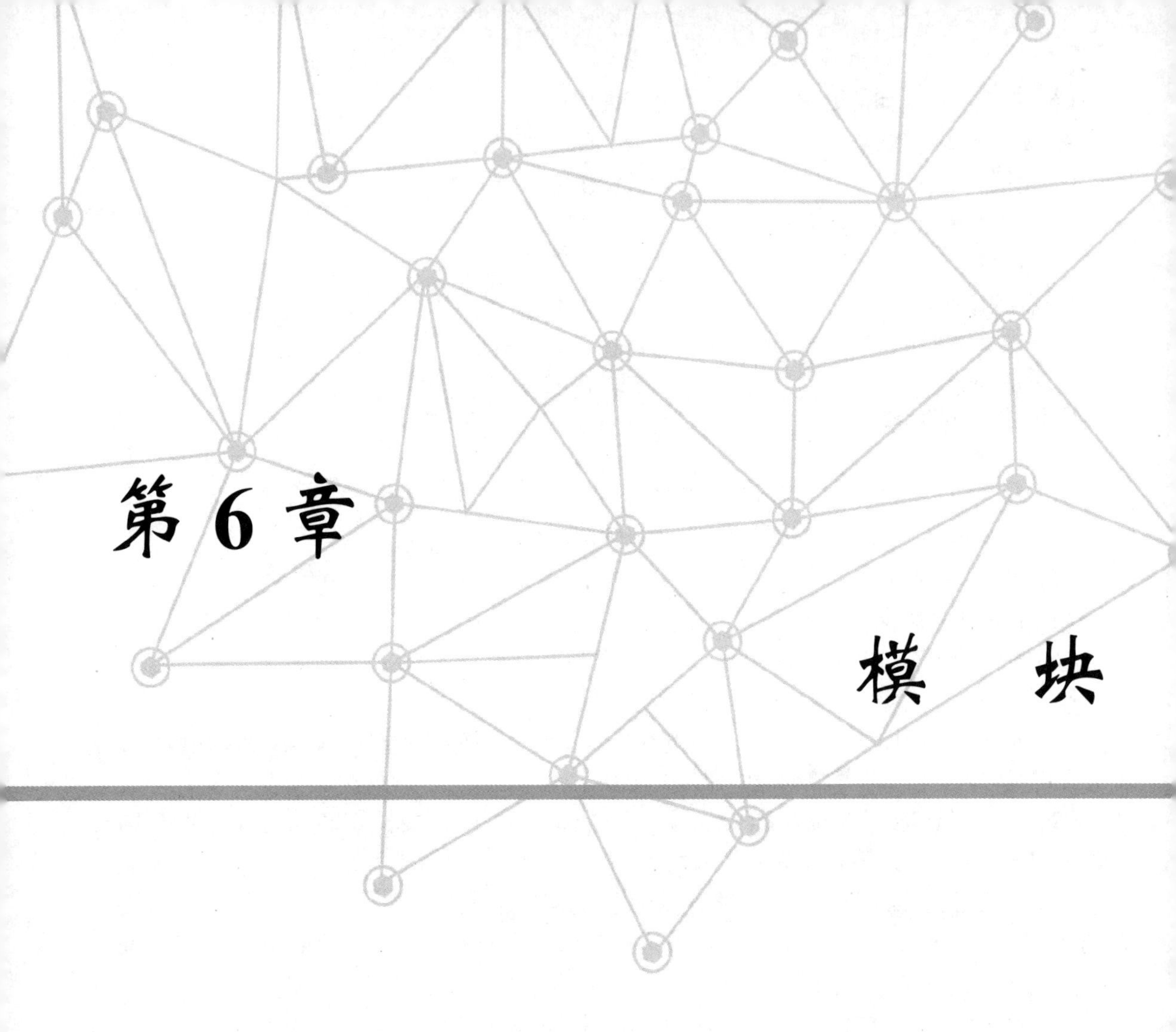

第6章 模　块

在C语言或Java语言中引用头文件或引用类库中的包，可以在程序中调用所引用的函数或方法。在Python语言中，为了调用系统内置的函数或第三方文件中定义的函数，引入了模块的概念。本章将对模块、包和库的安装进行介绍。

学习目标

（1）了解模块的概念。
（2）熟练掌握模块的使用方法。
（3）了解常见的标准模块。
（4）熟练掌握第三方库的安装方法。

6.1 模块概述

Python 语言中提供了丰富的模块，可以实现各种强大的功能。这些模块有些是 Python 语言内置的，有些是第三方构建的。

6.1.1 相关概念

模块（module）是 Python 中最基本的组织单元，一个模块就是一个扩展名为.py 的 Python 文件，其中可以包含变量、函数和类等 Python 代码，可以通过 import 语句在其他模块中引用某个模块。

包（package）是一个包含__init__.py 文件的目录，是一组相关模块的集合。包可以嵌套，形成多级目录结构，从而实现更复杂的组织。

Python 中的库（library）借用了其他编程语言的概念，没有特别具体的定义，Python 库着重强调其功能性，是指一组相关的包和模块，通常用于解决特定问题或提供特定功能。

综上，一个库可以包含多个包和模块。一个包可以包含多个模块。模块是最基本的单元，包含函数、类等相关的代码。

6.1.2 模块的导入方式

程序中如果要使用某个模块中定义的变量或函数，首先要导入该模块。导入模块及调用模块中已经定义好的函数的操作方法如下。

1. 使用 import 导入

使用 import 语句可以导入整个模块，然后用模块名作为前缀来访问模块中的函数、变量和类。使用 import 导入模块的语法格式如下。

```
import 模块 1, 模块 2, …
```

使用 import x 将整个模块 x 导入当前的命名空间中，此时可以访问 x 模块中的所有函数和变量等，但需要通过 x. 前缀来调用。

下面以使用 math 模块中的 sqrt()函数为例介绍其用法，如代码 6-1 所示。

代码 6-1　sqrt()函数计算平方根

```
import math  # 导入 math 模块
math.sqrt(100)  # 调用 math 模块中的 sqrt()函数
```

如果模块名太长，可以使用 as 关键字为模块取别名，语法格式如下。

```
import 模块 as 别名
```

【例 6-1】 导入 matplotlib 库的子模块 pyplot，并绘制折线图，如代码 6-2 所示。

代码 6-2 导入 matplotlib 库的子模块 pyplot，并绘制折线图

```
import matplotlib.pyplot as plt
plt.plot( [1, 2, 3, 4, 5] , [2, 4, 1, 5, 3] ) # 绘制折线图
plt.show() # 显示图形
```

2. 使用 from…import…导入

使用 from…import…方式可以仅导入模块中的某个函数、类或变量，这意味着可以直接使用函数、类或变量，而无须用模块名作为前缀。from…mport…的语法格式如下。

```
from 模块名 import 函数/类/变量
```

from…mport…支持一次导入多个函数、类或变量，多个函数、类或变量之间使用逗号隔开。

【例 6-2】 导入 math 模块中的 sqrt()函数和 pi，如代码 6-3 所示。

代码 6-3 导入 math 模块中的 sqrt()函数和 pi

```
from math import sqrt, pi  # 直接使用 sqrt 函数和 pi，无须用模块名作为前缀
```

代码 6-3 表示导入模块 math 中的 sqrt()函数和常量 pi，程序中只可以使用 sqrt()函数和 pi 的值，不能使用该模块中的其他内容。

3. 使用 from…import *导入

使用通配符*可以导入模块中的所有内容，语法格式如下。

```
from 模块名 import *
```

利用 from…import *导入某个模块中的所有内容后，可以调用这个模块里定义的所有函数等内容，不需要添加模块名为前缀。

【例 6-3】 导入 math 模块中的所有内容，可以使用 math 模块中的所有函数、类或变量，如代码 6-4 所示。

代码 6-4 导入 math 模块中的所有内容

```
from math import *  # 直接导入 math 模块中的所有内容

print(sqrt(16))     # 输出 4.0
print(pi)           # 输出 3.141592653589793
```

6.2 自定义模块

自定义模块是 Python 中一个非常强大的功能，它允许创建自己的代码模块，将常用的功能或重复的代码块封装成独立的模块，以便在多个项目或程序中重复使用。

1. 创建自定义模块

创建自定义模块的主要步骤如下。

（1）定义模块：首先，需要创建一个新的以.py 为扩展名的 Python 文件。例如，可以创建一个名为 mymodule1.py 的文件。

（2）编写模块代码：在 mymodule1.py 文件中，可以定义函数、变量、类等。这些定义将成为模块的一部分，并可以在其他 Python 文件中通过导入模块来使用，如代码 6-5 所示。

代码 6-5　编写模块代码

```
1     # mymodule1.py
2     def greet(name):
3         print(f"Hello, {name}!")
4
5     # 这是一个变量
6     version = "1.0"
7
8     # 这是一个类
9     class MyClass:
10
11        def __init__(self, value):
12            self.value = value
13
14        def display(self):
15            print(self.value)
```

（3）保存文件：将模块代码保存为一个.py 文件。Python 解释器将使用这个文件作为模块的代码来源。

2. 导入和使用自定义模块

创建自定义模块后，就可以在其他 Python 文件中通过 import 语句导入并使用它了，如代码 6-6 所示。

代码 6-6　使用 import 导入自定义模块

```
1     # main.py
2     # 导入自定义模块
3     import mymodule1
4
5     # 使用模块中的函数
6     mymodule1.greet("Alice")  # 输出: Hello, Alice!
7     # 访问模块中的变量
8     print(mymodule1.version)  # 输出: 1.0
9     # 创建模块中的类的实例
10    obj = mymodule1.MyClass("Hello, World!")
```

6.3　模块的导入特性

在 Python 中，定义了两个重要的以双下画线开头的属性，分别是__all__属性和__name__属性，其中，__all__属性用于限制其他程序中可以导入模块的内容，__name__属性用于记录模块的名称，关于这两个属性的具体介绍如下。

6.3.1　__all__属性

Python 模块的开头通常会定义一个__all__属性，该属性实质上是一个列表，该列表中包含的元素决定了在使用 from…import *语句导入模块内容时通配符*所包含的内容。如果__all__中只包含模块的部分内容，那么 from…import *语句只会将__all__中所包含的部分内容导入程序。

【例 6-4】 假设有一个自定义模块 example.py，该模块中包含两个函数，__all__属性的定义如代码 6-7 所示。

代码 6-7　__all__属性的定义

```
1     # example.py
2     _all_ = [‘X’, ‘print_function1’]
3     X = 10
4     Y = 20
5
6     def print_function1():
7         print(“print_function1”)
8
9     def print_function2():
10        print(“print_function2”)
```

在例 6-4 中，当使用 from example import *时，只有变量 X 和 print_function1()函数会被导入，因为__all__只包含了变量 X 和 print_function1()函数。而变量 Y 和 print_function2()函数没有被包含在__all__中，因此不会被导入，如代码 6-8 和代码 6-9 所示。

代码 6-8　__all__属性的使用 1

```
1     # test1.py
2     from example import *
3     print(X)
4     print(Y)
```

代码 6-9　__all__属性的使用 2

```
1     # test2.py
2     from example import *
```

```
3    print_function1()
4    print_function2()
```

运行 test1.py 文件，结果如下。

```
10
Traceback (most recent call last):
  File "F:\test\pythonProject1\test2.py", line 4, in <module>
    print(Y)
NameError: name 'Y' is not defined
```

运行 test2.py 文件，结果如下。

```
print_function1
Traceback (most recent call last):
  File "F:\test\pythonProject1\test2.py", line 4, in <module>
    print_function2()
NameError: name 'print_function2' is not defined
```

观察运行结果，程序只能成功调用写入__all__属性的变量 X 和 print_function1()函数，输出了 10 和 print_function1，而不能调用未写入__all__属性的变量 Y 和 print_function2()函数，程序出现了异常，提示 NameError: name 'Y' is not defined 及 name 'print_function2' is not defined，说明调用 Y 变量和 print_function2()函数失败。

6.3.2 __name__属性

__name__是每个模块都有的一个内置属性，通常与 if 条件语句一起使用。若当前模块是一个独立执行的启动模块，则其__name__的值为"__main__"；若该模块被其他程序导入，则__name__的值是该模块的名字。这个特性常被用来判断一个模块是独立执行的还是被导入的，如代码 6-10 所示。

代码 6-10 模块独立执行时的__name__属性

```
1    # mymodule2.py
2    def print_name():
3        print(__name__)
4    if __name__ == "__main__":
5        print_name()
```

代码 6-10 的运行结果如下。

```
__main__
```

在代码 6-10 中，如果 mymodule2.py 被独立执行，__name__的值将是"__main__"，因此 print_name()函数会被调用。但是，如果 mymodule2.py 被其他模块导入，__name__的值将是 mymodule2，如代码 6-11 所示。

代码 6-11 模块被导入使用时的__name__属性

```
1    # test3.py
```

```
2    import mymodule2
3    mymodule2.print_name()
```

代码 6-11 的运行结果如下。

```
mymodule2
```

这种机制使得模块在被导入时能够执行一些初始化代码，同时保留了一个入口点，即 print_name()函数，当模块独立执行时可以运行这些代码。这是编写可重用代码和脚本时的一个常见模式。

6.4 Python 中的包

在 Python 中，为提升代码组织性，开发者会根据业务逻辑将模块进行归类划分，并将功能相近的模块放到同一目录下，并形成一个包。

6.4.1 包的结构

包是一个包含__init__.py 文件的目录，该目录下可以包含模块和子包。

例如，有一个名为 mypackage 的包，它包含两个模块：module1.py 和 module2.py，以及一个子包 subpackage，这个子包又包含两个模块：submodule1.py 和 submodule2.py，mypackage 包的结构可能如下。

```
mypackage
 ├── __init__.py
 ├── module1.py
 ├── module2.py
 ├── subpackage/
     ├── __init__.py
     ├── submodule1.py
     ├── submodule2.py
```

包的存在为 Python 的项目提供了清晰的层次结构，不仅便于管理，还有助于解决合作开发中可能出现的模块命名冲突问题。__init__.py 文件虽然可以为空，但必须存在，否则包将退化为一个普通目录。

此外，__init__.py 还具备控制模糊导入的功能，即在不指定具体模块的情况下导入包中的内容。如果__init__.py 中没有定义__all__属性，那么使用 from…import *语句将不会导入任何内容。

6.4.2 包的导入

包的导入与模块的导入方法大致相同，也需要使用 import 语句。Python 使用点号 . 来指示包的层次结构。

假设有一个包 mypackage，该包中包含模块 mymodule3，模块 mymodule3 中有一个 fmax()

函数，它的作用是输出 2 个数的最大值，如代码 6-12 所示。

代码 6-12　定义包中模块里的函数

```
1    def fmax(a, b):
2        if a > b:
3            return a
4        else:
5            return b
```

导入和使用包的不同方法如下。

1. 使用 import 导入

当使用 import 语句导入包时，标准的做法是在模块名前加上包名作为前缀，格式为"包名.模块名"。若要使用已导入模块中的函数，则需要通过"包名.模块名.函数名"的形式来实现。

【例 6-5】　导入名为 mypackage 的包，并使用其中 mymodule3 模块里的 fmax()函数，如代码 6-13 所示，运行结果为 46。

代码 6-13　导入名为 mypackage 的包

```
import mypackage.mymodule3
mypackage.mymodule3.fmax(32,46)
```

2. 使用 from…import…导入

通过 from…import…语句导入包时，若需要导入模块中的函数，则需要通过"模块名.函数名"来实现，如代码 6-14 所示，运行结果为 56。

代码 6-14　导入模块中的函数

```
from mypackage import mymodule3
mymodule3.fmax(56, 35)
```

6.4.3　常用的标准模块

Python 内置了许多标准模块，如 time、random、os 和 sys 模块等，表 6-1 列出了 Python 中部分常用的标准模块。

表 6-1　Python 常用的标准模块

模块	说明
time	时间戳，表示从 1970 年 1 月 1 日 00:00:00 开始按秒计算的偏移量、格式化的时间字符串、结构化的时间（年、月、日、时、分、秒、一年中第几周、一年中第几天、夏令时）
datetime	获取当前时间、获取之前和之后的时间、时间的替换
copy	copy 是一个运行时的模块，提供对复合（compound）对象（list、tuple、dict、custom class 等）进行浅拷贝和深拷贝的功能

续表

模块	说明
os	提供与操作系统交互的接口
sys	sys 是一个运行时的模块，提供了很多跟 Python 解释器和环境相关的变量和函数
math	math 是一个数学模块，定义了标准的数学方法（如三角函数等）和数值（如 pi）
random	random 是一个数学模块，提供了各种产生随机数的方法
re	处理正则表达式
pickle	提供了一个简单的持久化模块，可以将对象以文件的形式存储在磁盘里

1. time 模块的使用

time 模块在 Python 中用于处理与时间相关的操作，如获取当前时间、延迟执行等。

【例 6-6】 使用 time 模块获取当前时间并等待一定时间后输出，如代码 6-15 所示。

代码 6-15 time 模块的使用

```
1    import time
2
3    # 获取当前时间
4    current_time = time.time()
5    print("当前时间戳（秒）:", current_time)
6    # 等待 5 秒
7    time.sleep(5)
8    # 再次获取时间并输出
9    after_sleep_time = time.time()
10   print("等待后的时间戳（秒）:", after_sleep_time)
11   # 计算等待时间
12   elapsed_time = after_sleep_time - current_time
13   print("等待时间（秒）:", elapsed_time)
```

代码 6-15 的运行结果如下。

```
当前时间戳（秒）: 1709690405.6221228
等待后的时间戳（秒）: 1709690410.6266084
等待时间（秒）: 5.004485607147217
```

2. random 模块的使用

random 模块用于生成随机数。使用 random 模块来生成随机整数、随机浮点数、进行随机选择，如代码 6-16 所示。

代码 6-16 random 模块的使用

```
1    import random
2
3    # 生成 0 到 9 之间的随机整数
4    random_integer = random.randint(0, 9)
5    print("随机整数:", random_integer)
```

```
6     # 生成0.0到1.0之间的随机浮点数
7     random_float = random.random()
8     print("随机浮点数:", random_float)
9     # 从列表中随机选择一个元素
10    my_list = ["apple", "banana", "cherry"]
11    random_choice = random.choice(my_list)
12    print("随机选择的列表元素:", random_choice)
13    # 打乱列表的顺序
14    random.shuffle(my_list)
15    print("打乱顺序后的列表:", my_list)
```

代码 6-16 的运行结果如下。

```
随机整数: 3
随机浮点数: 0.7729548820473956
随机选择的列表元素: banana
打乱顺序后的列表: ['apple', 'banana', 'cherry']
```

6.5　第三方库的下载与安装

在程序开发中不但需要使用大量的标准模块，还会根据业务需求使用第三方库。使用第三方库之前，需要使用包管理工具 pip 下载和安装第三方库（如果安装的是 Python 3 之后版本，会自带 Python 包管理工具 pip，不需要另外下载）。两种常用第三方库的下载与安装方法如下，注意，使用这两种方法安装第三方库时，都需要连接网络。

1. 在命令提示符中下载和安装第三方库

在命令提示符（Command Prompt）中下载和安装第三方库，可以输入“pip install 库名”。例如，pygame 库的安装过程如图 6-1 所示。

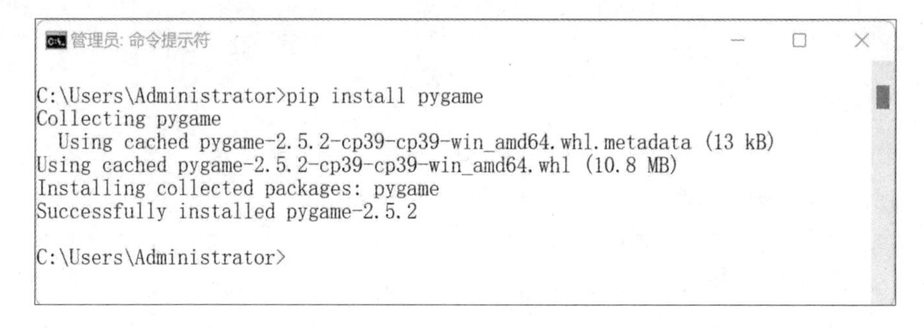

图 6-1　pygame 库的安装过程

2. 在 PyCharm 中下载和安装第三方库

打开 PyCharm，选择“View”→“Tool Windows”→“Terminal”命令打开 Terminal 工具，输入“pip install pygame”命令，按回车键下载并安装 pygame 库，如图 6-2 所示。

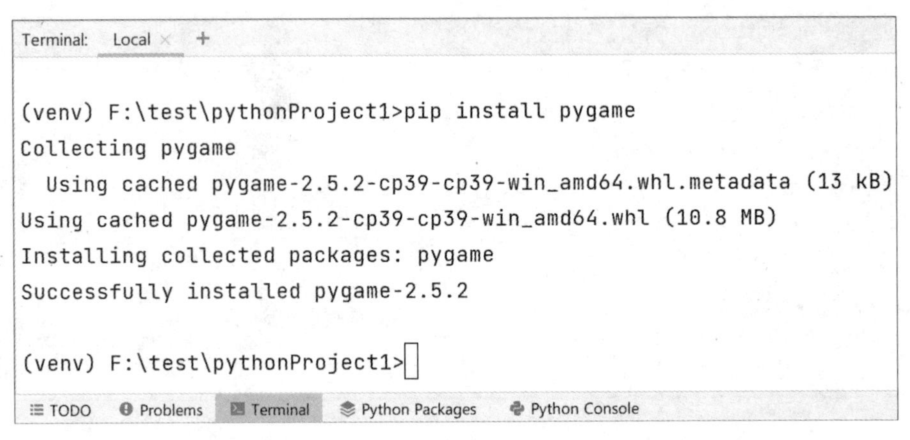

图 6-2 在 PyCharm 中安装第三方库 pygame

6.6 应用案例

6.6.1 应用案例 1：随机生成验证码

随着人工智能技术越来越成熟，机器自动操作的风险加大，验证码能有效防止自动化工具或脚本进行批量操作，如自动注册账号、提交表单、自动登录。这类自动化行为通常用于发起垃圾邮件攻击、刷流量等恶意活动。针对这一问题，可以通过编程随机生成验证码，随机生成的验证码输出到控制台后，用户输入前面生成的验证码，正确输入时程序结束，如图 6-3 所示。

```
生成的验证码：Cdwf
请输入生成的验证码：CdwF
验证码错误，请重新输入。
请输入生成的验证码：Cdwf
验证通过，程序结束。
```

图 6-3 随机生成验证码效果图

【分析】

在设计随机生成验证码程序时，需要考虑以下几个方面。

（1）控制台输入输出：验证码是用户与计算机之间进行安全验证的常用方式之一，为了实现两者之间的交互，程序输出随机验证码后，用户应在控制台输入对应的验证码，用户正确输入验证码时程序结束。如图 6-3 所示，程序随机生成了验证码 Cdwf，用户第一次输入错误，验证失败，第二次输入正确，验证通过，程序结束。

（2）模块导入：在这个案例中，导入了 random 模块来生成验证码。

（3）函数定义：首先需要了解如何定义函数以及为什么要使用函数。在这个案例中，定义了一个 GenerateVerificationCode 函数来生成指定长度的验证码。

（4）变量与数据结构：案例需要用字符串来存储可能的验证码字符集合，并使用变量来存储生成的验证码。

【实现】

（1）随机生成验证码的函数。

编写 GenerateVerificationCode 函数，用于生成指定长度的验证码，如代码 6-17 所示。

代码 6-17　GenerateVerificationCode 函数

```
1    import random  # 导入 random 模块，用于生成随机数
2
3    def GenerateVerificationCode(length=4):
4        characters = 'abcdefghijklmnopqrstuvwxyz' \
5                     'ABCDEFGHIJKLMNOPQRSTUVWXYZ' \
6                     '0123456789'  # 验证码可能包含的字符集合（大小写字母和数字）
7        verification_code = ''.join(random.choice(characters) for _ in
     range(length))
8        # 生成指定长度的验证码
9        return verification_code
```

（2）控制台交互式输入输出。

首先，调用 GenerateVerificationCode()生成验证码，存储到变量 verification_code 中，并输出到控制台，如代码 6-18 所示。

代码 6-18　输出结果

```
1    verification_code = GenerateVerificationCode()  # 调用函数生成验证码
2    print("生成的验证码:", verification_code)  # 输出生成的验证码到控制台
```

然后，设计一个循环语句，将用户输入的验证码存储到 user_input 中，并与随机生成的验证码 verification_code 进行比对，如果一致则退出循环，否则需要一直输入，直到验证码输入正确，如代码 6-19 所示。

代码 6-19　循环过程

```
1  while True:  # 进入无限循环
2      user_input = input("请输入生成的验证码: ")   # 接收用户输入的验证码
3      if user_input == verification_code:   # 当用户输入的验证码与生成的验证码一致时
4          print("验证通过，程序结束。")   # 输出验证通过的消息
5          break  # 退出循环，结束程序
6      else:
7          print("验证码错误，请重新输入。")
8          # 如果用户输入的验证码错误，输出错误消息并继续循环
```

6.6.2　应用案例 2：考试倒计时器

在现代教育体系中，标准化考试和在线测试变得越来越普遍。这些考试通常具有严格的时

间限制，要求考生在限定的时间内完成所有的题目。然而，仅告诉考生考试的总时长可能不足以帮助考生有效地管理时间。因此，考试倒计时器应运而生，其作为一个实用的工具来辅助考生更好地把握考试进度。考试倒计时器的界面如图 6-4 所示。

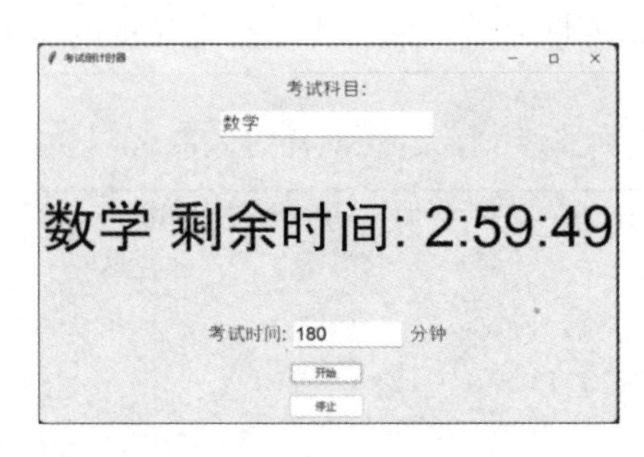

图 6-4　考试倒计时的界面

【分析】

在设计考试倒计时器的程序时，需要考虑以下几个方面。

（1）交互性：考试倒计时器需要与用户进行交互，用户通过控制台设置考试时间并启动倒计时。控制台输出应清晰显示剩余时间，以及其他重要的状态信息（如倒计时结束）。

（2）模块导入：使用 datetime 模块处理和计算时间；使用 threading 模块支持多线程，使倒计时可以在后台线程中更新，而不阻塞主程序的其他操作；使用 time 模块使线程等待 1 秒，实现每秒更新一次时间显示的功能。

（3）类的定义：定义 CountdownTimer 类，实现初始化、获取剩余时间、开始倒计时、运行倒计时和停止倒计时的功能；定义 CountdownApp 类，实现时间显示更新、启动和停止倒计时的功能。

（4）多线程处理：使用 threading.Thread()函数来处理倒计时功能，允许倒计时在后台独立于主线程更新。这使得用户界面（如控制台或 GUI）保持响应。

【实现】

（1）CountdownTimer 类的封装。

定义 CountdownTimer 类，如代码 6-20 所示。

代码 6-20　CountdownTimer 类的定义

```
1    class CountdownTImer:
```

编写__init__函数，用于初始化类属性，如代码 6-21 所示。

代码 6-21　__init__函数

```
1        def __init__(self, duration_minutes, update_function):
2            """
3            duration_minutes (int 或 float): 倒计时的总持续时间，单位为分钟
4            update_function (function): 一个回调函数，每秒钟调用一次
5            """
6            self.duration = datetime.timedelta(minutes=duration_minutes)  # 初
7    始化倒计时时长
```

```
8            self.start_time = None  # 初始开始时间设为 None
9            self.end_time = None  # 初始结束时间设为 None
10           self.update_function = update_function  # 设置更新时间显示的回调函数
             self.running = False  # 倒计时运行状态，初始为未运行
```

编写 get_remaining_time 函数，计算剩余时间并返回剩余时间的字符串表示，如代码 6-22 所示。

代码 6-22　get_remaining_time 函数

```
1        def get_remaining_time(self):
2            if not self.start_time or not self.running:
3                return "00:00:00"  # 如果未开始或已停止，返回默认时间
4            now = datetime.datetime.now()
5            if now >= self.end_time:
6                return "00:00:00"  # 如果当前时间超过结束时间，返回 00:00:00
7            remaining_time = self.end_time - now
8            return str(remaining_time).split('.')[0]  # 返回剩余时间的小时、分钟、
    秒格式
```

编写 start 函数，实现开始倒计时的功能，如代码 6-23 所示。

代码 6-23　start 函数

```
1        def start(self, duration_minutes=None):
2            """
3            duration_minutes (int 或 float, 可选): 如果提供了，重置倒计时的持续时间
4            """
5            if duration_minutes is not None:
6                self.duration = datetime.timedelta(minutes=duration_minutes)  #
7     更新倒计时时间
8            self.start_time = datetime.datetime.now()  # 设置开始时间为当前时间
9            self.end_time = self.start_time + self.duration  # 计算结束时间
10           self.running = True  # 设置倒计时为运行状态
             self.run()  # 开始运行倒计时
```

编写 run 和 stop 函数，实现运行和停止倒计时，在新线程中每秒更新一次，如代码 6-24 所示。

代码 6-24　run 函数和 stop 函数

```
1        def run(self):
2            def target():
3                while self.running and datetime.datetime.now() < self.end_time:
4                    time.sleep(1)  # 等待一秒
5                    if self.update_function:
                         self.update_function(self.get_remaining_time())  # 更新显
6    示时间
```

```
7              self.running = False
8              if self.update_function:
9                  self.update_function("00:00:00")  # 最后更新时间显示为 00:00:00
10         thread = threading.Thread(target=target)
11         thread.start()  # 创建并启动新线程来执行 target 函数
12
13     def stop(self):
14         self.running = False  # 设置运行状态为 False，结束倒计时
```

（2）CountdownApp 类的封装。

定义 CountdownApp 类，如代码 6-25 所示。

代码 6-25　定义 CountdownApp 类

```
1    class CountdownApp:
```

编写__init__函数，初始化 GUI 应用，如代码 6-26 所示。

代码 6-26　__init__函数

```
1   def __init__(self, root):
2       """
3       root (tk.Tk): Tkinter 的根窗口对象，是整个 GUI 应用的主窗口
4       """
5       self.root = root
6       self.root.title("考试倒计时器")  # 设置窗口标题
7
8       # 设置考试科目的标签
9       ttk.Label(root, text="考试科目:", font=("Helvetica", 16)).pack(pady=5)
10      # 创建考试科目输入框
11      self.subject_entry = ttk.Entry(root, font=("Helvetica", 16), width=20)
12      self.subject_entry.pack(pady=5)
13      # 创建剩余时间显示标签
14      self.time_display = tk.Label(root, text="00:00:00", font=("Helvetica",
    48), height=2)
15      self.time_display.pack(pady=20)
16      self.timer = CountdownTimer(1, self.update_time_display)  # 初始化倒计时
    器对象
17      frame = tk.Frame(root)  # 创建框架容纳时间输入和标签
18      # 创建时间输入的标签
19      ttk.Label(frame, text="考试时间:", font=("Helvetica", 16)).pack(side=tk.
    LEFT)
20      self.duration_entry = ttk.Entry(frame, font=("Helvetica", 16), width=10)
    # 创建时间输入框
21      self.duration_entry.pack(side=tk.LEFT, padx=5)
22      ttk.Label(frame, text="分钟", font=("Helvetica", 16)).pack(side=tk.LEFT)
23      # 时间单位标签
24      frame.pack(pady=10)
```

```
25        # 创建开始按钮
26        self.start_button = ttk.Button(root, text="开始", command=self.start_timer)
27        self.start_button.pack(pady=5)
28        # 创建停止按钮
          self.stop_button = ttk.Button(root, text="停止", command=self.stop_timer)
    self.stop_button.pack(pady=5)
```

编写 update_time_display、start_time 和 stop_time 函数，实现更新时间显示、从输入框读取时间并开始倒计时和停止倒计时的功能，如代码 6-27 所示。

代码 6-27　update_time_display、start_time 和 stop_time 函数

```
1      def update_time_display(self, time_str):
2          """
3          time_str (str): 剩余时间的字符串表示，格式为 HH:MM:SS。
4          """
5          subject = self.subject_entry.get()  # 从输入框读取考试科目
6          # 显示考试科目和剩余时间
7          display = f"{subject} 剩余时间: {time_str}" if subject else f"剩余时间:
       {time_str}"
8          self.time_display.configure(text=display)  # 更新显示
9          def start_timer(self):
10         try:
                   duration = int(self.duration_entry.get())  # 尝试从输入框获取时间,
11
       转换为整数
12             self.timer.start(duration)  # 调用倒计时器的 start 方法，开始倒计时
13         except ValueError:
14            self.time_display.configure(text="错误: 请输入有效的数字")  # 显示错误信息
15         def stop_timer(self):
16         self.timer.stop()  # 调用倒计时器的 stop 方法，停止倒计时
```

6.7　上机实践：猜数字赢奖品

1. 实验目的

（1）熟练掌握 random 模块的导入。

（2）熟练掌握 random.randint()函数的使用方法，生成指定范围内的随机整数。

2. 实验要求

编写一个程序，进行猜数字的游戏，具体要求如下。

（1）程序随机生成一个 1～100 的整数作为幸运数字。

（2）用户最多有 5 次机会猜测这个数字。

（3）每次猜测后，程序应告诉用户他们的数字是大于幸运数字还是小于幸运数字。

（4）如果用户猜中数字，根据猜中的次数给出不同的奖励：第 1 次猜中获得一等奖；第 2 次猜中获得二等奖；第 3 次到第 5 次猜中获得三等奖。

（5）如果用户没有在 5 次机会内猜中，程序应显示幸运数字并告知用户游戏结束。

3. 运行效果示例

输入幸运数字，如图 6-5 所示。

```
从1到100中猜一个幸运数字：50
```

图 6-5　输入幸运数字

多次猜幸运数字，如图 6-6 所示。

```
从1到100中猜一个幸运数字：50
你猜的数字大了！
从1到100中猜一个幸运数字：25
你猜的数字大了！
从1到100中猜一个幸运数字：13
你猜的数字小了！
从1到100中猜一个幸运数字：19
你猜的数字小了！
从1到100中猜一个幸运数字：23
恭喜！你猜中了幸运数字！
恭喜你获得三等奖！！
```

图 6-6　多次猜幸运数字

4. 程序模板

请按模板要求，将【代码】替换为 Python 程序代码。

```
1    # 引入 random 模块
2    ______【代码 1】______
3    def lucky_number_game():
4        lucky_number = ______【代码 2】______  # 随机生成一个 1-100 的整数，作为幸运数字
5
6    max_guesses = 5  # 最多允许猜测次数
7
8        for attempt in range(1, max_guesses + 1):  # 重复猜测过程，最多 5 次
9            guess = ______【代码 3】______  # 获取用户输入的数字
10
11   if guess < lucky_number:
12           print("你猜的数字小了！")  # 用户猜的数字小于幸运数字
13   ______【代码 4】______
14           print("你猜的数字大了！")  # 用户猜的数字大于幸运数字
15   else:
16           print("恭喜！你猜中了幸运数字！")  # 猜中幸运数字
17   break
18   else:
19       print(f"对不起，您没有机会了．本轮幸运数字是______【代码 5】______！")  # 没有在允
20   许次数内猜中
```

```
21    if attempt == 1:
22        print("恭喜你获得一等奖!")  # 一次猜中，一等奖
23    elif attempt == 2:
24        print("恭喜你获得二等奖!")  # 两次猜中，二等奖
25    ______【代码 6】______
26        print("恭喜你获得三等奖!!")  # 三次以上猜中，三等奖
27
28    lucky_number_game() # 调用函数，启动游戏
```

5. 实验指导

（1）设计程序结构：分析问题需求，确定所需的变量和逻辑结构。确定主要的控制流程，包括循环和条件判断。

（2）编写代码：导入必要的模块（如 random），使用 random.randint 生成幸运数字。实现用户输入和反馈逻辑。根据用户猜测次数决定奖励。

（3）测试和调试：进行多轮测试，确保所有功能正常，包括边界条件和异常输入处理。调整代码，修正发现的问题。

6. 实验后的练习

（1）可变范围的幸运数字：在游戏开始前让用户选择数字范围，例如 1～200，或者其他任意范围，使游戏更具挑战性。

（2）多玩家模式：允许多个玩家参与，每个玩家轮流猜测同一个幸运数字。

（3）随机奖品：不仅数字是随机的，猜中后的奖品也是随机的，可以从预定义的奖品列表中随机选择。

小结

本章深入讲解了 Python 中模块的相关概念，介绍了模块的基本导入方式，并探讨了 Python 常见的标准模块，如 random 和 time 模块。同时，本章还涵盖了自定义模块与包的创建，以及第三方库的下载与安装方法。通过应用案例，展示了模块在编程实践中的广泛应用。

习题

1. 选择题

（1）在 Python 中，导入模块时使用的关键字是（　　）。

A. load　　B. include

C. import　　D. export

（2）Python 中，from module import *语句的作用是（　　）。

A. 导入 module 模块中的所有函数　　B. 导入 module 模块中的所有函数和变量

C. 导入 module 模块中的所有函数和类　　D. 导入 module 模块中的所有函数、变量和类

（3）如果一个 Python 文件被当作模块导入，那么它的__name__属性的值是（　　）。

A. __main__　　B. 文件名

C. 文件名（不包括.py 扩展名）　　D. module

（4）关于 Python 的 datetime 模块，（　　）方法可以用于获取当前日期和时间。

A. datetime.now()　　B. datetime.current_time()

C. datetime.today()　　D. datetime.get_time()

（5）在 Python 中，模块的主要作用是什么？（　　）

A. 提供函数定义　　B. 提供类和对象

C. 封装相关的函数、类和变量　　D. 执行外部命令

（6）如何导入名为 math 的 Python 标准模块？（　　）

A. import math　　B. from math include *

C. include math　　D. import "math"

（7）在 Python 中，哪个属性用于控制使用*导入时会被导入当前命名空间中的名称？（　　）

A. __name__　　B. __all__

C. __init__　　D. __doc__

（8）如果想要从一个模块中导入特定的函数 function_name，应该使用哪种语法？（　　）

A. import function_name

B. from module_name import function_name

C. import module_name.function_name

D. from module_name function_name

（9）在 Python 中，包的主要作用是什么？（　　）

A. 提供函数定义　　B. 封装多个相关的模块

C. 执行外部命令　　D. 替代模块的作用

（10）如果要创建一个名为 my_package 的包，并包含一个名为 my_module.py 的模块，应该如何组织这些文件？（　　）

A. 在同一个文件夹中直接放置 my_module.py

B. 创建一个名为 my_package 的文件夹，并在其中放置 my_module.py

C. 创建一个名为 my_package 的文件夹，并在其中放置一个名为 my_module 的文件夹，并在其中放置 my_module.py

D. 创建一个名为 my_package.py 的文件，并在其中放置 my_module.py

2. 简答题

（1）请简述 Python 中模块的作用。

（2）描述 Python 中模块和包的区别与联系。

（3）请解释__all__属性在 Python 模块中的作用。

（4）如何创建一个自定义的 Python 模块？

（5）请列举 Python 中常用的第三方库，并简述其用途。

3. 编程题

（1）编写一个 Python 程序，使用 random 模块生成一个包含 5 个随机整数的列表，其中每个整数的范围都是 1～100（包括 1 和 100）。

（2）创建一个简单的 Python 包，包含两个模块：module1 和 module2。在 module1 中定义一个函数 add_numbers(a,b)，用于将两个数字相加；在 module2 中定义一个函数 multiply_numbers(a,b)，用于将两个数字相乘。然后，在主程序中导入这个包，并分别调用这两个函数。

第 7 章 文件和数据格式化

文件是计算机系统中存储信息的容器。当程序运行时,变量是保存数据的好方法。但在变量中存储的数据是暂时的，在程序运行结束后便会丢失。想要长时间保存程序中的数据，需要将数据保存到文件中。本章将介绍在 Python 中如何进行文件和目录的相关操作，以及如何处理常见的数据格式。

学习目标

（1）了解文件的相关概念。

（2）掌握如何打开和关闭文件。

（3）掌握文件的读写方法。

（4）掌握如何创建和删除目录。

（5）掌握如何获取目录下的文件列表。

（6）掌握一二维数据的储存与格式化。

（7）掌握高维数据的储存及格式化。

7.1 文件概述

在计算机科学中，文件指存储在计算机系统中的集合，这些数据以特定格式组织，可以是简单的文本文件，也可以复杂的可执行程序。

按照文件存储数据的格式，文件可分为文本文件和二进制文件两大类。文本文件以 ASCII 码形式存储数据，这意味着它们可以被记事本等基本文本编辑器直接打开和编辑。文本文件通常按行组织数据，每行末尾通过一个换行符\n 来标识行的结束。与之相对，二进制文件则以二进制形式存储信息，无法直接通过普通文本编辑器阅读，它们需要特定的程序来解析并打开。

7.2 文件的基本操作

在 Python 中，文件操作是日常任务的一个重要组成部分。一般来说，访问文件需要三个步骤：打开文件、读写文件、关闭文件。

7.2.1 文件的打开和关闭

1. 打开文件和创建文件

在 Python 中可以通过内置的 open()函数打开文件，语法格式如下，其常用参数及说明如表 7-1 所示。

```
file=open(filename, mode, buffering, encoding)
```

表 7-1 open()函数常用参数及说明

模式	说明
filename	指定文件的路径
mode	指定文件打开的模式
buffering	一个可选整数，用于设置缓冲策略。传递 0 可关闭缓冲（仅在二进制模式下允许），传递 1 可选择行缓冲（仅可在文本模式下使用），传递大于 1 的整数可指示固定大小块缓冲区的大小
encoding	指定文件的读取编码

其中，mode 参数用于指定文件打开的模式，如只读、写入和追加内容等。mode 参数值说明如表 7-2 所示。默认的打开模式为只读模式（值为 r）。

表 7-2　open()函数中的 mode 参数值说明

模式	说明
t	文本模式（默认）
x	写模式，新建一个文件，若该文件已存在则会报错
b	二进制模式
+	打开一个文件进行更新（可读可写)
U	通用换行模式（不推荐）
r	以只读方式打开文件，文件的指针将会放在文件的开头，这是默认模式
rb	以二进制格式打开一个文件用于只读，文件指针将会放在文件的开头，这是默认模式，一般用于非文本文件，如图片等
r+	打开一个文件用于读写，文件指针将会放在文件的开头
rb+	以二进制格式打开一个文件用于读写，文件指针将会放在文件的开头，一般用于非文本文件，如图片等
w	打开一个文件只用于写入，若该文件已存在，则打开文件，并从开头开始编辑，即原有内容会被删除；若该文件不存在，则创建新文件
wb	以二进制格式打开一个文件，只用于写入，若该文件已存在，则打开文件，并从开头开始编辑，即原有内容会被删除；若该文件不存在，则创建新文件。一般用于非文本文件，如图片等
w+	打开一个文件用于读写，若该文件已存在则打开文件，并从开头开始编辑，即原有内容会被删除；若该文件不存在，则创建新文件
wb+	以二进制格式打开一个文件用于读写，若该文件已存在，则打开文件，并从开头开始编辑，即原有内容会被删除；若该文件不存在，则创建新文件。一般用于非文本文件，如图片等
a	打开一个文件用于追加，若该文件已存在，则文件指针将会放在文件的结尾，也就是说，新的内容将会被写入已有内容之后；若该文件不存在，则创建新文件进行写入
ab	以二进制格式打开一个文件用于追加，若该文件已存在，则文件指针将会放在文件的结尾，也就是说，新的内容将会被写入已有内容之后；若该文件不存在，则创建新文件进行写入
a+	打开一个文件用于读写，若该文件已存在，则文件指针将会放在文件的结尾，文件打开时会是追加模式；若该文件不存在，则创建新文件用于读写
ab+	以二进制格式打开一个文件用于追加，若该文件已存在，则文件指针将会放在文件的结尾；若该文件不存在，则创建新文件用于读写

2. 文件的关闭

Python 中可以使用 close()方法和 with 语句来关闭文件。

（1）close()方法。

close 方法没有参数，直接调用即可。close()方法的语法格式如下。

```
file.close()
```

（2）with 语句。

with 语句利用了 Python 的上下文管理协议（Context Management Protocol），自动处理资源的分配和释放，确保即使面临错误和异常，文件也能被正确关闭。with 语句的语法格式如下。

```
with context_expression[as target(s)]:
  with-body
```

其中，context_expression 用于指定一个表达式；target 用于指定单个变量或由圆括号括起来的元组，用于接收 context_expression 的返回值并保存到该变量中。with 语句的使用示例如代码 7-1 所示。

代码 7-1　使用 with 语句打开 example.txt

```
with open('example.txt', 'r') as file:  # 打开 example.txt 文件
# 处理数据，进行其他文件操作
# 文件自动关闭
```

在代码 7-1 中，with 语句结束时，file 对象会自动调用其 close()方法，无须手动关闭。

7.2.2　从文件中读取数据

Python 提供了多样化的方法来读取文件，既可以使用 read()方法一次性读取整个文件内容，也可以使用 readline()和 readlines()方法逐行读取。

read()方法的语法格式如下。

```
file.read([size])
```

size 为可选参数，表示读取文件中的字符数或字节数，若省略，则读取全部内容；若读取的模式为文本模式，则表示读取的字符数；若读取的模式为二进制模式，则表示读取的字节数。

example.txt 文件内容如图 7-1 所示。

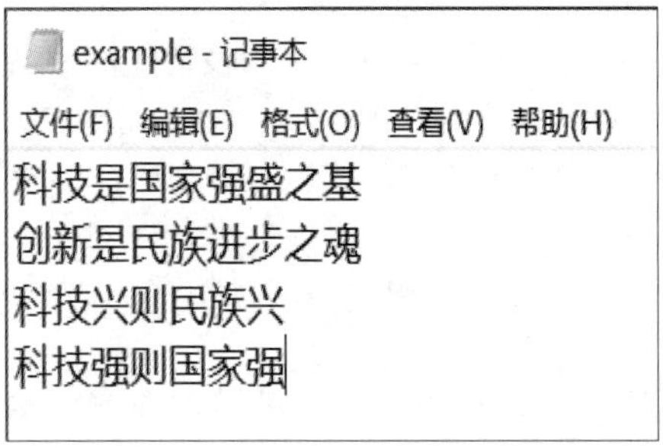

example - 记事本
文件(F)　编辑(E)　格式(O)　查看(V)　帮助(H)
科技是国家强盛之基
创新是民族进步之魂
科技兴则民族兴
科技强则国家强

图 7-1　example.txt 文件内容

使用 read()方法可以读取 example.txt 文件中的内容，如代码 7-2 所示。

代码 7-2　使用 read()方法读取 example.txt 文件

```
with open('example.txt', 'r', encoding='utf-8') as file:  # 打开 example.txt 文件
    content = file.read()  # 读取 example.txt 文件全部内容
    print(content)  # 输出读取内容
    content2 = file.read(5)  # 读取 example.txt 文件前 5 个字符
    print('\n 前五个字符为: ', content2)  # 输出读取内容
# 文件自动关闭
```

代码 7-2 的运行结果如下。

```
科技是国家强盛之基
创新是民族进步之魂
科技兴则民族兴
```

```
科技强则国家强
前五个字符为：科技是国家
```

使用 readline()方法可以读取文件的一行数据，该方法保留一行数据末尾的换行符\n。readline()的具体示例如代码 7-3 所示。

代码 7-3　使用 readline()方法读取 example.txt 文件中的一行

```
1  with open('example.txt', 'r', encoding='utf-8') as file:  # 打开 example.txt
   文件
2      content = file.readline()  # 使用 readline()读取 example.txt 文件中的一行
3      print(content)  # 输出读取内容
4  # 文件自动关闭
```

代码 7-3 的运行结果如下。

```
科技是国家强盛之基
```

若需要一次性读取文件中的所有行，则可以使用文件对象的 readlines()方法，如代码 7-4 所示。

代码 7-4　使用 readlines()方法读取 example.txt 文件中的全部行

```
1  with open('example.txt', 'r', encoding='utf-8') as file:  # 打开 example.txt
   文件
2      lines = file.readlines()  # 读取全部行
5      print(lines)  # 输出读取内容
```

代码 7-4 的运行结果如下。

```
['科技是国家强盛之基\n', '创新是民族进步之魂\n', '科技兴则民族兴\n', '科技强则国家强']
```

7.2.3　向文件写入数据

文件写入操作是实现数据持久化的基础方法之一，Python 提供了多种向文件写入内容的方法，包括 write()和 writelines()方法。

1. write()方法

Python 提供了向文件写入一个字符串或字节流的 write()方法。write()方法的语法格式如下。

```
file.write(string)
```

string 为要写入的字符串，若需要写入多行，则可以在字符串中包含换行符\n。注意，当调用 write()方法时，需要确保使用 open()函数打开文件时，指定的打开模式为 w（可写模式）或 a（追加模式），否则将抛出异常。

例如，想要在 example.txt 文件中追加一行新内容，在打开文件时，需要使用 a 模式，如代码 7-5 所示。

代码 7-5　使用 write()方法的追加模式写入一行新内容

```
1   with open('example.txt', 'a', encoding='utf-8') as file:  # 以追加模式打开
    example.txt 文件
2       file.write('\n 科技强国')  # 写入新内容，并在行首添加
```

运行代码 7-5 后打开 example.txt，文件中的内容如图 7-2 所示。

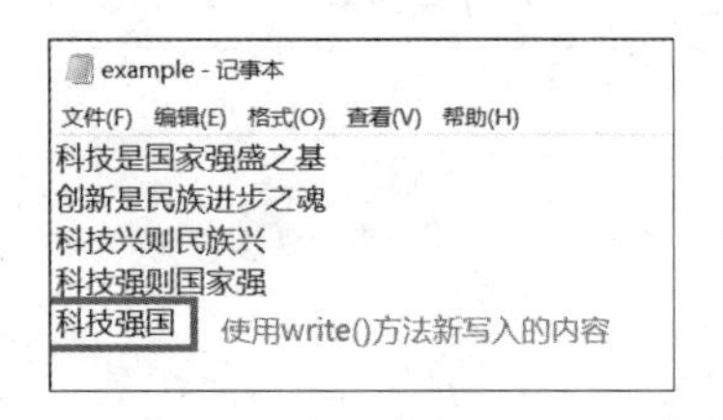

图 7-2　写入新内容后的 example.txt 文件

2. writelines()方法

writelines()方法用于向文件中写入字符串序列，其语法格式如下。

```
file.writelines([string])
```

值得注意的是，writelines()不会自动在字符串之间添加换行符\n，若需要每个字符串单独占一行，则必须在字符串末尾自行添加换行符。

使用 writelines()方法向文件写入多行文本，如代码 7-6 所示。

代码 7-6　使用 writelines()方法向文件写入多行文本

```
1   # 定义一个包含一组字符串的列表，代表将要写入文件的多行文本
2   lines = [
3       "Hello, World!\n",
4       "Welcome to using writelines().\n",
5       "This is the third line."]
6   # 打开文件进行写入。若文件不存在，则创建一个新文件
7   with open('writelines_example.txt', 'w') as file:
8       # 使用 writelines()方法写入多行文本
9       file.writelines(lines)
```

运行代码 7-6 后，打开 writelines_example.txt，文件中的内容如图 7-3 所示。

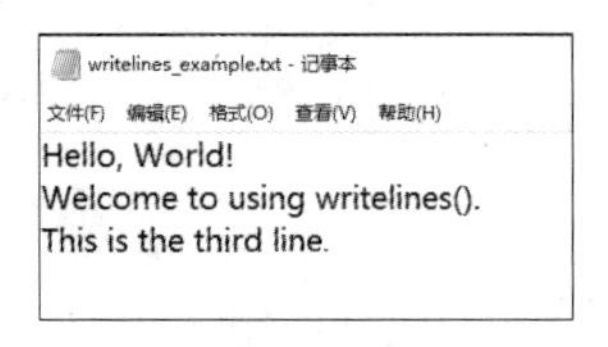

图 7-3　写入新内容后的 writelines_example.txt 文件

7.2.4　文件的定位读写

文件读写的位置依赖其操作指针，Python 提供了两个重要的方法：tell()和 seek()，能够定位到文件的特定位置进行读取和写入操作。

1. tell()方法

tell()方法用于获取当前文件指针的位置，文件指针默认为 0。当对文件进行读取操作后，文件的指针也随之移动。tell()方法返回一个整数，表示从文件开头到当前所指位置的字节数。

使用 tell()方法获取 writelines_example.txt 文件的指针位置，如代码 7-7 所示。

代码 7-7　使用 tell()方法获取文件的指针位置

```
1  file = open('writelines_example.txt', mode='r', encoding='utf-8')
2  # 读取两个字符
3  print(file.read(2))
4  # 输出文件读写位置
5  print(file.read(2))
6  file.close()
```

代码 7-7 的运行结果如下。

```
He
2
```

2. seek()方法

seek()方法用于移动文件指针到文件中的新位置，也可以理解为修改文件的读写位置，语法格式如下，其常用参数及说明如表 7-3 所示。

```
file.seek(offset, whence = SEEK_SET)
```

表 7-3　seek()方法常用参数值及说明

参数	说明
offset	相对于 whence 位置的偏移量，即指针位置需要移动的字符数或字节数
whence	可选参数，用于指定文件的读写位置。常见的几种取值如下。 ①SEEK_SET 或 0（默认）：相对文件开头的偏移量，即在开始位置读写 ②SEEK_CUR 或 1：相对当前文件指针位置的偏移量，即在当前位置读写 ③SEEK_END 或 2：相对文件末尾的偏移量，即在末尾位置读写

使用 seek()方法修改文件 writelines_example.txt 的指针位置，如代码 7-8 所示。

代码 7-8　使用 seek()方法修改文件指针（文件读写）位置

```
1  file = open('writelines_example.txt', mode='r', encoding='utf-8')
2  # 从开始位置偏移 5 个字符
3  file.seek(5, 0)
4  print(file.read())
5  file.close()
```

代码 7-8 的运行结果如下。

```
, World!
Welcome to using writelines().
This is the third line.
```

从输出结果可以看出，第一行内容中原有的"Hello"被跳过，说明文件从偏移 5 个字符的位置开始读取。

7.2.5 应用案例 1：文件备份

在日常的计算机使用中，文件备份是一个非常重要的过程，可以防止数据丢失或损坏。无论是个人用户还是企业，都可能需要定期备份重要的文件、文档、数据模块或配置信息。

【分析】

在设计文件备份的程序时，需要考虑以下几个方面。

（1）错误处理和异常捕获：使用 try-except 块来捕获可能的异常。捕获 IOError 来处理文件读写错误，如文件不存在、没有读写权限等。捕获 Exception 来处理其他预期之外的错误，确保所有可能的异常都被妥善地处理。

（2）文件路径处理：考虑使用 os.path 模块或 pathlib 模块来处理文件路径。检查源文件是否存在，若文件不存在，则提前给出提示，避免不必要的异常。

（3）用户反馈：提供明确的用户反馈，如“文件备份成功”和具体的错误信息，这对于用户了解程序状态非常有帮助。

（4）资源管理：使用 with 语句来管理文件对象是非常好的做法，因为它可以自动处理文件的打开和关闭，即使在发生异常时也能保证文件资源被正确释放。

【实现】

（1）指定源文件和目标文件路径。

文件路径的正确设置至关重要，读者应将如代码 7-9 所示的路径替换为当前环境下的文件路径。

代码 7-9　指定文件路径

```
1   # 指定源文件和目标文件路径
2   source_file = r'sy.txt'
3   destination_file = r'sy-bf.txt'
```

（2）读取内容并写入到目标文件。

逐行读取源文件的内容，并写入目标文件，如代码 7-10 所示。

代码 7-10　读取内容并写入目标文件

```
1    # 打开源文件并读取内容，然后写入目标文件
2    try:
3        with open(source_file, 'rb') as src_file:
4            with open(destination_file, 'wb') as dst_file:
5                # 以块的形式读取和写入，适合大文件
6                while True:
7                    buffer = src_file.read(1024 * 1024)  # 读取每次 1MB
8                    if not buffer:
9                        break
```

```
10                  dst_file.write(buffer)
11          print("文件备份成功！")
12      except IOError as e:
13          print(f"文件操作出错：{e}")
14      except Exception as e:
15          print(f"发生错误：{e}")
```

7.3 目录操作

目录，在操作系统中也被称为文件夹，用于分层保存文件。Python 内置的 os 模块和 os.path 模块提供了丰富的函数来处理文件和目录。本节将介绍 Python 中的目录操作，包括创建和删除目录。

7.3.1 创建目录

Python 内置了 os 模块和 os.path 模块用于对目录或文件进行操作。在使用 os 模块时，需要先用 import 语句导入，然后才可以调用它提供的函数，如代码 7-11 所示。

代码 7-11 导入 os 模块

```
import os
```

os 模块及 os.path 模块提供了一些操作目录的函数，如表 7-2 和表 7-3 所示。

表 7-4 os 模块中常用函数

模式	说明
os.getcwd()	获取当前工作路径
os.mkdir(path)	创建目录（创建文件夹）
os.makedirs(path)	有别于 os.mkdir()，makedirts()可创建多级目录
os.listdir(path)	返回 path 路径下的文件名称和文件夹名称的列表
os.walk()	目录树生成器，返回 path 内每层文件夹下路径、文件夹、文件的三元组(root,dirs,files)
os.stat()	返回读取指定文件的相关属性
os.removedirs(path)	从下至上删除多级空文件夹
os.rmdir(path)	删除单级空文件夹
os.remove(path)	删除指定目录下的文件

表 7-5 os.path 模块中常用函数

模式	说明
os.path.isfile(path)	判断对象是否为一个文件以及文件是否有效
os.path.isdir(path)	判断对象是否为一个目录以及目录是否有效
os.path.abspath(path)	获取 path 对象的完整路径（绝对路径）

续表

模式	说明
os.path.dirname(path)	当 path 对象包含文件时，返回文件所在的目录，当 path 对象不包含文件时，只返回其上一层目录
os.path.basename(path)	返回 path 最后的文件名或者文件夹名
os.path.exists()	判断文件/目录是否存在
os.path.splitext()	分离文件名和拓展名

在 os 模块中，mkdir()函数可以用于创建一级目录。一级目录是指定路径中的最后一级目录，若该目录的上一级不存在，则抛出异常。mkdir()函数的语法格式如下。

```
os.mkdir(path)
```

path 用于指定要创建的目录，可以是相对路径，也可以是绝对路径。例如，在 Windows 系统的系统盘（C 盘）中创建一个 new_directory 目录，如代码 7-12 所示。

代码 7-12　使用 mkdir()函数创建目录

```
import os
os.mkdir("C:\\new_directory")
```

执行上面的代码后，将在 C 盘根目录下创建一个 new_directory 目录，如图 7-4 所示。

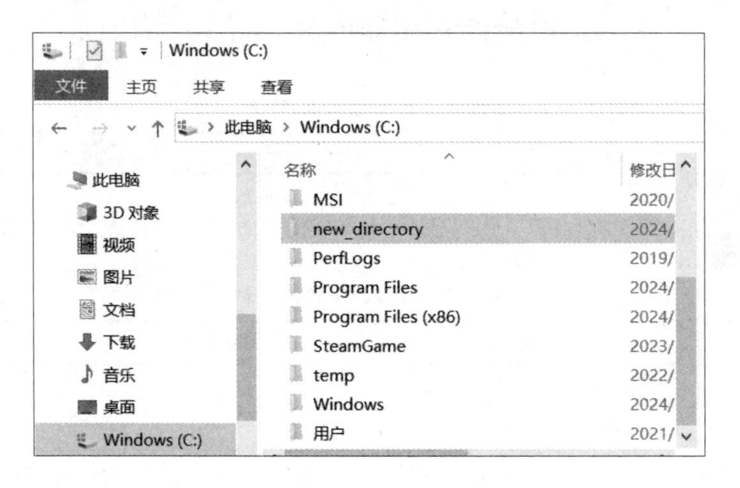

图 7-4　使用 mkdir()函数在 C 盘中创建的 new_directory 目录

7.3.2　删除目录

删除目录可以使用 os 模块提供的 rmdir()函数和 removedirs()函数。rmdir()可以删除空目录，而 removedirs()可以删除空目录及其空父目录，如代码 7-13 所示。

代码 7-13　使用 removedirs()函数删除空目录

```
os.rmdir('empty_directory')
os.removedirs('empty_directory/empty_sub_directory')
```

注意：rmdir()函数只能删除空目录，对于非空目录的删除，可以使用 shutil 模块的 rmtree()函数实现。同样，使用 shutile 模块需要用 import 导入，如代码 7-14 所示。

代码 7-14　使用 rmtree()函数删除非空目录

```
import shutil

shutil.rmtree('non_empty_directory')  # 删除非空目录non_empty_directory及其内容
```

7.4　二维数据的格式化与处理

在实际应用中，要处理二维表格性质的数据，可以使用 csv 文件或 Excel 文件，这两种文件格式可以进行相互转换。

7.4.1　csv 文件的读写

逗号分隔值（Comma-Separated Values，csv）是一种常用的文本格式，用逗号作为分隔符（也可以使用其他字符）存储表格数据。

csv 文件具有以下特点。

（1）纯文本格式，扩展名为.csv。

（2）数据之间使用逗号作为分隔符，列数据为空也要保留逗号。

（3）具有行结构，开头不留空行，行之间没有空行。

将一组二维数据储存进 csv 文件，如代码 7-15 所示。

代码 7-15　将二维数据储存进 csv 文件

```
1   import csv
2
3   data = [
4       ['姓名', '年龄', '岗位'],
5       ['张三', 25, '推销员'],
6       ['李四', 28, '经理'],
7       ['王五', 24, '客服']
8   ]
9   with open('job.csv', 'w', encoding='utf-8', newline='') as file:
10      writer = csv.writer(file)
11      writer.writerows(data)
```

运行代码 7-15，程序会创建 job.csv 文件，并将 data 变量中的二维数据储存进 job.csv 文件，效果如图 7-5、图 7-6 所示。

要从 csv 文件中读取数据，可以使用 csv.reader 对象。在 Python 中读取代码 7-15 创建的 job.csv 文件，如代码 7-16 所示。

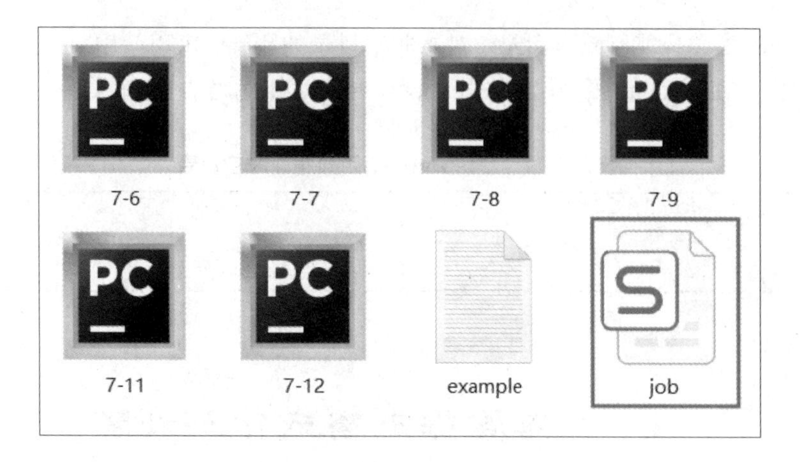

图 7-5　程序创建的 job.csv 文件

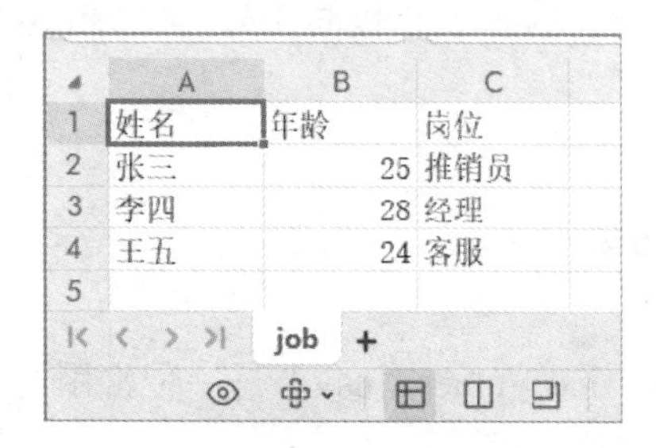

图 7-6　使用表格编辑器打开 job.csv 文件

代码 7-16　读取 csv 文件

```
1   import csv
2
3   # 打开文件，准备读取
4   with open('job.csv', 'r', encoding='utf-8') as file:
5       reader = csv.reader(file)
        # 逐行读取并输出
6       for row in reader:
7           print(row)
```

7.4.2　Excel 文件（XLSX）的读写

Excel 文件是微软开发的用于电子表格的文件格式，非常适合存储和处理二维数据。选择 Excel 文件的优势在于其支持复杂的数据类型和格式化，可以包含多个工作表，适用于组织相关联的多个二维数据集。Python 中可以使用 openpyxl 库对 Excel 文件进行读写，在使用 openpyxl 库之前，需要使用“pip install openpyxl”命令安装。

使用 openpyxl 库可以对工作簿（Workbooks）、工作表（Worksheets）、单元格（Cells）等 Excel 对象进行读取和写入。工作簿（Workbooks）中可以包含多个工作表（Worksheets），而单元格（Cells）用于储存数据对象。openpyxl 库中常用的函数及属性说明如表 7-6 所示。

表 7-6　openpyxl 中常用的函数及属性说明

函数/属性	说明
Workbook()	创建一个新的工作簿对象
openpyxl.load_workbook(filename)	加载一个已存在的工作簿（Excel 文件）
WorkBook.active	获取当前活动的工作表对象
WorkBook.create_sheet(title)	创建一个新的工作表，可以指定工作表标题
WorkBook.save(filename)	将工作簿保存到指定的文件
WorkSheet.title	获取或设置工作表的标题
WorkSheet.append(iterable)	向工作表末尾添加一行数据
WorkSheet['A1']	通过单元格标识符访问特定单元格
WorkSheet.cell(row, column)	通过行号和列号访问或修改单元格
WorkSheet.iter_rows()	遍历工作表中的行，可以结合 values_only=True 参数使用，仅获取单元格的值
WorkSheet.iter_cols()	遍历工作表中的列，用法类似 iter_rows()

创建一个新的 Excel 文件并写入数据，如代码 7-17 所示。

代码 7-17　创建一个新的 Excel 文件并写入数据

```
1   from openpyxl import Workbook
2
3   # 创建一个新的工作簿
4   wb = Workbook()
5
6   # 选中当前活动的工作表
7   ws = wb.active
8   # 修改工作表的标题
9   ws.title = "MySheet"
10  # 向工作表中写入数据
11  ws.append(["ID", "Name", "Grade"])  # 写入标题行
12  ws.append([1, "John", "A"])
13  ws.append([2, "Jane", "B+"])
14  ws.append([3, "Mike", "C-"])
15
16  # 保存工作簿为一个 Excel 文件
17  wb.save("grade.xlsx")
```

运行代码 7-17，程序将创建包含标题行和三行数据的 grade.xlsx 文件，效果如图 7-7 所示。

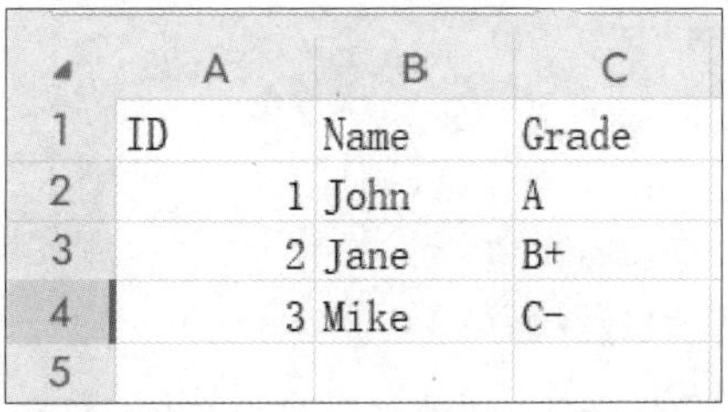

	A	B	C
1	ID	Name	Grade
2	1	John	A
3	2	Jane	B+
4	3	Mike	C-
5			

图 7-7　使用表格编辑器打开 grade.xlsx

从现有的 Excel 文件中读取文件需要执行的步骤如下。

（1）使用 load_workbook()函数加载工作簿。

（2）使用 wb[]获取指定工作表或使用 wb.active.获取当前活动的工作表。

（3）使用 for 循环与 iter_rows()函数遍历所有行。

从现有 Excel 文件 grade.xlsx 中读取数据，如代码 7-18 所示。

代码 7-18 从 grade.xlsx 文件中读取数据

```
1   from openpyxl import Workbook
2
3   # 加载一个现有的工作簿
4   wb = load_workbook(filename="grade.xlsx")
5
6   # 获取一个工作表
7   ws = wb["MySheet"]
8
9   # 遍历工作表中的所有行
10  for row in ws.iter_rows(values_only=True):
11      print(row)
```

代码 7-18 的运行结果如下。

```
('ID', 'Name', 'Grade')
(1, 'John', 'A')
(2, 'Jane', 'B+')
(3, 'Mike', 'C-')
```

在获取了文件中的数据后，可以直接通过单元格的位置或行、列编号对单元格内的数据进行访问和修改，示例如代码 7-19 所示。

代码 7-19 从 grade.xlsx 文件中读取 A1 单元格数据并修改 C2 与 C3 单元格数据

```
1   from openpyxl import Workbook
2
3   # 加载一个现有的工作簿
4   wb = load_workbook(filename="grade.xlsx")
5   # 获取一个工作表
6   ws = wb["MySheet"]
7   # 访问 A1 单元格数据并输出
8   print('A1 单元格值为：', ws["A1"].value)
9   # 使用 ws[]修改 C2 单元格数据
10  ws["C2"] = "B+"
11  # 使用行和列编号修改 C3 单元格数据
12  ws.cell(row=3, column=3, value="A")
13  # 遍历修改数据后工作表中的所有行并输出
14  for row in ws.iter_rows(values_only=True):
15      print(row)
```

代码 7-19 的运行结果如下。

```
A1 单元格值为： ID
('ID', 'Name', 'Grade')
(1, 'John', 'B+')
(2, 'Jane', 'A')
(3, 'Mike', 'C-')
```

7.5 高维数据的格式化与处理

JSON（JavaScript Object Notation）是一种轻量级的数据交换格式，可以对高维数据进行表达和储存，因其具有易于人类阅读和机器解析的特性而成为处理高维数据的优选格式。JSON 利用一套简单的规则来组织数据，规则如下。

（1）数据通过键值对("key":"value")进行组织，键和值都被双引号包裹，形成明确的映射关系。

（2）若干个键值对通过逗号连接，构成数据的线性结构。

（3）使用花括号{}将相关的键值对集合封装成对象，便于表示数据间的嵌套关系和层次结构。

（4）方括号[]将一组数据封装成数组，支持对同类数据的集合管理。

目前，高维数据的格式主要是 JSON、HTML 与 XML。本节将介绍如何使用 JSON 模块对高维数据进行表达、储存及格式化。

7.5.1 JSON 模块概述

Python 标准模块中的 JSON 模块支持 JSON 数据的解析和生成，主要包括两类函数：一是用于数据转换的操作类函数，二是用于内容解析的解析类函数。操作类函数主要负责在 JSON 格式的文本和程序的内部数据结构之间进行互转，而解析类函数则用于处理和解析键值对内容。

7.5.2 JSON 模块解析

JSON 模块提供了将 Python 数据结构转换成 JSON 格式字符串的序列化功能，还提供了将 JSON 格式字符串解析成 Python 数据结构的反序列化功能。dumps()函数和 loads()函数分别对应于序列化和反序列化功能，即编码（encoding）和解码（decoding）功能。通过这两个函数，可以实现 Python 数据结构和 JSON 格式字符串之间的转换。

1. 序列化（编码）

序列化是指将 Python 数据结构转换为 JSON 格式字符串的过程。JSON 模块提供了两个主要的序列化函数：dumps()和 dump()。dumps()函数的语法格式如下，其常用参数及说明如表 7-7 所示。

```
json.dumps(obj, *, skipkeys=False, ensure_ascii=True, check_circular=True,
```

```
allow_nan=True,   cls=None,   indent=None,   separators=None,   default=None,
sort_keys=False, **kw)
```

表 7-7　dump()函数常用参数及说明

参数	说明
obj	待序列化的 Python 数据结构
skipkeys	若为 True，则跳过非 str 键的字典键（默认为 False）
ensure_ascii	若为 True（默认值），则输出保证将所有输入的非 ASCII 字符转义；若为 False，则这些字符将原样输出
indent	指定缩进级别用于美化输出。None（默认）为最紧凑的表示，若传递一个整数则指定每个级别的缩进空格数
separators	用于分隔项的元组，默认为(',',':')。例如，传递(',',':')会使输出更紧凑
default	若设置，则当遇到无法序列化的对象时，将调用此函数
sort_keys	若为 True，则字典的输出将按键排序

dump()函数除了有与 dumps()函数相同的参数，还需要一个文件类对象 fp。该函数将 JSON 数据写入到 fp 指定的文件或文件类对象中。通过 dumps()和 dump()函数，可以将 Python 数据结构转换为 JSON 格式字符串或直接写入文件，如代码 7-20 所示。

代码 7-20　使用 dumps()函数将 Python 数据结构转换为 JSON 格式字符串

```
1   import json
2
3   # 定义一个 Python 字典
4   data = {
5       "name": "John Doe",
6       "age": 30,
7       "is_student": False,
8       "courses": ["Math", "Science"],
9       "address": {
10          "street": "123 Main St",
11          "city": "Anytown"
12      }
13  }
14  # 使用 json.dumps()将字典转换为 JSON 格式字符串
15  json_string = json.dumps(data, indent=4)
16  # 输出生成的 JSON 格式字符串
17  print(json_string)
```

代码 7-20 的运行结果如下。

```
{
    "name": "John Doe",
    "age": 30,
    "is_student": false,
    "courses": [
        "Math",
        "Science"
    ],
    "address": {
        "street": "123 Main St",
        "city": "Anytown"
    }
}
```

2. 反序列化（解码）

反序列化是指将JSON格式字符串转换回Python数据对象的过程。JSON模块提供了两个主要的反序列化函数，分别是loads()函数与load()函数。loads()函数的语法格式如下。

```
json.loads(s, *, cls=None, object_hook=None, parse_float=None, parse_int=None,
parse_constant=None, object_pairs_hook=None, **kw)
```

除了有与loads()函数相同的参数，load()函数还需要一个文件类对象fp。该函数从fp指定的文件或文件类对象中读取JSON数据。通过loads()函数和load()函数，可以将JSON格式字符串或文件内容转换回Python数据结构。序列化与反序列化函数使得Python能够轻松地与JSON进行数据交互，满足现代Web开发和数据交换的需求，如代码7-21所示。

代码7-21　使用loads()函数将JSON格式字符串转换回Python数据结构

```
1   import json
2
3   # 定义一个JSON格式字符串
4   json_string = {
5       "name": "John Doe",
6       "age": 30,
7       "is_student": False,
8       "courses": ["Math", "Science"],
9       "address": {
10          "street": "123 Main St",
11          "city": "Anytown"
12      }
13  }
14  # 使用json.loads()将JSON字符串解析为Python数据结构
15  data = json.loads(json_string)
16  # 输出解析后的Python数据结构
17  print(data)
```

代码7-21的运行结果如下。

```
{
   'name': 'John Doe',
   'age': 30,
   'is_student': False,
   'courses': ['Math', 'Science'],
   'address': {'street': '123 Main St', 'city': 'Anytown'}
}
```

7.5.3　应用案例2：文件保存

通过对不同年龄段居民进行生活城市满意度调查，可以更好地了解城市居民的需求，从而帮助城市规划者和政策制定者改善城市环境和服务。为了更好地分析数据，并与其他部门共享结果，需要将收集到的数据保存为一个csv文件，以便后续在各种数据分析软件中使用。

【分析】

在设计文件保存程序时，要考虑以下几个方面。

（1）文件操作和异常处理：使用 with 语句自动管理文件资源，通过 try-except 块捕获可能出现的 IOError 或 OSError，以处理文件打开、写入失败等情况。

（2）数据编码：打开文件时，要特别注意 encodings 参数，避免编码问题导致的错误。

（3）csv 格式和分隔符：默认情况下，csv.writer 使用逗号作为分隔符，如果需要其他分隔符，那么可以在创建 writer 时通过 delimeter 参数指定。

（4）文件路径和安全：考虑文件路径是否为用户输入，避免路径遍历攻击等安全问题。使用 os.path 安全地构造文件路径。

（5）模块导入：确保代码开始部分正确导入了所有必要的模块，如 csv 模块。

【实现】

（1）定义数据。

本实例背景是不同年龄段人群对生活城市的满意度调查，将调查得到的部分数据填入，如代码 7-22 所示。

代码 7-22　定义数据

```
1    import csv
2
3    # 定义数据，包括列名和行数据
4    column_names = ['姓名', '年龄', '所在生活城市', '满意地（百分制）']
5    data = [
6        ['赵一', 15, '北京', '95'],
7        ['孙二', 20, '成都', '98'],
8        ['钱三', 24, '重庆', '51'],
9        ['苏四', 37, '重庆', '81'],
10       ['张三', 58, '广州', '91'],
11       ['李三', 72, '东莞', '60'],
12       ['赵六', 23, '合肥', '81'],
13       ['唐三', 41, '南京', '88'],
14       ['孙三', 22, '福州', '99'],
15       ['李四', 59, '长沙', '88']
16   ]
```

（2）使用 csv 模块写入数据。

在指定写入的文件名后，写入数据并保存为 csv 文件，如代码 7-23 所示。

代码 7-23　写入数据并保存

```
1   # 指定要写入的文件名
2   filename = 'research.csv'
3   # 使用 csv 模块写入数据
4   with open(filename, mode='w', newline='') as file:
5       writer = csv.writer(file)
6   writer.writerow(column_names)  # 写入列名
7   writer.writerows(data)  # 写入数据
8   print(f'数据已保存为{filename}')
```

7.6 上机实践：计算 csv 文件中的数据平均值

1. 实验目的

（1）熟练使用 os 模块的 os.path.exists 方法，检查文件是否存在。

（2）熟练使用 csv 模块的 reader 和 writer 对象，用于读取和写入 csv 文件。

（3）熟练使用 Python 文件操作的 open()函数。

2. 实验要求

编写一个小程序，计算文件中数据的平均值，并保存为 csv 文件，具体要求如下。

（1）使用 os.path.exists(file_path)来检查指定路径的文件是否存在。

（2）通过 open(file_path, newline='', encoding='utf-8')打开文件。

（3）使用 csv.reader(csvfile)读取 csv 文件内容。

（4）初始化一个列表 sum_cols 来存储每列的总和，并使用 num_rows 来记录处理的数据行数。

（5）计算平均值。在处理完所有数据行后，用总和除以行数来得到每列的平均值。

（6）使用 open(output_path, 'w', newline='', encoding='utf-8')将包含新添加的平均值行的完整数据写入一个新文件或覆盖原文件。

3. 运行效果示例

文件不能正确打开，如图 7-8 所示。

```
文件不存在，请检查文件路径

Process finished with exit code 0
```

图 7-8　文件不能正确打开时

文件能够正确打开，并且成功统计了数据的平均值，如图 7-9 所示。

```
平均值已计算并添加到文件的最后一行: air.csv

Process finished with exit code 0
```

图 7-9　成功统计数据的平均值

4. 程序模板

请按模板要求，将【代码】替换为 Python 代码。

```
1   # 导入 random、os 模块
2   import os
3   import csv
```

```
4
5   # 确定文件路径
6   file_path = r'air.csv'  # 设置要读取的文件的路径
7   output_path = r'air.csv'  # 设置输出文件的路径，此处为同一个文件
8
9   # 检查文件是否存在
10  if ________【代码 1】________:
11          # 打开文件并计算每列的平均值，指定编码为 utf-8
12          with open(________【代码 2】________) as csvfile:
13              reader = ________【代码 3】________  # 读取 csv 文件
14              sum_cols = []  # 初始化一个列表，用于存储每列的总和
15              num_rows = 0  # 初始化一个计数器，用于计数行数
16              first_row = True  # 标记是否是第一行（标题行）
17              for row in reader:  # 遍历文件的每一行
18              if first_row:  # 若是第一行（标题行），则跳过
19                  first_row = False
20                  continue
21              if not sum_cols:
22                  sum_cols = [0] * (len(row) - 1)  # 初始化 sum_cols 为零列表，长
度为列数减一
23              for i in range(1, len(row)):  # 遍历除第一列外的每一列
24                  sum_cols[i-1] += float(row[i])  # 累加当前列的值
25              ________【代码 4】________  # 行数加一
26          ________【代码 5】________  # 计算每列的平均值
27
28              # 重新打开文件，读取所有行数据，然后添加平均值行，指定编码为 utf-8
29              with open(file_path, newline='', encoding='utf-8') as csvfile:
# 再次打开文件，读取所有数据
30                  data = list(csv.reader(csvfile))  # 将 csv 文件的所有数据读取到
data 列表中
31              data.append([''] + averages)  # 在 data 的末尾添加一行，第一列为空，其
余列为平均值
32
33              # 将包含平均值的数据写回文件，指定编码为 utf-8
34              with open(________【代码 6】________) as outfile:  # 打开文件准备写入
35                  writer = ________【代码 7】________  # 写入 csv 文件
36                  writer.writerows(data)  # 将 data 中的数据写入 csv 文件
37
38              print("平均值已计算并添加到文件的最后一行:", output_path)  # 输出结果信息
39      else:
40              print("文件不存在，请检查文件路径")  # 若文件不存在，则输出错误信息
```

5. 实验指导

（1）导入必要的模块：导入 os 模块以访问操作系统功能，如文件路径存在性检查。导入 csv 模块以读取和写入 csv 文件。

（2）设置文件路径：定义源文件路径 file_path 和输出文件路径 output_path。这两个路径可

以是相同的，表示更新原文件。

（3）检查文件是否存在：使用 os.path.exists()函数检查源文件是否存在。若文件不存在，则输出错误信息并结束程序。

（4）读取 csv 文件并计算平均值：使用 csv.reader 打开并读 CS 文件。初始化变量来存储列总和和行数。遍历 csv 文件的每一行，从第二列开始累加数值到列总和。对每一列求平均值，忽略第一列。

（5）读取完整的 csv 数据：再次打开同一个 csv 文件，读取所有数据，包括标题行。

（6）添加平均值到数据列表末尾：在数据列表末尾添加一个新行，该行第一列为空或特定标记（如平均值），其余列为各列的平均值。

（7）写入结果到 csv 文件：使用 csv.writer 打开输出文件路径，将包含平均值的完整数据写回 csv 文件，确保写入时使用相同的编码。

（8）输出结果提示：输出一个提示信息，说明平均值已被计算并添加到文件的最后一行。

6. 实验后的练习

（1）修改脚本，计算每列的最小值、最大值和标准差。将这些统计数据追加在 csv 文件的末尾，每个指标一行。

（2）在进行统计计算之前，检查并处理缺失值。若一列中的数据是空字符串，则将其替换为该列的平均值（不考虑此空值）。

小结

本章深入浅出地介绍了文件处理的核心知识与技巧，涵盖了文件的读写操作、目录管理以及高维数据的格式化与处理。通过学习，读者能够掌握如何有效地处理各种类型的文件，包括文本文件、csv 文件等，并能够在文件系统中创建、查询和修改目录结构。最后通过应用案例，展示了文件处理技术的实际应用。

习题

1. 选择题

（1）在 Python 中，以下哪个模式是用于打开一个文件并进行追加写入的？（　　）

A. 'r'　　B. 'w'　　C. 'a'　　D. 'rb'

（2）使用 open()函数打开一个文件后，不调用 close()方法关闭文件，可能会导致什么后果？（　　）

A. 文件内容丢失　　B. 程序崩溃

C. 资源泄露　　D. 文件自动关闭

（3）以下哪个函数不是 Python 中用于目录操作的函数？（　　）

A. os.listdir()　　B. os.getcwd()

C. os.mkdir()　　D. os.read()

（4）在 Python 中，想要创建一个新的空文件并写入一些文本，应该使用哪种模式打开文件？（　　）

A. 'r'　　B. 'w'　　C. 'a'　　D. 'r+'

（5）当使用 os.listdir()函数时，返回的列表中的元素是什么？（　　）

A. 文件和目录的路径　　B. 文件和目录的名称

C. 文件和目录的修改时间　　D. 文件和目录的大小

（6）以下哪个方法可用于删除文件？（　　）

A. os.remove()　　B. os.rmdir()

C. os.listdir()　　D. os.getcwd()

（7）一维数据通常可以存储在 Python 的哪种数据结构中？（　　）

A. 列表（List）　　B. 字典（Dictionary）

C. 集合（Set）　　D. 字符串（String）

（8）当使用 with 语句打开一个文件时，不需要显式地调用哪个方法？（　　）

A. open()　　B. read()　　C. write()　　D. close()

2. 简答题

（1）简述在 Python 中打开文件的基本步骤，并解释为什么在使用完文件后需要关闭它。

（2）列出 Python 中用于目录操作的三个常用函数，并简要描述它们的功能。

（3）当使用 open()函数打开一个文件时，如果不指定访问模式，那么 Python 会默认使用哪种模式？请解释这种模式的含义。

（4）简述常用的二维数据储存格式及其特点，并给出每种格式的一个应用场景。

3. 编程题

请编写一个 Python 程序，实现如下要求。

（1）在当前工作目录下创建一个名为 daily_logs 的新文件夹。

（2）在 daily_logs 文件夹中创建一个名为 today.txt 的文件。

（3）将今天的日期写入 today.txt 文件中，写入结束后在控制台输出“已成功写入今日日期”。

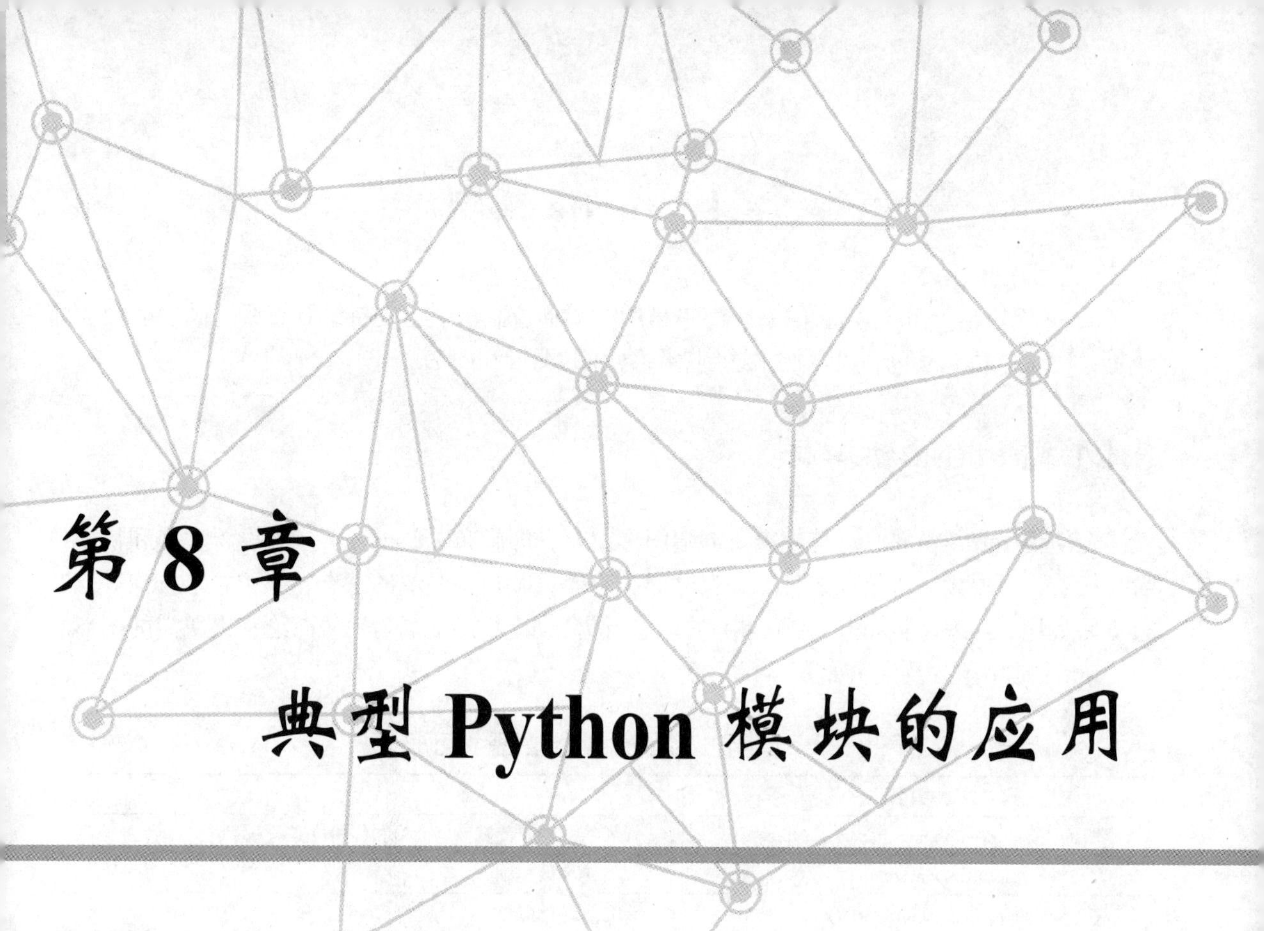

第8章 典型Python模块的应用

Python为用户提供了许多强大的模块和工具，极大地简化了编程任务，使得用户能够以更高效的方式解决问题。本章将介绍Python中几个关键且应用广泛的库和模块，包括turtle、jieba、wordcloud、NumPy以及Matplotlib。

学习目标

（1）掌握使用turtle模块进行绘图的基本方法。

（2）掌握使用jieba库进行中文分词的基本方法。

（3）掌握使用wordcloud模块生成词云图的基本方法。

（4）掌握使用NumPy库进行矩阵运算的基本方法。

（5）掌握使用Matplotlib库进行绘图的基本方法。

8.1 turtle 模块

turtle 模块是 Python 内置的一个简单易用的图形绘制模块，支持绘制直线、圆、椭圆、曲线等，还支持填充颜色，可以用来绘制各种各样的图形和图案。

8.1.1 turtle 模块解析

在使用 turtle 模块时，首先需要创建图形窗口，即画布（Canvas），并设置大小和初始位置。接着，可以设置画笔的属性，如尺寸、颜色等，并控制画笔的状态，如位置、方向等。通过编写程序，可以控制 turtle 在画布上的动态行为，如移动、旋转等，从而绘制出所需的图形。

turtle 常用函数及说明如表 8-1 所示。

表 8-1　turtle 模块常用函数及说明

函数名	说明
turtle.setup(width, height, startx, starty)	设置绘图窗口的宽度、高度和起始位置
turtle.pensize(size)	设置画笔的粗细
turtle.pencolor(color)	设置画笔的颜色
turtle.goto(x, y)	将画笔移动到指定的坐标位置
turtle.setheading(angle)	设置画笔的方向为指定的角度
turtle.forward(distance)	向前移动指定的距离
turtle.backward(distance)	向后移动指定的距离
turtle.right(angle)	顺时针旋转指定的角度
turtle.left(angle)	逆时针旋转指定的角度
turtle.circle(radius, extent)	绘制一个圆或圆弧，指定半径和绘制的角度范围
turtle.begin_fill()	开始填充图形
turtle.end_fill()	结束填充图形
turtle.clear()	清除绘图窗口中的所有内容
turtle.reset()	将画笔重置为初始状态，并清除绘图窗口
turtle.done()	等待用户关闭绘图窗口

使用 turtle 模块的基本功能来绘制一个简单图形，如代码 8-1 所示。

代码 8-1　turtle 模块绘制图形

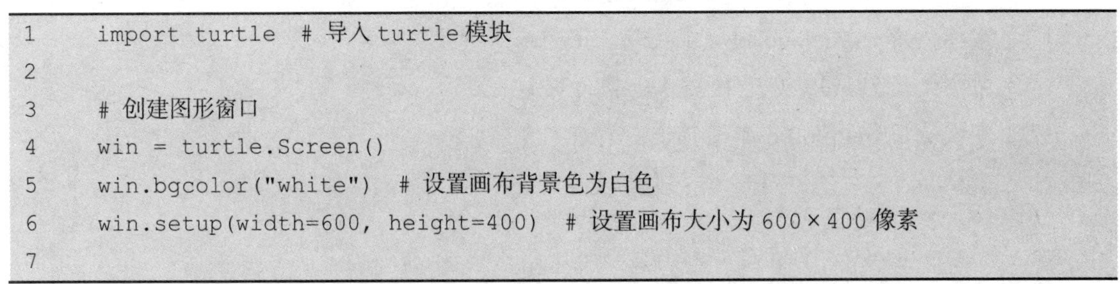

```
1    import turtle  # 导入 turtle 模块
2
3    # 创建图形窗口
4    win = turtle.Screen()
5    win.bgcolor("white")  # 设置画布背景色为白色
6    win.setup(width=600, height=400)  # 设置画布大小为 600×400 像素
7
```

```
8     # 创建画笔
9     pen = turtle.Turtle()
10    pen.speed(1)  # 设置画笔速度为 1（最慢）
11    pen.color("black")  # 设置画笔颜色为黑色
12    pen.pensize(2)  # 设置画笔粗细为 2
13
14    # 控制 turtle 移动，绘制图形
15    for _ in range(2):  # 绘制一个正方形
16        pen.forward(100)  # turtle 向前移动 100 个单位
17        pen.right(90)  # turtle 向右转 90 度
18
19    # 绘制一个圆形
20    pen.penup()  # 提起画笔，移动 turtle 时不绘制
21    pen.goto(0, -50)  # 将 turtle 移动到新的起始位置(0, -50)
22    pen.pendown()  # 放下画笔，开始绘制
23    pen.circle(50)  # 绘制一个半径为 50 的圆
24
25    # 隐藏画笔
26    pen.hideturtle()
27
28    # 等待用户关闭窗口
29    turtle.done()
```

在编辑器中输入代码 8-1 并运行后，会弹出一张图形窗口，绘制过程及绘制完成的图片如图 8-1 及图 8-2 所示。

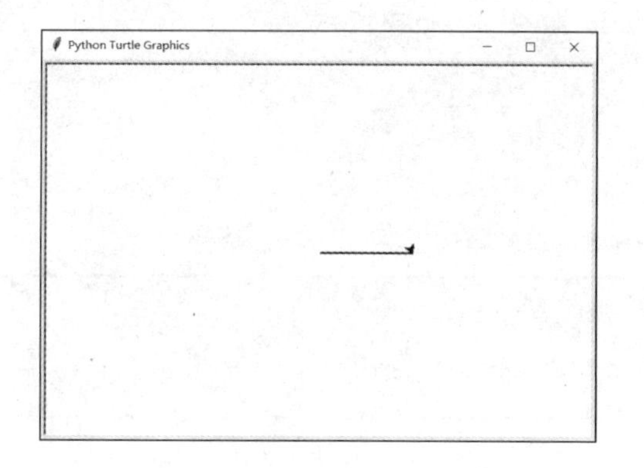

图 8-1　绘制过程

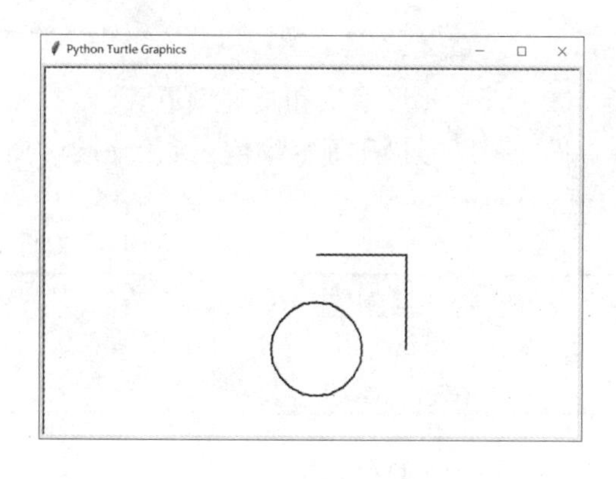

图 8-2　绘制完成的图片

8.1.2　应用案例 1：物体的自由落体运动

自由落体运动是经典的物理实验，研究的是物体在无外力的情况下受重力影响的自由下落。实验探索自由落体的基本特性，通过模拟自由落体，观察物体的运动轨迹、速度和加速度，验证物理学理论和公式，有助于深化对运动学概念和物体受力行为的理解，为物理学研究和应用提供重要基础。物体的自由落体运动如图 8-3 所示。

图 8-3　物体的自由落体运动

【分析】

绘制物体的自由落体运动轨迹，需要考虑以下几个方面。

（1）导入和创建：导入 turtle 模块，利用 screen 函数创建画布，利用 turtle 函数创建画笔，以便进行图形绘制和操作。

（2）设置画笔属性：使用 shape()函数设置图形形状，color()函数设置画笔颜色，使用 penup()函数将画笔抬起，使画笔在移动时不绘制轨迹。

（3）模拟物体运动：使用 goto()函数将画笔移动到指定初始位置，定义物体速度和加速度。使用 while 循环持续更新物体的速度和位置。遍历循环，判断物体是否触碰地面，并进行相应的反弹处理。

【实现】

（1）导入和创建。

导入 turtle 模块，创建画布和画笔，如代码 8-2 所示。

代码 8-2　创建画布和画笔

```
1    import turtle
2    wn = turtle.Screen()  # 创建画布
3    wn.bgcolor("white")  # 设置画布背景颜色为白色
4    ball = turtle.Turtle()  # 创建画笔
```

（2）设置图形形状和画笔颜色。

设置图形形状和画笔颜色，如代码 8-3 所示。

代码 8-3　设置图形形状和画笔颜色

```
1    ball.shape("circle")  # 设置圆形形状
2    ball.color("red")  # 设置画笔为红色
3    ball.penup()
```

（3）模拟物体运动。

创建地面，设置物体的初始位置、速度和加速度，如代码 8-4 所示。

代码 8-4　创建地面

```
1    # 创建地面
2    ground = turtle.Turtle()
3    ground.penup()  # 抬起画笔
4    ground.goto(-300, -200)  # 设置初始位置
5    ground.pendown()  # 落下画笔
```

```
6    ground.goto(300, -200)
7    # 设置物体的初始位置、速度和加速度
8    ball.goto(0, 200)  # 物体的初始位置
9    ball_speed = 0  # 初始速度为0
10   ball_acceleration = -0.1  # 加速度为常数值，表示向下的重力加速度
```

使用 while 循环，模拟物体运动，如代码 8-5 所示。

代码 8-5 模拟物体运动

```
1    # 模拟物体运动
2    while True:
3        ball_speed += ball_acceleration  # 更新速度
4        ball.sety(ball.ycor() + ball_speed)  # 更新物体的纵坐标位置
5        # 判断物体是否触碰地面
6        if ball.ycor() < -190:
7            ball_speed *= -0.9  # 反弹时速度逆向并衰减
8            ball.sety(-190)  # 将物体位置限制在地面上
9            if abs(ball_speed) < 0.5:  # 当速度小于一定值时，停止反弹
10               break
```

（4）关闭绘图窗口。

关闭绘图窗口，如代码 8-6 所示。

代码 8-6 关闭绘图窗口

```
1    # 关闭绘图窗口
2    turtle.done()
```

8.2 jieba 库

jieba 是 Python 中一个重要的第三方中文分词库，导入 jieba 库之前需要通过“pip install jieba”命令进行安装。

jieba 提供了精确模式、全模式和搜索引擎模式三种分词模式。精确模式能够精确地切分文本，避免冗余单词，适用于文本分析；全模式会扫描文本中所有可能的词语，速度非常快，但可能会产生冗余；搜索引擎模式可以在精确模式的基础上对长词进行再次切分。

8.2.1 jieba 库解析

jieba 库主要提供中文分词功能，同时可以自定义词典，jieba 库的常用函数及说明如表 8-2 所示。

表 8-2　jieba 库常用函数及说明

函数名	说明
jieba.cut(s)	用于对文本进行分词，返回一个可迭代的数据类型，默认为精确模式
jieba.cut(s, cut_all = True)	使用全模式对文本进行分词，输出文本中所有可能的单词，返回一个可迭代的数据类型
jieba.cut_for_search(s)	用于搜索引擎构建索引的分词，基于 jieba.cut 的精确模式分词，对长词再次切分，提高召回率
jieba.lcut(s)	直接返回列表类型的精确模式分词结果，建议使用
jieba.lcut(s, cut_all = True)	直接返回列表类型的全模式分词结果，建议使用
jieba.lcut_for_search	直接返回列表类型的搜索引擎模式分词结果，建议使用
Iieba.add_word(w)	向分词词典中添加新词

使用 jieba 库的三种模式对同一个句子进行切分，如代码 8-7 所示。

代码 8-7　使用 jieba 库的三种模式对同一个句子进行切分

```
1    import jieba  # 导入jieba
2
3    # 使用精确模式进行切分
4    cut_1 = jieba.lcut("传承红色基因弘扬爱国精神,祝愿中华人民共和国繁荣昌盛国泰民安")
5    print("精确模式切分: ", cut_1)
6
7    # 使用全模式进行切分
8    cut_2 = jieba.lcut("传承红色基因弘扬爱国精神,祝愿中华人民共和国繁荣昌盛国泰民安",
     cut_all=True)
9    print("全模式切分: ", cut_2)
10
11   # 使用搜索引擎模式进行切分
12   cut_3 = jieba.lcut_for_search("传承红色基因弘扬爱国精神,祝愿中华人民共和国繁荣昌
     盛国泰民安")
13   print("搜索引擎切分: ", cut_3)
```

代码 8-7 的运行结果如下。

```
精确模式切分: ['传承', '红色', '基因', '弘扬', '爱国精神', ',', '祝愿', '中华人民共和
国', '繁荣昌盛', '国泰民安']
全模式切分: ['传承', '红色', '基因', '弘扬', '爱国', '爱国精神', '精神', ',', '祝愿',
'中华', '中华人民', '中华人民共和国', '华人', '人民', '人民共和国', '共和', '共和国', '
繁荣', '繁荣昌盛', '荣昌', '昌盛', '国泰', '国泰民安', '民安']
搜索引擎切分: ['传承', '红色', '基因', '弘扬', '爱国', '精神', '爱国精神', ',', '祝愿
', '中华', '华人', '人民', '共和', '共和国', '中华人民共和国', '繁荣', '荣昌', '昌盛',
'繁荣昌盛', '国泰', '民安', '国泰民安']
```

从代码 8-7 的运行结果中可以看出，使用精确模式的输出结果不存在冗余数据，而全模式会将存在可能的词语全部切分出来，存在冗余数据，搜索引擎模式则在精确模式的基础上，对长词（如“中华人民共和国”）再次进行切分，以提高召回率。

一般情况下，jieba 库能够以较高概率识别中文文本中的词组。对于无法被识别的词组（通常来说，昵称、新出现的事物及网络热词会存在无法被识别的情况），也可以通过 add_word() 函数向分词库中添加，如代码 8-8 所示。

代码 8-8　向分词库中添加新词并进行切分

```
1     import jieba  # 导入jieba
2
3     # 使用精确模式进行切分
4     cut = jieba.lcut("文心一言是百度全新一代知识增强大语言模型")
5     print("精确模式切分：", cut)
6
7     # 使用add_word()函数向分词库添加自定义新词"文心一言"及"大语言模型"
8     jieba.add_word("文心一言")
9     jieba.add_word("大语言模型")
10
11    # 添加新词后再次进行切分
12    cut_new = jieba.lcut("文心一言是百度全新一代知识增强大语言模型")
13    print("添加新词后进行切分：", cut_new)
```

代码 8-8 的运行结果如下。

```
精确模式切分： ['文心', '一言', '是', '百度', '全新', '一代', '知识', '增强', '大', '语言', '模型']
添加新词后进行切分： ['文心一言', '是', '百度', '全新', '一代', '知识', '增强', '大语言模型']
```

8.2.2　应用案例 2：文本词频统计

《三国演义》这部古代文学巨著涉及了众多的人物，每个人物在故事中的出场次数承载着重要的含义。人物的出场次数可以反映出该人物在情节中的重要性和影响力，为了更深入地理解和分析人物在故事中的地位，借助 jieba 库对《三国演义》的出场人物进行词频统计，统计结果如下。

```
曹操        1429
孔明        1372
刘备        1224
关羽         779
张飞         349
吕布         300
孙权         264
赵云         256
司马懿        221
周瑜         217
袁绍         190
马超         185
魏延         177
黄忠         168
姜维         151
```

【分析】

《三国演义》出场人物的词频统计需要考虑以下几个方面。

（1）jieba 切分：使用 jieba 库的 lcut 函数对文本进行精确切分。

（2）词语处理：由于人物在文本中可能拥有多个或不同的称呼方式，因此，为了确保人物出场次数统计的准确性，利用条件判断对词语进行统一处理。

（3）统计与排序：创建字典用于记录各个词语出现的次数。将字典转换为包含元组的列表，利用 sort()函数对列表按照词语出现次数进行降序排序。

【实现】

（1）jieba 切分。

创建字典存放非人物词语，对文本进行精确切分，如代码 8-9 所示。

代码 8-9 jieba 分词

```
1    import jieba
2    # 创建字典存放非人物词语
3    excludes = {"将军", "却说", "荆州", "二人", "不可", "不能", "如此", "商议", "
     如何", "主公",
4               "军士", "左右", "军马", "引兵", "次日", "大喜", "天下", "东吴", "于是
     ", "今日",
5               "不敢", "魏兵", "陛下", "一人", "都督", "人马", "不知", "汉中", "众将
     ", "只见",
6               "后主", "蜀兵", "大叫", "上马", "此人", "先主", "太守", "天子", "后人
     ", "背后",
7               "城中", "一面", "何不", "忽报", "大军", "先生", "何故", "然后", "先锋
     ", "夫人", "不如"}
8    txt = open("《三国演义》.txt", "r", encoding='utf-8').read()  # 读取文本
9    words = jieba.lcut(txt)  # 使用jieba库对文本进行精确切分
```

（2）词语处理。

利用条件判断对词语进行统一处理，如代码 8-10 所示。

代码 8-10 词语处理

```
1    counts = {}  # 创建字典保存人物出场次数
2    for word in words:
3       if len(word) == 1:  # 词长度为1的情况继续下一个词
4         continue
5       # 修改文本中出现的人物名字，一个人物可能有多个别称
6       elif word == "诸葛亮" or word == "孔明曰":
7         rword = "孔明"
8       elif word == "关公" or word == "云长":
9         rword = "关羽"
10      elif word == "玄德" or word == "玄德曰":
11        rword = "刘备"
12      elif word == "孟德" or word == "丞相":
13        rword = "曹操"
14      else:
15        rword = word
```

（3）统计与排序。

统计各个词语出现的次数，如代码 8-11 所示。

代码 8-11　统计各个词语出现的次数

```
1    # 将 rword 添加到字典中，若不在字典中则返回 0，若在字典中则在原值上加 1
2    counts[rword] = counts.get(rword, 0) + 1
```

遍历存放非人物词语的字典，将其在 word 中删除，如代码 8-12 所示。

代码 8-12　删除非人物词语

```
1    # 遍历存放非人物词语的字典，将其在 word 中删除
2    for word in excludes:
3    del (counts[word])
```

将字典转换为列表，进行降序排序，如代码 8-13 所示。

代码 8-13　按出场次数降序排序

```
1    items = list(counts.items())  # 将字典的元素和对应的值转换为存放元组的列表
2    items.sort(key=lambda x: x[1], reverse=True)  # 按出场次数降序排序
```

（4）输出。

输出出场次数最多的前 15 名人物，如代码 8-14 所示。

代码 8-14　输出出场次数最多的前 15 名人物

```
1    for i in range(15):  # 出场次数最多的前 15 名人物
2    word, count = items[i]
3    print("{0:<10}{1:>5}".format(word, count))
```

8.3　wordcloud 模块

wordcloud 模块是一个用于生成词云图的 Python 模块，它能够将文本中的词语按照频率或重要性转化为视觉上吸引人的图像。通过这种方式，wordcloud 能够直观地展现文本数据的主题和趋势，使得数据的分析和呈现更加生动、有趣。导入 wordcloud 模块之前需要通过“pip install wordcloud”命令进行安装。

8.3.1　wordcloud 模块解析

在导入 wordcloud 模块之后，首先需要生成一个 wordcloud 对象，具体命令如代码 8-15 所示。

代码 8-15　使用 WordCloud()函数生成 wordcloud 对象

```
w = wordcloud.WordCloud()
```

在代码 8-15 中，WordCloud()函数用于生成一个 wordcloud 对象，后续对词云的一系列操作都将建立在这个对象的基础上。该对象接受多个参数来定义词云的属性，以便更好地生成符合开发者需要的词云文件，WordCloud()函数的常用参数及说明如表 8-3 所示。

表 8-3　WordCloud()函数的常用参数及说明

函数名	说明
width	指定生成词云图的宽度，默认为 400 像素
height	指定生成词云图的高度，默认为 200 像素
min_font_size	指定词云字体中的最小字号，默认为 4 号
max_font_size	指定词云字体中的最大字号，默认根据词云图的高度自动调节
font_step	指定词云字体字号之间的间隔，默认为 1
font_path	指定字体文件的路径
max_words	指定词云显示的最大单词数量，默认为 200
stop_words	指定词云的排除词列表，列入排除词列表中的单词不会被词云显示
mask	指定生成词云图的形状，如果需要非默认形状，需要使用 imread()函数引用图片
background_color	指定词云图的背景颜色，默认为黑色

在创建了 WordCloud 对象后，想要生成一张词云图，有两个重要的步骤：第一，从给定文本中获取信息以生成词云；第二，将生成的词云保存到文件中或转换为指定对象。表 8-4 中列举了用于完成这两个步骤的常用函数及说明。

表 8-4　生成词云图的常用函数及说明

函数名	说明
WordCloud()	创建一个 wordcloud 对象，可接受多个参数来自定义词云的样式
generate(text)	从给定文本中生成词云，文本可以是字符串形式的长文本
generate_from_frequencies(frequencies)	从词频字典生成词云：字典的键为词语，值为对应的频率
to_file(filename)	将生成的词云保存到一个文件中，支持 PNG、JPEG、SVG 等格式
to_image()	将生成的词云转换为 PIL 图像对象
to_array()	将生成的词云转换为 NumPy 数组，便于与其他 Python 图像库一起使用
add_stop_words(words)	向词云中添加停用词，这些词将不会出现在生成的词云中

8.3.2　应用案例 3：绘制《三国演义》出场人物词云图

为了能够直观地展示《三国演义》中人物的活跃度，对《三国演义》中的出场人物绘制词云图，通过词云图中不同人物名字的大小，可以快速查看人物的重要程度。《三国演义》出场人物词云图如图 8-4 所示。

图 8-4 《三国演义》出场人物词云图

【分析】

绘制《三国演义》出场人物词云图需要考虑以下几个方面。

（1）数据准备和处理：将现有列表合并为字典，用于存储《三国演义》人物名称和对应的出现次数。

（2）词云图生成：创建 wordcloud 对象，设置相关参数（如字体、背景颜色、宽度、高度）来定制词云图样式。使用 generate_from_frequencies()根据人物的词频生成词云图。

（3）词云图显示：使用 to_image()将词云图转换为图像，并将其显示出来。

【实现】

（1）数据准备和处理。

创建字典存储《三国演义》人物名称和对应的出现次数，如代码 8-16 所示。

代码 8-16　创建字典存储《三国演义》人物名称和对应的出现次数

```
1    from wordcloud import WordCloud
2    # 经过词频统计后的人物名称和出现次数
3    characters = ['曹操', '孔明', '刘备', '关羽', '张飞', '吕布', '孙权', '赵云',
4                  '司马懿', '周瑜','袁绍', '马超', '魏延', '黄忠', '姜维']
5    count = [1429, 1372, 1224, 779, 349, 300, 264, 256, 221, 217, 190, 185, 177,
     168, 151]
6    # 构建人物名称和出现次数的字典
7    character_count = dict(zip(characters, count))
```

（2）词云图生成。

创建词云对象，设置相关参数定制词云图样式，生成词云图，如代码 8-17 所示。

代码 8-17　生成词云图

```
1    # 创建词云对象
2    wordcloud = WordCloud(font_path='simhei.ttf',  # 指定字体文件的路径
3                          background_color='white',  # 指定词云图的背景颜色
4                          width=1000,  # 指定词云对象生成图的宽度
5                          height=800)  # 指定词云对象生成图的高度
6    # 生成词云图
7    wordcloud.generate_from_frequencies(character_count)
```

（3）词云图显示

使用 to_image()方法将词云图转换为图像，并将图像显示出来，如代码 8-18 所示。

代码 8-18　显示词云图

```
1    # 将词云图转换为图像
2    image = wordcloud.to_image()
3    # 显示词云图
4    image.show()
```

8.4 NumPy 库

NumPy 库是开源的高性能科学计算和数据分析的扩展库，能够存储和处理高维数组，进行矩阵运算。此外，针对数组运算，NumPy 库还提供了大量的数学函数。导入 NumPy 库之前需要通过“pip install numpy”命令进行安装。

8.4.1 NumPy 库解析

NumPy 库的常用功能包括创建数组、查看属性、数组索引与切片、数组运算等。

1. 创建数组

NumPy 库提供了多种函数用于创建数组，如表 8-5 所示。

表 8-5　NumPy 库的常用数组创建函数及说明

函数名	说明
numpy.array()	根据给定的对象（列表、元组等）创建一个新的数组
numpy.zeros()	创建一个指定形状（维度）的新数组，数组中的所有元素初始化为 0
numpy.ones()	创建一个指定形状的新数组，数组中的所有元素初始化为 1
numpy.empty()	创建一个指定形状的新数组，数组的初始化内容是内存中的随机值
numpy.arange()	返回一个由等差数列构成的数组，类似于 Python 的 range 函数
numpy.linspace()	创建一个一维数组，数组由指定区间内均匀间隔的数字组成
numpy.logspace()	创建一个等比数列数组
numpy.random.rand()	创建一个给定形状的数组，其元素随机采样自[0, 1)的均匀分布
numpy.random.randint()	创建一个给定形状的数组，其元素随机采样自给定的整数[low, high)区间

下面介绍最常用的两种数组创建函数 array()与 arrange()。

（1）array()函数。

array()函数是 NumPy 库中创建数组的基本函数，其语法格式如下。

```
numpy.array(object, dtype=None)
```

其中，object 表示序列，如列表、元组等，序列的维度决定了数组的维度；dtype 表示数组元素的数据类型，如果设置了数据类型，则序列中元素的数据类型会自动转换为 dtype 类型，默认为传入序列的数据类型。值得注意的是，当序列中包含字符时，dtype 只能默认为字符型，或设置为字符型，不能设置为其他数据类型，如代码 8-19 所示。

代码 8-19　使用 array()函数创建一维数组和二维数组

```
1    import numpy as np  # 导入 NumPy 库
2
3    # 使用列表创建一维数组
4    array1 = np.array([1, 2, 3])
5    print('一维数组 array1: \n', array1)
6
7    # 使用元组创建一维数组，并设置数据类型为 int32
8    array2 = np.array((4.4, 5.5, 6.6), dtype='int32')
9    print('一维数组 array2: \n', array2)
10
11   # 使用二维列表创建二维数组，并设置数据类型为 float32
12   array3 = np.array([[1, 2, 3], [4, 5, 6]], dtype='float32')
13   print(' 2×3 的二维数组 array3: \n', array3)
```

代码 8-19 的运行结果如下。

```
一维数组 array1:
 [1 2 3]
一维数组 array2:
 [4 5 6]
 2×3 的二维数组 array3:
 [[1. 2. 3.]
 [4. 5. 6.]]
```

从代码 8-19 的运行结果中不难观察到，NumPy 库通过使用方括号并以空格作为元素分隔符来定义数组。当使用列表创建一维数组 array1 时，由于未指定 dtype，array1 自动匹配了提供的列表中元素的数据类型。在创建 array2 时，尽管提供的是浮点数类型的元组，但是通过设定 dtype 为 int32，array2 中的元素都被转换为了整数类型；同理，对于 array3，即便输入的是整数列表，但是由于 dtype 被设置为 float32，数组中的所有元素都被转换为了浮点数类型（通过元素后添加的小数点来体现）。

（2）arange()函数。

arange()函数用于在指定的数值区间创建一个数组，类似 Python 的内置函数 range()，其语法格式如下。

```
numpy.arange(start, stop, step, dtype=None)
```

其中，start 表示起始值，默认为 0；stop 表示终止值（不含）；step 表示步长，默认为 1。例如，想创建一个区间为 1～20（不包括 20），步长为 3 的数组，如代码 8-20 所示。

代码 8-20　使用 arange()函数创建数组

```
array4 = np.arange(1, 20, 3)
```

代码 8-20 的运行结果如下。

```
[ 1  4  7 10 13 16 19]
```

2. 查看属性

创建数组之后，用户可以查看 ndarray 类的基本属性，如表 8-6 所示。

表 8-6　ndarray 类的基本属性

函数名	说明
ndarray.ndim	数组的维数或轴数。例如，一个二维数组的 ndim 为 2
ndarray.shape	数组的形状，表示为一个元组。每个元素代表对应维度上的数组大小
ndarray.size	数组中所有元素的总数，等于 shape 元组中各元素的乘积
ndarray.dtype	数组元素的数据类型，如 numpy.int32、numpy.float64 等
ndarray.itemsize	数组中每个元素的大小（以字节为单位）。例如，数据类型为 float64 的元素 itemsize 为 8
ndarray.data	包含实际数组元素的缓冲区，通常不需要使用，因为可以通过索引方式访问元素
ndarray.T	数组的转置，等同于调用 ndarray.transpose()。对于一维数组，它的 T 属性就是数组本身

查看数组属性如代码 8-21 所示。

代码 8-21　查看数组属性

```
1    import numpy as np
2
3    # 创建一个 4×3 的整数数组
4    array = np.array([[1, 2, 3], [4, 5, 6], [7, 8, 9], [10, 11, 12]])
5    print('创建的数组为：\n', array)
6    print('数组的 ndim 属性：', array.ndim)  # 输出 ndim 属性
7    print('数组的 shape 属性：', array.shape)  # 输出 shape 属性
8    print('数组的 size 属性：', array.size)  # 输出 size 属性
9    print('数组的 dtype 属性：', array.dtype)  # 输出 dtype 属性
```

代码 8-21 的运行结果如下。

```
创建的整数数组为：
 [[ 1  2  3]
 [ 4  5  6]
 [ 7  8  9]
 [10 11 12]]
数组的 ndim 属性： 2
数组的 shape 属性： (4, 3)
数组的 size 属性： 12
数组的 dtype 属性： int32
```

3. 数组索引与切片

在 NumPy 库中，如果想要访问或修改数组中的元素，可以采用索引或切片的方式。索引与切片的区别是索引只能获取单个元素，而切片可以获取一定范围的元素。一维数组的索引与切片和列表类似，这里不再赘述。二维数组包含行索引和列索引，在访问时，要使用逗号分隔开，先访问行索引再访问列索引。二维数组的索引与切片的基本语法如下。

```
array[row_index, column_index]  # 二维数组的索引
array[row_start:row_stop:row_step,column_start:column_stop:column_step]  # 二维数组的切片
```

ndarray 类的常用索引及切片方法如表 8-7 所示。

表 8-7　ndarray 类的常用索引及切片方法

函数名	说明
x[i]	索引第 i 个元素
x[-i]	从后向前索引第 i 个元素
x[n:m]	默认步长为 1，从前往后索引，不包括 m
x[-m:-n]	默认步长为 1，从后往前索引，结束位置为 n
x[n:m:i]	指定 i 步长的由 n 到 m 的索引

二维数组索引与切片如代码 8-22 所示。

代码 8-22　二维数组的索引与切片

```
1    import numpy as np
2
3    # 使用 rand() 函数创建 5×3 的数组，用随机数填充
4    array = np.random.rand(5, 3)
5
6    print('创建的随机数组为：\n', array)  # 打印数组
7    print('获得行索引为 2 的数据：\n', array[2])
8    print('获得行索引从 1 到 3（不包括 3）的数据：\n', array[1:3])
9    print('获得步长为 2，由-5 到-2 的索引的数据：\n', array[-5:-2:2])
```

代码 8-22 的运行结果如下。

```
创建的随机数组为：
 [[0.46539899 0.31586183 0.37949398]
 [0.97526074 0.38861645 0.84379131]
 [0.25121774 0.35959441 0.48192315]
 [0.71052643 0.41236016 0.06643415]
 [0.32546953 0.58736439 0.92345204]]
获得行索引为 2 的数据：
 [0.25121774 0.35959441 0.48192315]
获得行索引从 1 到 3（不包括 3）的数据：
 [[0.97526074 0.38861645 0.84379131]
 [0.25121774 0.35959441 0.48192315]]
获得步长为 2，由-5 到-2 的索引的数据：
 [[0.46539899 0.31586183 0.37949398]
 [0.25121774 0.35959441 0.48192315]]
```

需要注意的一点是，由于二维数组的索引是从 0 开始的，因此行索引为 0 时代表的是表格中的第一行数据，行索引为 1 时代表的是表格中的第二行数据，以此类推。

4. 数组运算

在 NumPy 库中，对于相同形状的数组而言，进行算术运算即将数组中对应位置的元素值进行算术运算，如加（+）、减（-）、乘（*）、除（/）、幂（**）运算等。

NumPy 库中的广播机制用于解决不同形状数组之间的算术运算问题，它是将形状较小的数组，在横向或纵向上进行一定次数的重复，使其形状与形状较大的数组相同。四个不同形状的

数组之间进行加法运算，如代码 8-23 所示。

代码 8-23　四个不同形状的数组之间进行加法运算

```
1    import numpy as np
2
3    # 创建四个不同形状的数组，分别为 2×3, 1×3, 2×1, 1×1
4    array1 = np.array([[10, 20, 30], [40, 50, 60]])
5    array2 = np.array([1, 2, 3])
6    array3 = np.array([[1], [2]])
7    array4 = np.array(7)
8
9    print('array1 与 array2 相加: \n', array1 + array2)
10   print('array1 与 array3 相加: \n', array1 + array3)
11   print('array1 与 array4 相加: \n', array1 + array4)
```

代码 8-23 的运行结果如下。

```
array1 与 array2 相加:
 [[11 22 33]
 [41 52 63]]
array1 与 array3 相加:
 [[11 21 31]
 [42 52 62]]
array1 与 array4 相加:
 [[17 27 37]
 [47 57 67]]
```

从代码 8-23 的运行结果中可以观察到，当 2×3 的数组 array1 与 1×3 的数组 array2 相加时，array2 在纵向上重复 2 次，从而生成 2×3 的数组，再与 array1 进行加法运算；当 array1 与 2×1 的数组 array3 相加时，array3 在横向上重复 3 次，从而生成 2×3 的数组，再与 array1 进行加法运算；当 array1 与 1×1 的数组 array4 相加时，array4 在横向上重复 3 次，在纵向上重复 2 次，从而生成 2×3 的数组，再与 array1 进行加法运算。

8.4.2　应用案例 4：绘制正弦波与余弦波的对比图形

绘制正弦波与余弦波的对比图形，不仅可以直观展现两者的基本特征，更有助于深入剖析它们之间的异同与关联。对于教育和研究而言，正弦波与余弦波的对比图形更是一种直观的教学工具，有助于学生和研究人员更深刻地理解波动现象，掌握相关知识。正弦波与余弦波的对比图形如图 8-5 所示。

【分析】

绘制正弦波与余弦波的对比图形，需要考虑以下几个方面。

（1）导入库和配置：导入 matplotlib.pyplot 模块，并使用 plt.rcParams 设置字体和负号的显示方式，确保中文显示和负号显示正常。关于 Matplotlib 库的介绍详见 8.5 节。

（2）数据准备：使用 NumPy 库的 linspace 函数生成一组等间隔的 x 值，并使用 sin 函数和 cos 函数计算对应的 y 值。

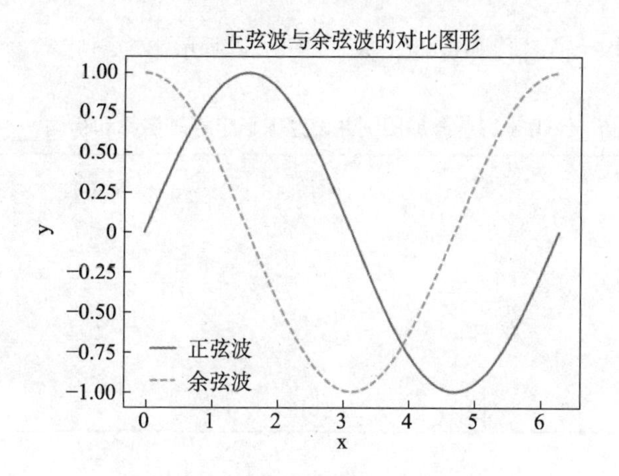

图 8-5　正弦波与余弦波的对比图形

（3）图形绘制和样式设置：使用 plot()绘制正弦波和余弦波的曲线，并通过设置 linestyle 参数来指定线条的样式。利用 legend()添加图例，通过 xlabel()和 ylabel()设置坐标轴的名称，使用 title()设置图形的标题。

【实现】

（1）导入库和配置。

导入相应的库，设置中文和负号的正常显示方式，如代码 8-24 所示。

代码 8-24　设置中文和负号的正常显示方式

```
1    import matplotlib.pyplot as plt
2    import numpy as np
3    # 设置中文和负号的正常显示方式
4    plt.rcParams['font.sans-serif'] = ['SimHei']
5    plt.rcParams['axes.unicode_minus'] = False
```

（2）数据准备。

创建 x 值，计算正弦波和余弦波的 y 值，如代码 8-25 所示。

代码 8-25　计算正弦波和余弦波的 y 值

```
1    # 创建 x 值的范围
2    x = np.linspace(0, 2 * np.pi, 100)
3    # 计算正弦波和余弦波的 y 值
4    y_sin = np.sin(x)
5    y_cos = np.cos(x)
```

（3）图形绘制和样式设置

使用不同线条，绘制正弦波和余弦波，如代码 8-26 所示。

代码 8-26　绘制正弦波和余弦波

```
1    #使用不同线条绘制正弦波和余弦波
2    plt.plot(x, y_sin, linestyle='-', label='正弦波')
3    plt.plot(x, y_cos, linestyle='--', label='余弦波')
```

添加图例，设置坐标轴名称和标题，如代码 8-27 所示。

代码 8-27　添加图例并设置图形坐标轴名称和标题

```
1    # 添加图例
2    plt.legend()
3    # 设置坐标轴名称
4    plt.xlabel('x')
5    plt.ylabel('y')
6    # 设置标题
7    plt.title('正弦波与余弦波对比图形')
```

（4）显示图形。

显示图形，如代码 8-28 所示。

代码 8-28　显示图形

```
1    # 显示图形
2    plt.show()
```

8.5　Matplotlib 库

Matplotlib 库是一个强大的 Python 2D 绘图库，提供了丰富的绘图工具和多种输出格式，可以帮助用户轻松地构建需要的图形。导入 Matplotlib 库之前需要通过“pip install matplotlib”命令进行安装。

8.5.1　pyplot 模块解析

Matplotlib 库中的子模块 pyplot 中封装了一套类似 Matlab 的命令式绘图函数接口，大多数函数可以根据函数名辨别它的功能。用户只要调用 pyplot 模块中的函数，就可以轻松地完成绘图并设置图标的各种细节。

1. 绘图区域

在 pyplot 模块中，存在一个预设的绘图区域，所有后续绘制的图像都将默认显示在这个区域上。此外，该模块还提供了一系列与绘图区域相关的函数，具体说明如表 8-8 所示。

表 8-8　pyplot 模块的绘图区域函数

函数	说明
figure()	创建一个新的图形窗口或激活一个已存在的图形窗口，可以设置窗口的大小、DPI 等参数
subplot()	在当前绘图区域中创建一个子绘图区域
subplots()	在当前绘图区域中创建多个子绘图区域（subplot），可以指定子图的数量、布局和共享轴等
axes()	在图形中添加一个坐标轴对象，并返回一个坐标轴对象或一个坐标轴对象的数组
axis()	设置或获取坐标轴的范围、比例和刻度等

通过 figure()函数可以创建一个 figure 类对象，该对象代表新的绘图区域。figure()函数的基本语法格式如下。

```
matplotlib.pyplot.figure(num=None, figsize=None, dpi=None, facecolor=None, edgecolor=None, frameon=True, FigureClass=<class 'matplotlib.figure.Figure'>, clear=False, **kwargs)
```

figure()函数的参数及说明如表 8-9 所示。

表 8-9　figure()函数的参数及说明

参数	说明
num	图形编号或名称。如果指定了编号，并且该编号的图形已存在，则会激活该图形并返回其引用；如果指定了名称，则会在所有已存在的图形中查找匹配的名称；如果没有找到匹配的图形，则会创建一个新的图形；如果既未指定编号也未指定名称，则会自动编号
figsize	元组（width, height），可选，以英寸为单位指定图形的宽度和高度
dpi	整数，可选，表示图形的分辨率，即每英寸的点数
Facecolor/edgecolor	颜色字符串或颜色代码，可选
FigureClass	图形类，可选，用于创建图形的类
clear	布尔值，可选，默认为 False

创建一个 figure 类对象，并在其中添加一个子图（axes 对象），如代码 8-29 所示。

代码 8-29　使用 figure()函数创建绘图区域

```
1   import matplotlib.pyplot as plt
2
3   # 使用 figure() 函数创建一个新的图形窗口
4   fig = plt.figure(figsize=(8, 6))
5   # 使用 subplot() 函数添加第一个子图
6   plt.subplot(2, 2, 1)
7   # 使用 subplot() 函数添加第二个子图
8   plt.subplot(2, 2, 2)
9   # 使用 subplot() 函数添加第三个子图
10  plt.subplot(2, 2, 3)
11  # 使用 axes() 函数添加一个具有特定坐标的子图
12  ax = plt.axes([0.6, 0.1, 0.25, 0.25])
13  # 调整子图之间的间距
14  plt.tight_layout()
15  # 显示图形
16  plt.show()
```

代码 8-29 的说明如下。

（1）使用 figure()函数创建了一个新的图形窗口。

（2）使用 subplot(2, 2, n)语句添加了三个子图到一个 2 行 2 列的网格中，其中，n 是子图的索引（从 1 开始）。

（3）使用 axes()函数添加了一个具有自定义位置和大小的子图。

（4）使用 tight_layout()函数来自动调整子图之间的间距，确保它们不会重叠。

（5）使用 show()函数显示图形窗口。

运行代码 8-29 后生成如图 8-6 所示的绘图区域。

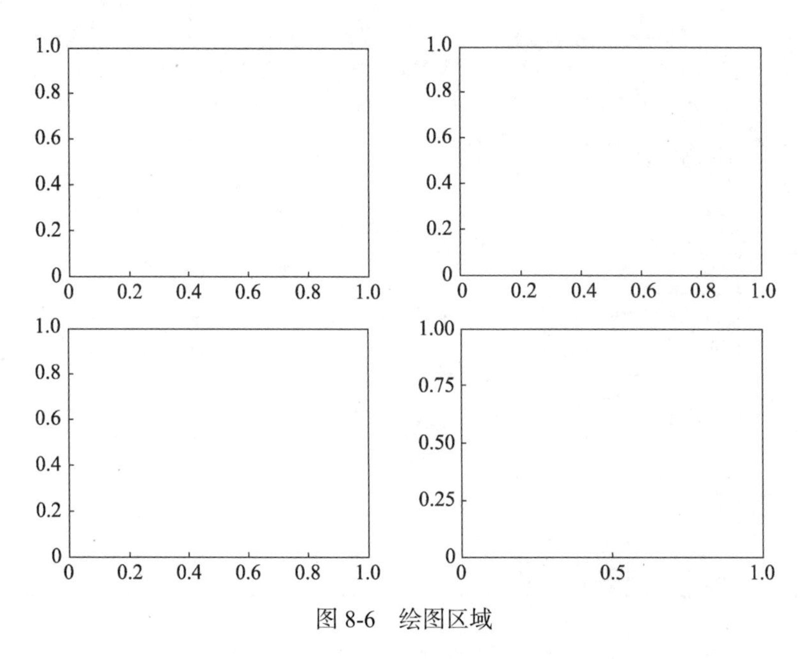

图 8-6　绘图区域

创建 figure 类对象后，就可以调用绘图函数在 figure 类对象中创建图形。pyplot 模块提供了一系列绘图函数，具体说明如表 8-10 所示。

表 8-10　pyplot 模块的绘图函数及说明

函数	说明	函数	说明
plot()	绘制折线图（线图）	pie()	绘制饼图
scatter()	绘制散点图	boxplot()	绘制箱型图（箱线图）
bar()	绘制条形图（柱状图）	step()	绘制阶梯图
barh()	绘制水平条形图	fill()	绘制填充多边形
hist()	绘制直方图		

2. 绘制折线图

折线图通常用于展示数据随时间或其他连续变量的变化趋势。pyplot 模块中的 plot()函数用于绘制折线图，plot()函数的基本语法格式如下。

```
matplotlib.pyplot.plot(*args, **kwargs)
```

其中，*args 是可变数量的位置参数，通常用于指定 x 坐标和 y 坐标的数据点。**kwargs 是关键字参数，用于设置图表的样式和属性。常用的样式参数如表 8-11 和表 8-12 所示。

表 8-11　plot 绘图中常用的颜色参数

参数	说明	参数	说明
r	红色	m	洋红
g	绿色	y	黄色
b	蓝色	k	黑色
c	青色	w	白色

表 8-12　plot 绘图中常用的线型参数

参数	说明	参数	说明
-	实线（默认）	:-	点线
--	虚线	-.	点划线

使用 plot()函数绘制一个简单的折线图，如代码 8-30 所示。

代码 8-30　使用 plot()函数绘制折线图

```
1   import matplotlib.pyplot as plt
2
3   x = [1, 2, 3, 4, 5]
4   y = [2, 4, 1, 5, 3]
5
6   plt.plot(x, y, color='red', linestyle='--', linewidth=2, marker='o',
    markersize=10, label='Sample Line')
7   plt.xlabel('X Axis')
8   plt.ylabel('Y Axis')
9   plt.show()
```

代码 8-30 的运行结果如图 8-7 所示。

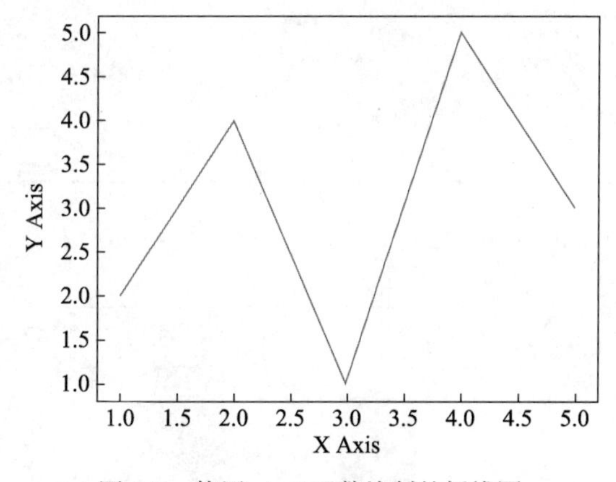

图 8-7　使用 plot()函数绘制的折线图

3. 绘制条形图

条形图通过一系列垂直或水平的条形来展示数据，每个条形的高度或长度代表一个类别的数据值。pyplot 模块中的 bar()函数用于绘制条形图，bar()函数的基本语法格式如下。

```
matplotlib.pyplot.bar(x, height, width=0.8, bottom=None, *, align='center',
data=None, **kwargs)
```

bar()函数的参数及说明如表 8-13 所示。

表 8-13　bar()函数的参数及说明

参数	说明
x	条形图的 x 坐标位置，通常是数值的序列或范围。如果是数值序列，则代表每个条形的中心位置；如果是数值序列的序列（如二维数组），则创建分组条形图

续表

参数	说明
height	每个条形的高度，通常是一个与 x 长度相同的序列，用于表示每个条形的高度
width	每个条形的宽度
bottom	每个条形底部的 y 坐标值，如果为 None，则默认从 y=0 开始，可以用于绘制堆叠条形图
align	条形对齐方式，可以是 center 或 edge。center 表示条形的中心在 x 位置，edge 表示条形的边缘在 x 位置
data	可选参数，用于对象型数组接口，以提供数据的来源
color	条形的颜色，可以是单一颜色，也可以是与 x 长度相同的颜色序列，用于为每个条形设置不同的颜色
edgecolor	条形边缘的颜色
linewidth	条形边缘的宽度
**kwargs	其他关键字参数，用于控制条形图的样式，如透明度、阴影等

使用 bar()函数绘制一个简单的条形图，如代码 8-31 所示。

代码 8-31　使用 bar()函数绘制条形图

```
1    import matplotlib.pyplot as plt
2
3    x = [1, 2, 3, 4, 5]
4    y = [2, 4, 1, 5, 3]
5
6    plt.bar(x, y)
7    plt.xlabel('X Axis')
8    plt.ylabel('Y Axis')
9    plt.show()
```

代码 8-31 的运行结果如图 8-8 所示。

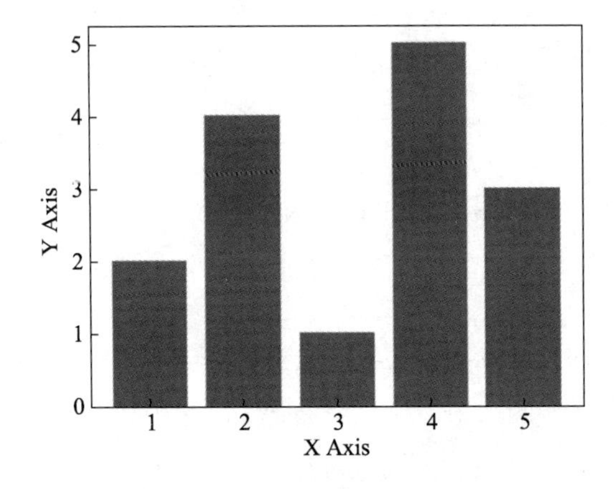

图 8-8　使用 bar()函数绘制的条形图

4. 绘制饼图

饼图用于展示一个整体中各个部分所占的比例，通过将一个圆形分割成不同大小的扇形来表示不同类别的数据，每个扇形的面积代表该类别在整体中所占的比例。pyplot 模块中的 pie()函数用于绘制饼图，pie()函数的基本语法格式如下。

```
matplotlib.pyplot.pie(x, explode=None, labels=None, colors=None, autopct=None,
pctdistance=0.6, shadow=False, labeldistance=1.1, startangle=None, radius=None,
counterclock=True, wedgeprops=None, textprops=None, center=(0, 0), frame=False,
rotatelabels=False, normalize=True, *, data=None)
```

bar()函数的常用参数及说明如表 8-14 所示。

表 8-14　pie()函数的常用参数及说明

参数	说明
x	每个扇区的面积，通常是一个包含非负数的序列，序列中的每个值将决定对应扇区的面积。如果总和不为 1，并且 normalize 为 True，则值将被归一化，总和为 1
explode	可选参数，决定各个扇区与圆心的距离。如果为 None，则所有扇区都紧贴在圆心；如果是一个与 x 长度相同的序列，则序列中的每个值决定了对应扇区与圆心的距离
labels	可选参数，每个扇区的标签
colors	可选参数，每个扇区的颜色，可以是单一颜色、颜色序列或颜色映射
autopct	可选参数，用于自动显示每个扇区的百分比。如果为 None，则不显示百分比；如果为字符串或函数，则显示计算得到的百分比
pctdistance	可选参数，设置百分比标签与圆心的距离，作为半径的分数
shadow	可选参数，是否添加阴影
labeldistance	可选参数，设置标签与圆心的距离，作为半径的分数
startangle	可选参数，旋转饼图的起始角度（以度为单位）
radius	可选参数，设置饼图的半径
**kwargs	其他关键字参数，用于控制饼图的样式

使用 pie()函数绘制一个简单的饼图，如代码 8-32 所示。

代码 8-32　使用 pie()函数绘制饼图

```
1    import matplotlib.pyplot as plt
2
3    # 扇区面积
4    sizes = [15, 30, 45, 10]
5    # 扇区标签
6    labels = ['Level1', 'Level2', 'Level3', 'Level4']
7    # 绘制饼图
8    plt.pie(sizes, labels=labels, autopct='%1.1f%%', startangle=90)
9    plt.show()
```

代码 8-32 的运行结果如图 8-9 所示。

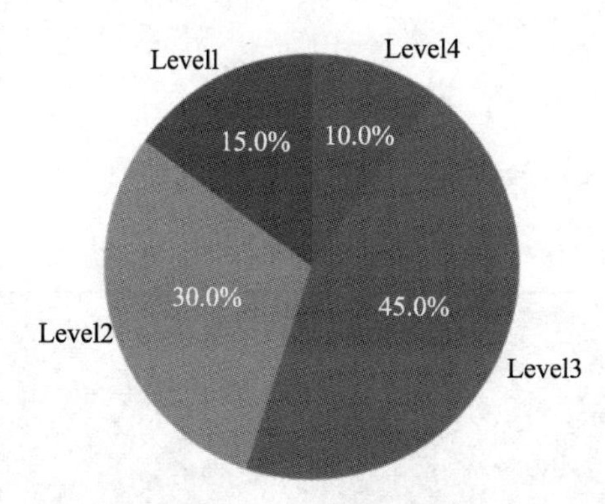

图 8-9　使用 pie()函数绘制的饼图

8.5.2 应用案例 5：绘制短跑运动员技能评估雷达图

短跑运动员技能评估雷达图能直观地展示短跑运动员在力量、速度、敏捷性、技术和耐力等多维度的水平。通过雷达图，教练可制定个性化训练计划，跟踪短跑运动员技能发展变化，有助于制定更合理的比赛策略，提高短跑运动员的比赛成绩。短跑运动员技能评估的多级雷达图如图 8-10 所示。

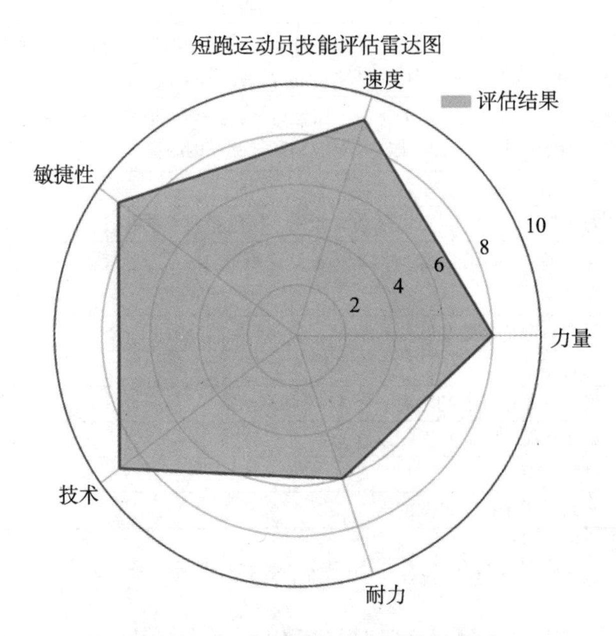

图 8-10 短跑运动员技能评估雷达图

【分析】

绘制短跑运动员技能评估雷达图，需要考虑以下几个方面。

（1）导入库和配置：导入 pyplot 模块，并使用 rcParams[]设置中文和负号的显示方式，确保中文和负号显示正常。

（2）数据准备：定义技能名称列表和评估结果列表，使用 NumPy 库的 linspace()函数计算角度数据。

（3）图形绘制和样式设置：使用 fill()绘制填充颜色的雷达图，使用 plot()绘制轮廓线，通过 set_xticks()和 set_xticklabels()设置角度刻度和对应的技能名称，利用 set_ylim()设置雷达图的纵轴范围。

【实现】

（1）导入库和配置。

导入相应库，设置中文和负号的显示方式，如代码 8-33 所示。

代码 8-33 设置中文和负号的显示方式

```
1    import matplotlib.pyplot as plt
2    import numpy as np
3    # 设置中文和负号的显示方式
4    plt.rcParams['font.sans-serif'] = ['SimHei']
5    plt.rcParams['axes.unicode_minus'] = False
```

（2）数据准备。

使用 NumPy 库的 linspace()函数计算角度数据，如代码 8-34 所示。

代码 8-34 计算角度数据

```
1    # 技能方面的评估结果
2    skills = ['力量', '速度', '敏捷性', '技术', '耐力']
3    scores = [8, 9, 9, 9, 6]
4    # 计算角度数据
5    angles = np.linspace(0, 2 * np.pi, len(skills), endpoint=False).tolist()
6    angles += angles[:1]
```

匹配评估结果的长度和角度数据长度，如代码 8-35 所示。

代码 8-35 匹配评估结果的长度和角度数据的长度

```
1    # 匹配评估结果的长度和角度数据的长度
2    scores += scores[:1]
```

（3）图形绘制和样式设置。

图形绘制和样式设置，如代码 8-36 所示。

代码 8-36 图形绘制和样式设置

```
1    # 绘制多级雷达图
2    fig, ax = plt.subplots(figsize=(6, 6), subplot_kw={'polar': True})  # 创
     建画布和子图对象
3    ax.fill(angles, scores, color='skyblue', alpha=0.75)  # 填充颜色
4    ax.plot(angles, scores, color='blue', linewidth=1.5)  # 绘制轮廓线
5    ax.set_xticks(angles[:-1])  # 设置角度刻度
6    ax.set_xticklabels(skills)  # 设置对应的技能名称
7    ax.set_ylim(0, 10)  # 设置雷达图的纵轴范围
8    ax.set_title('短跑运动员技能评估图', fontsize=16, fontweight='bold')  # 设置
     图形的标题
```

添加图例，如代码 8-37 所示。

代码 8-37 添加图例

```
1    # 添加图例
2    legend_labels = ['评估结果']
3    ax.legend(legend_labels, loc='upper right')  # 设置图例位置
```

（4）显示图形。

显示图形，如代码 8-38 所示。

代码 8-38 显示图形

```
1    # 显示图形
2    plt.show()
```

8.6 上机实践：统计《西游记》出场次数前 10 名的人物

1. 实验目的

（1）熟练掌握 jieba 库的使用方法。

（2）熟练运用 wordcloud 模块绘制词云图。

（3）熟练运用 Matplotlib 库绘制各类型图表。

2. 实验要求

为帮助读者更深入地理解《西游记》核心人物的重要性。现要求使用 jieba 库对文本进行切分，利用 wordcloud 模块创建词云图，并借助 Matplotlib 库绘制柱状图，统计并展示《西游记》中出场次数前 10 名的人物。

3. 运行效果示例

绘制的词云图和柱状图如图 8-11 和图 8-12 所示。

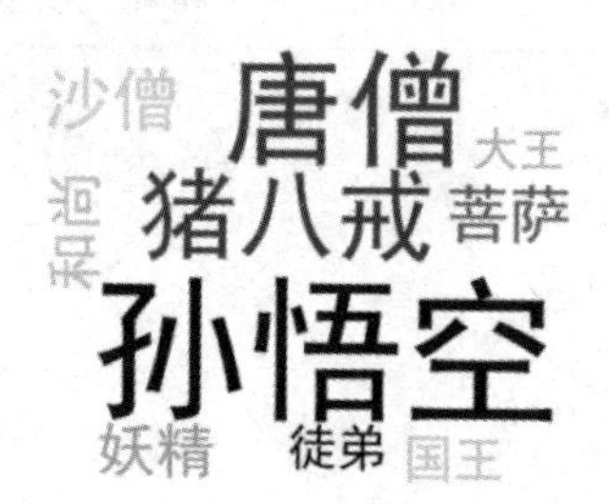

图 8-11 《西游记》出场次数前 10 名的人物词云图

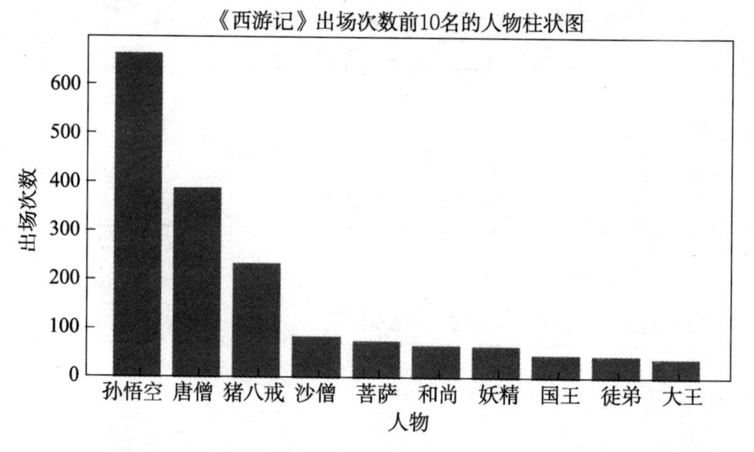

图 8-12 《西游记》出场次数前 10 名的人物柱状图

4. 程序模板

请按模板要求，将【代码】替换为 Python 程序代码。

```
1   import jieba
2   from wordcloud import WordCloud
3   import matplotlib.pyplot as plt
4
5   # 读取《西游记》文本文件
6   txt = open("../data/《西游记》.txt", "r", encoding="utf-8").read()
7   # 创建字典存放非人物词汇
8   excludes = {"一个", "那里", "怎么", "我们", "不知", "甚么", "两个", "长老", "只
    见", "不是", "原来", "不敢", "闻言"}
9   words = ________【代码 1】________  # 使用 jieba 库对文本进行精确切分
10  counts = {}  # 创建字典保存人物出场次数
11  # 合并多别称人物名
12  for word in words:
13  if len(word) == 1:
14      continue
15    elif word in ["大圣", "老孙", "行者", "孙大圣", "孙行者", "猴王", "悟空", "齐
    天大圣", "猴子"]:
16      rword = "孙悟空"
17    elif word in ["师父", "三藏", "圣僧"]:
18      rword = "唐僧"
19    elif word in ["八戒", "老猪"]:
20      rword = "猪八戒"
21    elif word == "沙和尚":
22      rword = "沙僧"
23    else:
24      rword = word
25    counts[rword] = counts.get(rword, 0) + 1  # 将 rword 添加到字典中
26  for word in excludes:
27      del (counts[word])  # 删除非人物词汇字典
28  # 获取出现次数前 10 名的人物
29  items = list(counts.items())  # 将字典的元素和对应的值，转换为存放元组的列表
30  items.sort(key=lambda x: x[1], reverse=True)  # 按出场次数降序排序
31  top10 = items[:10]  # 出场次数前 10 名的人物
32  characters = [item[0] for item in top10]  # 人物
33  count = [item[1] for item in top10]  # 次数
34  # 构建人物名称和出现次数的字典
35  character_count = dict(zip(characters, count))
36  # 创建词云对象
37  wordcloud = WordCloud(________【代码 2】________='simhei.ttf',  # 指定字体文件的路径
38  ________【代码 3】________='white',  # 指定词云图的背景颜色
39                      ________【代码 4】________=1000,  # 指定词云对象生成图片的宽度
40                      ________【代码 5】________=800)  # 指定词云对象生成图片的高度
41  # 生成词云图
42  wordcloud.generate_from_frequencies(character_count)
43  # 显示词云图
44  plt.figure(________【代码 6】________=(8, 8))  # 设置图像大小
```

```
45  plt.imshow(wordcloud)  # 显示词云图
46  plt.axis('off')  # 关闭坐标轴
47  # 设置中文显示
48  plt.rcParams['font.sans-serif'] = ['SimHei']
49  # 绘制柱状图
50  plt.figure(______【代码7】______=(10, 6))  # 设置图像大小
51  plt.______【代码8】______(characters, count)  # 绘制柱状图
52  plt.______【代码9】______  # 设置横坐标标签为'人物'
53  plt.______【代码10】______  # 设置纵坐标标签为'出场次数'
54  plt.______【代码11】______('《西游记》出场次数前10名的人物柱状图')  # 设置标题
55  plt.______【代码12】______  # 设置横坐标刻度标签旋转45度
56  plt.tight_layout()  # 调整布局
57  # 显示图形
58  plt.show()
```

5. 实验指导

（1）利用if语句将多别称人物名合并为统一的标准名称，并统计每个标准名称在文本中出现的次数，将结果保存在counts字典中。最后，遍历排除excludes词汇列表，将这些非人物词汇从counts字典中删除，确保只保留人物的出场次数统计结果。

（2）为避免乱码导致的无法显示等问题，需要对中文字符进行特殊处理，设置中文和负号的显示，确保字符能够正确显示。

6. 实验后的练习

（1）编写程序统计《水浒传》中出场次数前15名的人物，并绘制词云图和柱状图。

（2）尝试修改代码中的坐标轴刻度标签旋转角度，观察对柱状图显示的影响。

小结

本章介绍了Python中一些极具影响力和实用性的库和模块及其应用案例，包括turtle、jieba、wordcloud、NumPy以及Matplotlib。turtle模块用于绘制图形，jieba库用于中文分词，wordcloud模块用于生成词云图，NumPy库中提供高效的数值运算，Matplotlib库则专注于绘图。这些库和模块各具特色，广泛应用于数据处理、科学计算和可视化领域，为Python用户提供了强大的工具集。

习题

1. 选择题

（1）在使用jieba库进行中文分词时，下面哪个符号不是常用的分隔符？（　　）

A. 空格　　B. 逗号　　C. 句号　　D. 下画线

（2）NumPy库的核心数据结构是什么？（　　）

A. 列表　　B. 字典　　C. 元组　　D. 数组

（3）在NumPy库中，哪个函数用于计算数组的平均值？（　　）

A. mean()
B. sum()
C. average()
D. median()

（4）在 Matplotlib 库中，哪个函数用于创建一个新的图形窗口？（　　）

A. figure()
B. plot()
C. show()
D. savefig()

（5）假设有一个 NumPy 数组 arr，将其绘制为直方图，应该使用哪个 Matplotlib 函数？（　　）

A. bar()
B. hist()
C. plot()
D. scatter()

（6）使用 turtle 模块时，如何设置画笔的粗细？（　　）

A. penwidth(width)
B. linewidth(width)
C. thickness(width)
D. size(width)

（7）在使用 jieba 库进行中文分词时，如果想要加入自定义词典中的词，应该使用哪个方法？（　　）

A. jieba.load_userdict(file_name)
B. jieba.add_word(word, freq=None, tag=None)
C. jieba.set_dictionary(file_name)
D. jieba.cut_for_search(sentence)

（8）在 NumPy 库中，如果想要改变一个数组的形状而不改变其数据，应该使用哪个函数？（　　）

A. numpy.reshape()
B. numpy.resize()
C. numpy.ravel()
D. numpy.flatten()

2. 简答题

（1）简述 turtle 模块的主要功能。

（2）在 turtle 模块中，如何设置画笔的颜色，并绘制一个红色的正方形？

（3）jieba 库支持哪几种模式？简述它们之间的区别。

（4）NumPy 库中的 ndarray 对象与 Python 中的列表有何不同？

（5）NumPy 库中，如何创建一个二维数组，并对其进行转置操作？

3. 编程题

（1）使用 NumPy 库创建一个 3×3 的二维数组，数组中的元素为 0 到 8 的整数，要求数组中的元素按行从左到右递增，计算该数组所有元素的和。

（2）使用 Matplotlib 库绘制一个简单的折线图，表示某公司一年 12 个月的销售额（假设销售额数据为[20, 25, 22, 30, 27, 35, 40, 37, 32, 38, 45, 42]）。在图中添加标题“销售额变化图”，x 轴标签为“月份”，y 轴标签为“销售额/万元”。

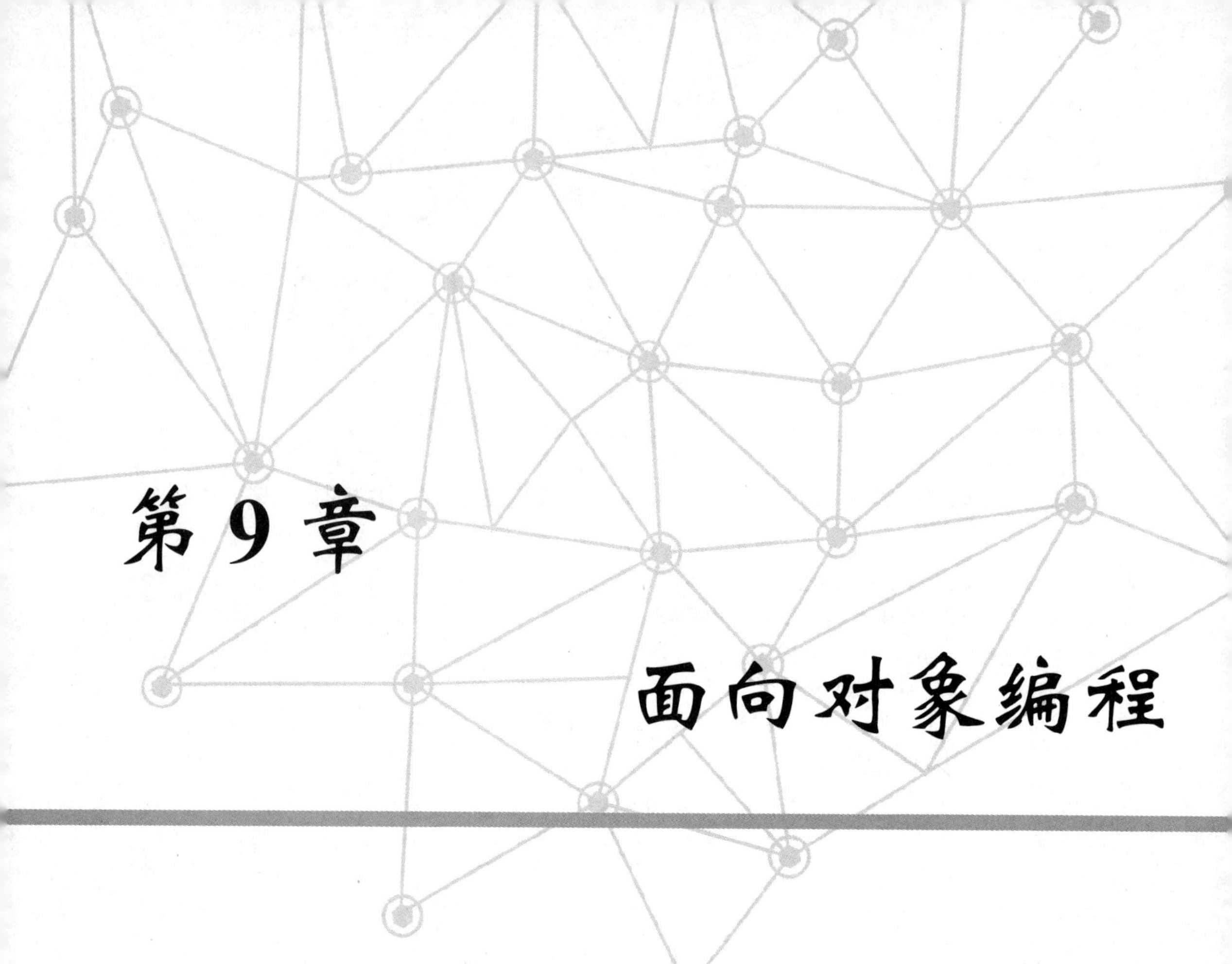

第 9 章 面向对象编程

在软件开发领域，面向对象编程是一个里程碑。它提供了一种组织和理解现实世界复杂系统的强大框架。本章将介绍面向对象编程的核心概念，如类、对象、封装、继承和多态，以及如何使用 Python 来实现这些概念。

学习目标

（1）熟练掌握类的设计和使用。
（2）深入理解类和对象、面向过程和面向对象的方法。
（3）掌握类的属性、类的方法，理解对象的创建与使用、析构方法。
（4）熟练掌握类的继承。

9.1 面向对象的基本概念

面向对象编程（Object-Oriented Programming，OOP）是软件开发中的一种重要编程范式。它强调以对象为核心来构建和设计软件应用，与传统的面向过程编程有着显著的区别。在OOP中，现实世界中的事物和概念被抽象为程序中的对象，这些对象封装了数据和功能，使得代码更加直观、模块化和可重用。

1. 对象（Object）

对象是面向对象编程中的基本单位。每个对象都是现实世界中的一个实体或概念的抽象表示。对象具有状态和行为，状态由对象的属性（数据成员、实例变量）表示，而行为则由对象的方法（成员函数、实例方法）定义。例如，一个汽车对象可能具有品牌、颜色、速度等属性，以及启动、加速、刹车等方法。

2. 类（Class）

类是对象的模板或蓝图。它定义了具有相同属性和行为的对象的共同特征。类定义了对象的结构，包括数据成员（属性）和成员函数（方法）。类还可以定义对象之间的关系，如继承和多态。通过类可以创建多个具有相同属性和行为的对象实例。

3. 封装（Encapsulation）

封装是面向对象编程中的一个重要概念。它指的是将对象的属性和方法隐藏在其内部，仅能通过对象提供的接口进行访问和修改。封装有助于保护对象的内部状态，防止外部代码直接访问并修改对象的私有数据。同时，封装也提供了数据抽象和信息隐藏的能力，使得用户只需要关心对象提供的接口，不需要了解对象内部的实现细节。

4. 继承（Inheritance）

继承是面向对象编程中的一个重要特性。它允许一个类（子类）继承另一个类（父类）的属性和方法。子类可以继承父类的所有属性和方法，并可以添加或覆盖父类的属性和方法。通过继承，可以实现代码的重用和扩展。同时，继承也提供了一种层次结构，使得用户可以更加清晰地组织和管理代码。

5. 多态（Polymorphism）

多态是面向对象编程中的另一个重要特性。它指的是同一个操作可以作用于不同类型的对象，从而产生不同的结果。多态通过方法重写和方法重载来实现。通过多态，用户可以为不同的对象类型定义不同的行为，使得程序更加灵活和可扩展。

9.2 类与对象

类是对象的模板或蓝图。类定义了对象的属性（数据成员、实例变量）和方法（成员函数、实例方法）。属性描述了对象的状态，而方法则定义了对象的行为。类可以被看成一种数据类型，它封装了数据和方法，可以创建具有相同属性和行为的多个对象实例。

对象是类的实例。每个对象都是根据类创建的，并继承了类的属性和方法。对象代表了现实世界中可以明确标识的一个实体或概念。例如，一个汽车对象可能代表了现实世界中的一辆具体汽车，具有品牌、颜色、速度等属性，以及设置/获取汽车品牌、颜色和速度等方法，一个汽车类如图 9-1 所示。

```
类名：汽车
  属性：
      品牌
      颜色
      速度
  方法：
      设置/获取汽车品牌
      设置/获取汽车颜色
      设置/获取汽车速度
```

图 9-1　汽车类

9.2.1 类的定义

类的定义使用 class 关键字，后面跟着类的名称。类的名称通常遵循驼峰命名法（每个单词的首字母大写），以区别于变量和函数，具体格式如下。

```
class 类名:  # 使用class定义类
属性名 = 属性值  # 定义属性
def 方法名(self):   # 定义方法
方法体
```

其中，类名后的冒号不可省略，之后的属性和方法都是类的成员。需要注意的是，方法中有一个指向对象的默认参数 self。

【例 9-1】 定义一个 Animal 类，如代码 9-1 所示。

代码 9-1　Animal 类

```
1     class Animal:
2         legs = 4  # 类属性，定义 4 条腿的动物
3
4         def __init__(self, name, age, weight, diet_type):
5             self.name = name  # 实例属性
6             self.age = age
7             self.weight = weight
8             self.diet_type = diet_type  # 饮食习惯
9
10        def Shout(self):
11            print("动物叫")
12
```

```
13    def Eat(self):
14            print("动物吃东西")
15
16        def Run(self):
17            print("动物奔跑")
```

在例 9-1 中，创建了一个 Animal 类，包含一个类属性 legs，四个实例属性 name、age、weight 和 diet_type，并定义了三个方法 Shout()、Eat()和 Run()。

9.2.2 对象的创建与使用

类定义完成后不能直接使用，在程序中需要将其实例化为具体的对象才能实现其意义。

1. 对象的创建

创建对象的格式如下。

```
对象名 = 类名()
```

例如，创建一个 9.2.1 节中定义的 Animal 类的对象 dog，如代码 9-2 所示。

代码 9-2　创建 Animal 类的对象 dog

```
dog = Animal("金毛", 3, 10, "肉食")
```

在代码 9-2 中，创建了一个名为 dog 的 Animal 类的对象，并传入了四个参数来初始化它的属性。

2. 访问对象成员

若想真正地使用对象，需要掌握访问对象成员的方式。对象成员分为属性和方法，它们的访问格式分别如下。

```
对象名.属性   # 访问对象的属性
对象名.方法()   # 访问对象的方法
```

使用以上格式访问 Animal 类的对象 dog 的成员，访问对象的属性如代码 9-3 所示，访问对象的方法如代码 9-4 所示。

代码 9-3　访问对象的属性

```
# 访问对象 dog 的 name 属性和 age 属性
print(dog.name)
print(dog.age)
```

代码 9-3 的运行结果如下，分别输出了 dog 对象的 name 属性和 age 属性。

```
金毛
3
```

代码 9-4　访问对象的方法

```
# 访问对象 dog 的方法
dog.shout()
dog.eat()
```

```
dog.run()
```

代码 9-4 的运行结果如下。

```
动物叫
动物吃东西
动物奔跑
```

9.2.3 类的属性

通常将类中的变量称为属性。根据属性与类和实例的关联关系，可以将属性分为实例属性（成员变量）和类属性（类变量）。

（1）实例属性。

实例属性（成员变量）是在构造方法__init__()中定义的，通过 self 参数引用。在类的外部，实例属性（成员变量）属于类的某个具体对象，只能通过对象名访问。

如例 9-1 中定义的 name、age 都属于实例属性，在代码 9-3 中通过对象名进行访问。

（2）类属性。

类属性（类变量）是在类的方法之外定义的变量。类属性（类变量）属于类，既可以通过类名访问，又可以通过对象名访问，被类的所有对象所共享。

例如，例 9-1 中定义的 legs 属性，Animal 类的所有对象都可以共享这个属性，修改类属性如代码 9-5 所示。

代码 9-5　修改类属性

```
# 修改类属性
Animal.legs = 2
kangaroo = Animal("小毛", 5, 50, "草食")
print(Animal.legs)
print(kangaroo.legs)
```

代码 9-5 的运行结果如下。

```
2
2
```

由于例 9-1 中类属性 legs 的值被修改成了 2，通过 Animal 类引用该属性将输出 2，通过对象名 kangaroo 来引用输出的结果也是 2。

9.2.4 实例方法

实例方法是 Python 类的一个重要组成部分。通过实例方法，可以对对象的状态和行为进行操作，并且每个对象实例都可以拥有自己独立的状态和方法调用结果。

1. 实例方法的定义

在类中定义实例方法时，方法的第一个参数为 self。在调用方法时，self 参数的值不需要显式传递，系统会将方法所属的对象传入该参数。在方法内部，可以通过这个参数调用对象本身的资源，如属性、方法等。实例方法定义的格式如下。

```
def 方法名(self,其他参数):
    # 方法体
```

代码 9-6 定义了一个简单的 Person 类，其中定义了一个普通的实例方法 Introduce()。

代码 9-6　实例方法的使用

```
1    class Person:
2        def __init__(self, name, age):
3            self.name = name
4            self.age = age
5
6        def Introduce(self):
7            print(f"你好，我的名字是{self.name}，我今年 {self.age}岁了！")
```

在代码 9-6 中，Introduce()方法通过 self 参数引用成员属性 name 和 age 的值。

2. 实例方法的调用

要调用实例方法，需要先创建一个类的对象实例，然后通过这个对象来调用方法。这是因为实例方法是与对象实例绑定的，而不是与类本身绑定的。实例方法的调用格式如下。

```
对象名.方法名(其他参数)
```

在代码 9-6 的基础上，通过创建的对象去调用实例方法，如代码 9-7 所示。

代码 9-7　调用实例方法

```
# 创建 Person 类的实例
person = Person("张珊", 20)
# 调用实例方法
person.Introduce()
```

代码 9-7 的运行结果如下。

```
你好，我的名字是张珊，我今年 20 岁了！
```

当调用 person.Introduce()时，Python 会自动将 person 对象作为第一个参数（self）传递给 Introduce()。因此，在 Introduce()内部，可以通过 self.name 来访问成员属性 name 的值，通过 self.age 来访问成员属性 age 的值。

3. 访问其他方法和属性

实例方法不仅可以访问实例属性，还可以访问类中的其他方法和属性，可以在对象内部实现复杂的逻辑和操作。实例方法访问其他方法和属性的示例如代码 9-8 所示。

代码 9-8　实例方法访问其他方法和属性的示例

```
1    class Person:
2        def __init__(self, name, age):
3            self.name = name
```

```
4          self.age = age
5
6      def Introduce(self):
7          print(f"你好，我的名字是{self.name}，我今年 {self.age}岁了！")
8
9      def Greet(self):
10         self.Introduce()
11         print("见到你很高兴！")
12
13 # 创建Person类的实例
14 person = Person("李思", 30)
15 # 调用Greet()方法，它会进一步调用Introduce()方法
16 person.Greet()
```

代码 9-8 的运行结果如下。

```
你好，我的名字是李思，我今年 30 岁了！
见到你很高兴！
```

在代码 9-8 中，Person 类有两个实例方法：Introduce()方法和 Greet()方法。Greet()方法不仅调用了同一个实例的 Introduce()方法，还输出了一条消息。当调用 Greet()方法时，会依次执行这两个方法的逻辑。

9.2.5 类成员的访问限制

类中定义的属性和方法默认都是公有成员，类之外的代码都可以访问这些公有成员。为了契合面向对象编程的封装原则，Python 支持将类中的成员设置为私有成员，私有成员只能在类的内部调用，这在一定程度上限制了对象对类成员的访问。

1. 定义私有成员

在成员属性和方法名之前加上两个下画线“__”作为前缀，即可定义该属性或方法为类的私有成员，语法格式如下。

```
__属性名
__方法名
```

定义一个包含私有属性__age 和私有方法__info()的类 CustomerInfo，如代码 9-9 所示。

代码 9-9　定义私有成员

```
1  class CustomerInfo:
2      __age = 20  # 私有属性
3
4      def __info(self):  # 私有方法
5          print(f"我的年龄是：{self.__age}")
```

2. 私有成员的访问

在代码 9-9 的基础上，创建 CustomerInfo 类的对象 customer，通过该对象访问类的私有属

性和私有方法，如代码 9-10 所示。

代码 9-10 访问私有成员

```
1    customer = CustomerInfo()
2    customer.__age
3    customer.__info()
```

运行代码 9-10 输出以下错误提示信息。

```
AttributeError: 'CustomerInfo' object has no attribute '__age'
```

注释访问私有成员的代码（第 2 行）后，运行程序，输出以下错误提示信息。

```
AttributeError: 'CustomerInfo' object has no attribute '__info'
```

通过错误提示信息可以判断，对象名无法直接访问类的私有成员。

下面分别介绍如何在类的内部访问私有属性和私有方法。

（1）访问私有属性。私有属性可以在类的公有方法中通过参数 self 访问，在类的外部可以通过访问公有方法从而间接访问私有属性。以 CustomerInfo 类为例，通过公有方法 get_info() 访问私有属性__age，如代码 9-11 所示。

代码 9-11 通过公有方法访问私有属性

```
1    class CustomerInfo:
2        __age = 20  # 私有属性
3
4        def get_info(self):  # 公有方法
5            print(f"我的年龄是：{self.__age}")
6
7    customer = CustomerInfo()
8    customer.get_info()
```

代码 9-11 的运行结果如下。

```
我的年龄是：20
```

（2）访问私有方法。私有方法同样可以在公有方法中通过参数 self 访问，修改 CustomerInfo 类，在私有方法__info()中通过 self 参数访问私有属性__age，并在公有方法 get_ info()中通过 self 参数访问私有方法__info()，如代码 9-12 所示。

代码 9-12 通过公有方法访问私有方法

```
1    class CustomerInfo:
2        __age = 20  # 私有属性
         def __info(self):  # 私有方法
             print(f"我的年龄是：{self.__age}")
3
4        def get_info(self):  # 公有方法
5            self.__info()
6
7    customer = CustomerInfo()
```

```
8     customer.get_info()
```

代码 9-12 的运行结果如下。

```
我的年龄是：20
```

9.3 构造方法与析构方法

在 Python 中，类中有两个特殊的方法：构造方法__init__()和析构方法__del__()，这两个方法分别在对象创建和销毁时自动调用。

9.3.1 构造方法

每个类都有一个默认的__init__()构造方法，如果定义类时显式地定义了__init__()方法，则创建对象时 Python 解释器会调用显式定义的__init__()方法；如果定义类时没有显式定义__init__()方法，那么 Python 解释器会调用默认的__init__()方法。

__init__()方法按照参数的有无可以分为有参数的构造方法和无参数的构造方法（self 除外）。用无参数的构造方法创建对象时可以为对象的属性设置默认的初始值。若希望每次创建对象时可以为对象设置个性化的初始值，则可以使用有参数的构造方法实现。构造方法定义的格式如下。

```
def  __init__(self,其他参数):
    # 方法体
```

例如，定义一个 Person 类，在该类中显式地定义一个带 3 个参数的_init__()方法和 Introduce()方法，如代码 9-13 所示。

代码 9-13　构造方法的定义

```
1     class Person:
2         def __init__(self, name, age):
3             self.name = name
4             self.age = age
5
6         def Introduce(self):
7             print(f"姓名: {self.name} ")
8             print(f"年龄: {self.age} ")
9
10    # 创建 Person 类的实例
11    person = Person("Bob", 30)
12    person.Introduce()
```

代码 9-13 的运行结果如下。

```
姓名：Bob
年龄：30
```

9.3.2 析构方法

析构方法__del__()是一个当对象不被引用时会自动调用的特殊方法。它通常用于执行清理操作，如释放资源或其他必要的收尾工作。

Python 由于采用了垃圾回收机制，析构方法的调用时机是不确定的，因此通常不建议在析构方法中执行重要的清理工作。Python 的垃圾回收器会在对象不再被引用时自动释放其占用的内存，因此大多数情况下不需要手动释放资源。

尽管如此，如果确实需要在对象销毁时执行某些操作（这种情况很少见），可以在类中定义__del__()方法。析构方法定义的格式如下。

```
def  __del__(self):
    # 方法体
```

析构方法的使用如代码 9-14 所示。

代码 9-14　析构方法的使用

```
1     class Car:
2         def __init__(self, color):
3             self.color = color
4             print("调用__init__方法，车辆已创建，颜色为：", self.color)
5
6         def __del__(self):
7             print("调用__del__方法，车辆已被销毁")
8
9         # 主程序
10    car1 = Car("红色")
11    car2 = Car('蓝色')
12    car3 = car2  # car3 现在是 car2 的引用，它们指向同一个对象
13    print("准备删除 car1")
14    del car1  # 删除 car1 的引用，对象被销毁
15    print("准备删除 car2")
16    del car2  # 删除 car2 的引用，此时对象还不会被销毁，因为 car3 还在引用它
17    print("准备删除 car3")
18    del car3  # 删除 car3 的引用，此时对象没有任何引用，所以会被销毁
```

代码 9-14 的运行结果如下。

```
调用__init__方法，车辆已创建，颜色为： 红色
调用__init__方法，车辆已创建，颜色为： 蓝色
准备删除 car1
调用__del__方法，车辆已被销毁
准备删除 car2
准备删除 car3
调用__del__方法，车辆已被销毁
```

在代码 9-14 中，创建了三个 Car 对象，分别命名为 car1、car2 和 car3。car3 被设置为 car2 的引用，意味着它们指向同一个对象。然后依次删除这三个引用，当 car1 和最后一个引用 car3 被删除时，因为没有其他引用指向这两个对象，Python 的垃圾回收机制会识别出这两个对象不再引用，并调用其__del__()方法，最终销毁这两个对象。

9.4 类方法和静态方法

Python 中有三种形式定义方法，分别为实例方法、使用@classmethod 修饰的类方法和使用@staticmethod 修饰的静态方法。

9.4.1 类方法

类方法与实例方法的不同之处如下。

（1）类方法通过装饰器@classmethod 修饰。

（2）类方法的第一个参数通常是 cls，而非 self，它代表类本身而不是类的实例。

（3）类方法既可以由类的实例对象调用，也可以通过类名直接调用。

（4）类方法可以修改类属性，实例方法无法修改类属性。

定义类方法的语法格式如下。

```
class MyClass:
    @classmethod
    def my_class_method(cls):
        # 方法体
```

类方法可以通过类名或对象名进行调用，其语法格式如下。

```
类名.类方法
对象名.类方法
```

【例 9-2】 定义一个含有类方法 my_class_method()的 MyClass 类，如代码 9-15 所示。

代码 9-15　类方法的使用

```
1    class MyClass:
2        count = 0
3        @classmethod
4        def my_class_method(cls):  # 类方法
5            cls.count = cls.count + 2
6
7        def instance_method(self):  # 实例方法
8            self.count = 1
9
```

```
10    # 主程序
11    a1 = MyClass()  # 创建MyClass类的对象a1
12    a1.instance_method()  # 对象名a1调用实例方法，修改类属性count的值
13    print(MyClass.count)  # 输出类属性count的值
14    a1.my_class_method()  # 对象名a1调用类方法
15    print(MyClass.count)  # 输出类属性count的值
16    MyClass.my_class_method()  # 类名MyClass调用类方法
17    print(MyClass.count)  # 输出类属性count的值
```

代码 9-15 的运行结果如下。

```
0
2
4
```

从代码 9-15 的运行结果中可以看出，使用对象名和类名均可调用类方法（代码第 14 行和 16 行）。调用实例方法后，输出类属性 count 的值（代码第 13 行），count 的值仍然为 0，说明类属性 count 的值没有被实例方法修改。通过对象名和类名两次调用（代码第 14 行和第 16 行）类方法 my_class_method 后，分别输出类属性 count 的值（代码第 15 行和第 17 行），结果依次为 2 和 4，说明类属性的值每次都被类方法修改了。

9.4.2 静态方法

静态方法与实例方法的不同之处如下。

（1）静态方法需要使用@staticmethod 来修饰。

（2）静态方法既不接收 self（表示实例）也不接收 cls（表示类）作为第一个参数。

（3）静态方法中需要以“类名.方法/属性名”的形式访问类的成员。

（4）静态方法既可以由对象调用，也可以通过类名调用。

定义静态方法的语法格式如下。

```
class MyClass:
    @staticmethod
    def my_static_method(*args, **kwargs):
        # 方法体
```

【例 9-3】 定义一个含有属性 num 和静态方法 my_static_method()的类 MyClass2，如代码 9-16 所示。

代码 9-16 静态方法的使用

```
1    class MyClass2:
2        num = 5
3        @staticmethod
4        def my_static_method():
5            print(f"类属性的值为：{MyClass2.num}")
6
7    # 主程序
8    mc = MyClass2()  # 创建对象
9    mc.my_static_method()  # 对象调用静态方法
10   MyClass2.my_static_method()  # 类名调用静态方法
```

代码 9-16 的运行结果如下。

```
类属性的值为：5
类属性的值为：5
```

从结果可以看出，类名和对象名均可以调用静态方法。

9.5 应用案例：超市管理系统

在现代商业环境中，超市扮演着供应日常生活必需品的重要角色。随着信息技术的发展，超市管理系统的自动化和数字化程度日益提高，为了提高超市运营效率和服务质量，开发一个基于面向对象编程的超市管理系统是非常有意义的。超市管理系统代码运行结果如图 9-2 所示。

```
张三 添加了 3 个 面包 到购物车
张三 添加了 2 个 牛奶 到购物车
王五 添加了 3 个 牛奶 到购物车
--- 张三 的购物车 ---
成功售出 3 个 面包
成功售出 2 个 牛奶
总费用: $13.5
--- 王五 的购物车 ---
成功售出 3 个 牛奶
总费用: $9.0
商品名称: 面包, 单价: $2.5, 库存数量: 47
商品名称: 牛奶, 单价: $3.0, 库存数量: 25


进程已结束,退出代码0
```

图 9-2　超市管理系统代码运行结果图

【分析】

实现超市管理系统，需考虑以下几个方面。

（1）明确该程序是利用面向对象编程的基本概念来设计和实现一个简单的超市管理系统。系统包括两个核心类：Product（商品）和 Customer（顾客）。Product 类负责管理商品的基本信息和库存，Customer 类负责模拟顾客的购物行为。

（2）定义 Product 类：包括商品的名称、单价和库存数量等属性，以及展示商品信息和售卖商品的方法。通过 Product 类将数据和方法封装在一起，实现数据隐藏和保护。

（3）定义 Customer 类：包括顾客的名称和购物车，以及添加商品到购物车和给购物车中的商品结账的方法。通过 Customer 类将数据和方法封装在一起，实现数据隐藏和保护。

（4）根据 Product 类和 Customer 类模拟顾客选择商品、加入购物车、给购物车中的商品结账的整个过程。

【实现】

（1）自定义 Product 类。

Product 类中自定义构造方法__init__()，用于初始化商品的名称、单价和库存数量，并添加构造方法__init__()初始化商品的名称、单价和库存数量。Product 类中实现 display_info(self)方法，用于显示商品的基本信息；实现 sell(self, amount)方法，用于处理商品的销售操作，根据销售数量减少库存。自定义 Product 类如代码 9-17 所示。

代码 9-17　自定义 Product 类

```
1   class Product:
2       def __init__(self, name, price, quantity):
3           """
4           初始化商品对象
5           name : 商品名称
6           price : 商品单价
7           quantity : 商品库存数量
8           """
9           self.name = name  # 设置商品名称
10          self.price = price  # 设置商品单价
11          self.quantity = quantity  # 设置商品库存数量
12
13      # 自定义显示商品信息函数
14      def display_info(self):
15          print(f"商品名称：{self.name}, 单价：${self.price}, 库存数量：
    {self.quantity}")
16
17      def sell(self, amount):
18          """
19          自定义售出商品函数
20          amount : 售出数量
21          """
22          if self.quantity >= amount:  # 如果库存数量大于等于要售出的数量
23              self.quantity -= amount  # 减少库存数量，表示售出了指定数量的商品
24              print(f"成功售出 {amount} 个 {self.name}")
25          else:
26              print(f"库存不足，无法售出 {amount} 个 {self.name}")
```

（2）自定义 Customer 类。

Customer 类中自定义构造方法__init__()，用于初始化顾客的名称，并创建一个空的购物车。Customer 类中实现 add_to_cart(self, product, quantity)方法，将指定商品和数量添加到购物车中；实现 checkout(self)方法，处理顾客的结账操作，检查购物车中的商品库存是否足够，执行商品售卖并计算总费用，如代码 9-18 所示。

代码 9-18　自定义 Customer 类

```
1	class Customer:
2	    def __init__(self, name):
3	        """初始化顾客对象
4	        name : 顾客名称
5	        """
6	        self.name = name
7	        self.cart = []  # 初始化购物车为空列表
8	
9	    def add_to_cart(self, product, quantity):
10	        """添加商品到购物车
11	        product : 要添加的商品对象
12	        quantity : 添加的数量
13	        """
14	        self.cart.append((product, quantity))
15	        print(f"{self.name} 添加了 {quantity} 个 {product.name} 到购物车")
16	
17	    # 自定义结账购物车商品函数
18	    def checkout(self):
19	        total_cost = 0  # 初始化总费用为 0
20	        print(f"--- {self.name} 的购物车 ---")  # 输出顾客的名称
21	        for product, quantity in self.cart:  # 遍历购物车中的每个商品及其数量
22	            if product.quantity >= quantity:  # 检查商品库存是否足够
23	                product.sell(quantity)  # 调用商品对象的售卖方法，减少商品库存
24	                total_cost += product.price * quantity  # 计算总费用
25	            else:
26	                print(f"{product.name} 库存不足")  # 如果商品库存不足，输出库存不足
	信息
27	        print(f"总费用：${total_cost}")  # 输出结账后的总费用
28	        self.cart = []  # 结账后清空购物车
```

（3）创建示例。

创建两个 Product 类示例：面包和牛奶，分别设置名称、单价和初始库存。创建两个 Customer 类示例：张三和王五，分别设置顾客的名称，如代码 9-19 所示。

代码 9-19　创建示例

```
1	# 创建 Product 和 Customer 示例
2	if __name__ == "__main__":
3	    面包 = Product("面包", 2.5, 50)  # 创建商品对象，名称为"面包"，单价为 2.5，库存
	数量为 50
4	    牛奶 = Product("牛奶", 3.0, 30)  # 创建商品对象，名称为"牛奶"，单价为 3.0，库存
	数量为 30
5	
6	    张三 = Customer("张三")  # 创建顾客 张三
7	    王五 = Customer("王五")  # 创建顾客 王五
```

（4）购物流程示例。

张三添加商品到购物车：首先调用张三.add_to_cart(面包, 3)，将 3 个面包添加到购物车；然后调用张三.add_to_cart(牛奶, 2)，将 2 瓶牛奶添加到购物车。

王五添加商品到购物车：调用王五.add_to_cart(牛奶, 3)，将 3 瓶牛奶添加到购物车。

张三结账：首先调用张三.checkout()，遍历购物车中的商品，若面包库存足够，则执行销售操作，减少库存并计算总费用；对于牛奶，若库存足够，则执行销售操作，减少库存并计算总费用。最后输出总费用并清空购物车。

王五结账：调用王五.checkout()，遍历购物车中的商品，若牛奶库存不足，则输出库存不足的消息。最后输出总费用并清空购物车。

显示剩余库存信息：调用面包.display_info()和牛奶.display_info()，分别显示剩余的面包和牛奶的库存信息。

购物流程示例如代码 9-20 所示。

代码 9-20　购物流程示例

```
1        张三.add_to_cart(面包, 3)  # 张三将 3 个面包添加到购物车
2        张三.add_to_cart(牛奶, 2)  # 张三将 2 瓶牛奶添加到购物车
3
4        王五.add_to_cart(牛奶, 3)  # 王五将 3 瓶牛奶添加到购物车
5
6        张三.checkout()  # 张三结账购物车中的商品
7        王五.checkout()  # 王五结账购物车中的商品
8
9        面包.display_info()  # 显示面包商品的剩余库存信息
10       牛奶.display_info()  # 显示牛奶商品的剩余库存信息
```

代码 9-20 的运行结果如下。

```
张三 添加了 3 个 面包 到购物车
张三 添加了 2 个 牛奶 到购物车
王五 添加了 3 个 牛奶 到购物车
--- 张三 的购物车 ---
成功售出 3 个 面包
成功售出 2 个 牛奶
总费用: $13.5
--- 王五 的购物车 ---
成功售出 3 个 牛奶
总费用: $9.0
商品名称: 面包, 单价: $2.5, 库存数量: 47
商品名称: 牛奶, 单价: $3.0, 库存数量: 25

进程已结束,退出代码 0
```

9.6 类的继承

类的继承是指在一个现有的类的基础上去构建一个新的类，构建出的新类称作子类，被继承的类称作父类，子类会自动拥有父类所有可继承的属性和方法。

9.6.1 单继承

单继承指的是子类只继承一个父类，其语法格式如下。

```
class 子类(父类):
```

定义一个表示动物的类 Animal 和一个表示狗的子类 Dog，如代码 9-21 所示。

代码 9-21 单继承示例

```
1     class Animal:
2         def __init__(self, name):
3             self.name = name
4
5         def speak(self):
6             print(f"{self.name} makes a sound")
7
8     # 子类 Dog 继承自父类 Animal
9     class Dog(Animal):
10        def bark(self):
11            print(f"{self.name} barks")
12
13    # 创建 Dog 类的实例
14    dog = Dog("Buddy")
15    # 调用继承自 Animal 类的 speak 方法
16    dog.speak()  # 输出: Buddy makes a sound
17    # 调用 Dog 类特有的 bark 方法
18    dog.bark()  # 输出: Buddy barks
```

代码 9-21 的运行结果如下。

```
Buddy makes a sound
Buddy barks
```

在代码 9-21 中，Dog 类继承了 Animal 类。因此，Dog 类的对象 dog 既可以调用从父类 Animal 中继承的 speak()方法，也可以调用自己的 bark()方法。

9.6.2 多继承

多继承是指一个子类（派生类）可以同时继承自多个父类（基类），其语法格式如下。

```
class 子类(父类A, 父类B):
```

多继承的例子随处可见，例如，蝙蝠同时具有哺乳动物类和鸟类的特征，因此让蝙蝠类Bat同时继承自哺乳动物类Mammal和鸟类Bird，如代码9-22所示。

代码 9-22　多继承示例

```
1   class Animal:
2       def __init__(self, name):
3           self.name = name
4
5       def speak(self):
6           print(f"{self.name} makes a sound")
7
8   class Mammal(Animal):       #定义哺乳动物类Mammal，继承自Animal类
9       def nurse_young(self):
10          print(f"{self.name} nurses its young")
11
12  class Bird(Animal):       #定义鸟类Bird，继承自Animal类
13      def fly(self):
14          print(f"{self.name} can fly")
15
16      # 子类Bat同时继承自Mammal类和Bird类
17  class Bat(Mammal, Bird):
18      pass
19
20  # 创建Bat类的实例
21  bat = Bat("Little Bat")
22  # 调用继承自Mammal的nurse_young()方法
23  bat.nurse_young()  # 输出：Little Bat nurses its young
24  # 调用继承自Bird类的fly()方法
25  bat.fly()  # 输出：Little Bat can fly
26  # 调用继承自Animal类的speak()方法（如果Bat没有重写它）
27  bat.speak()  # 输出：Little Bat makes a sound
```

代码9-22的运行结果如下。

```
Little Bat nurses its young
Little Bat can fly
Little Bat makes a sound
```

在代码9-22中，Bat类同时继承了Mammal类和Bird类的属性和方法，这意味着Bat类的对象bat可以访问并调用这两个父类中定义的方法。在实际情况中，蝙蝠并不是真正的鸟类，代码9-22只是为了解释多继承的概念。

9.6.3 方法的重写

在继承关系中，子类会自动拥有父类定义的方法。如果父类定义的方法不能满足子类的需求，子类可以按照自己的需要重写从父类继承的方法，这就是方法的重写（Override）。重写可以使子类中的方法覆盖掉与父类同名的方法，需要注意的是，在子类中重写的方法要和父类

被重写的方法具有相同的方法名和参数列表。

在下面的例子中，子类 Dog 和 Cat 都重写了父类 Animal 中的 speak()方法，如代码 9-23 所示。

代码 9-23 重写示例

```
1    class Animal:
2        def __init__(self, name):
3            self.name = name
4
5        def speak(self):
6            print(f"The {self.name} makes a sound")
7
8    # 子类 Dog 继承自 Animal 类并重写 speak 方法
9    class Dog(Animal):
10       def speak(self):
11           print(f"The {self.name} barks")
12
13   # 子类 Cat 也继承自 Animal 类并重写 speak 方法
14   class Cat(Animal):
15       def speak(self):
16           print(f"The {self.name} meows")
17
18   # 创建 Dog 类和 Cat 类的实例
19   dog = Dog("Buddy")
20   cat = Cat("Whiskers")
21   # 调用各自对象的 speak 方法，将执行子类重写后的方法
22   dog.speak()  # 输出: The Buddy barks
23   cat.speak()  # 输出: The Whiskers meows
24   # 如果创建一个 Animal 类的实例并调用 speak 方法，将执行 Animal 类中的方法
25   animal = Animal("Generic Animal")
26   animal.speak()  # 输出: The Generic Animal makes a sound
```

代码 9-23 的运行结果如下。

```
The Buddy barks
The Whiskers meows
The Generic Animal makes a sound
```

在代码 9-23 中，Dog 类和 Cat 类都继承自 Animal 类，并且都重写了 speak()方法。当调用 dog.speak()时，会执行 Dog 类中重写的 speak()方法，输出 The Buddy barks。同样，调用 cat.speak()时会执行 Cat 类中重写的 speak()方法，输出 The Whiskers meows。而当创建一个 Animal 类的实例并调用其 speak()方法时，会执行 Animal 类中原始的 speak()方法。

如果子类重写了父类的方法，但仍然希望调用父类中的方法，可以通过 super()函数调用父类（或超类）中的方法。这在子类重写父类方法时非常有用，它允许子类在重写的方法中调用父类的原始实现，从而可以扩展或修改父类的行为，而不是完全替代它。

super()函数的语法格式如下。

```
super().方法名()
```

使用 super()函数在 Dog 类中调用父类 Animal 中 speak()方法，如代码 9-24 所示。

代码 9-24　super()函数示例

```
1    class Animal:
2        def __init__(self, name):
3            self.name = name
4
5        def speak(self):
6            print(f"The {self.name} makes a sound")
7
8    # 子类 Dog 继承自 Animal 类，并重写 speak()方法，使用 super()调用父类的 speak()方法
9    class Dog(Animal):
10       def speak(self):
11           super().speak()  # 调用父类的 speak()方法
12           print(f"The {self.name} barks specifically")
13   # 创建 Dog 类的实例
14   dog = Dog("Buddy")
15   # 调用 dog 的 speak()方法，将先执行父类的 speak()方法，再执行子类添加的部分
16   dog.speak()
```

代码 9-24 的运行结果如下。

```
The Buddy barks
The Whiskers meows
The Generic Animal makes a sound
```

在代码 9-24 中，Dog 类重写了 speak()方法，并在重写的方法内部使用 super().speak()来调用 Animal 类中的 speak()方法。这样，当调用 dog.speak()时，会首先执行父类 Animal 中的 speak()方法输出通用的声音描述，然后执行子类 Dog 中 speak()方法的剩余部分，输出狗特有的吠叫声描述。

通过 super()函数，子类可以在不破坏或覆盖父类功能的情况下扩展其功能，从而更好地实现了代码复用。这在设计复杂的面向对象系统时非常有用，因为它允许构建层次化的类结构，同时保持各个层级之间的结构清晰，能够协同工作。

9.7　多　　态

在设计一个方法时，有时会希望该方法具备一定的通用性。例如，要实现动物类的叫声方法 speak()，由于不同类型动物的叫声是不同的，因此可以在方法中设置一个参数，当 speak()方法传入 Dog 类的对象作为参数时，就模拟狗叫，当 speak()方法传入 Cat 类的对象作为参数时，就模拟猫叫。这种同一个方法（方法名相同），参数类型或参数个数不同导致执行效果不同的现象叫多态（Polymorphism）。

使用 Animal 类及其子类来演示多态的示例如代码 9-25 所示。

代码 9-25 多态示例

```
1    class Animal:
2        def speak(self):
3            print("The animal makes a sound")
4
5    class Dog(Animal):
6        def speak(self):
7            print("The dog barks")
8
9    class Cat(Animal):
10       def speak(self):
11           print("The cat meows")
12
13   # 定义一个函数，接受Animal类的参数，并调用其speak()方法
14   def let_animal_speak(animal):
15       animal.speak()
16
17   # 创建Dog类和Cat类的实例
18   dog = Dog()
19   cat = Cat()
20   # 使用多态，将Dog类和Cat类的实例传递给接受Animal类参数的函数
21   let_animal_speak(dog)
22   let_animal_speak(cat)
```

代码 9-25 的运行结果如下。

```
The dog barks
The cat meows
```

在代码 9-25 中，定义了一个 let_animal_speak()函数，它接受一个 Animal 类的参数。由于 Dog 类和 Cat 类都是 Animal 的子类，它们的实例都可以作为参数传递给这个函数。在函数内部，调用 animal.speak()方法，由于多态性，实际调用的是传入对象（Dog 类或 Cat 类）的 speak()方法实现。

这就是多态性的体现，可以使用统一的接口（在本例中是 Animal 类及其 speak()方法）来处理不同的对象类型（Dog 类和 Cat 类），而无须关心对象的具体类型。这种灵活性使得代码更加易于维护和扩展，因为可以轻松地添加新的子类，无须修改现有的函数或方法。

9.8 应用案例 2：太空探索游戏

在未来的科技世界中，人类将开展深空探险和太空科学研究。现有一支由专业宇航员、工程师和探险家组成的太空探索团队，每个角色都有独特的科学技能和任务目标，宇航员负责驾驶宇宙飞船探索未知星球，工程师负责设计并测试新型宇宙探测器，探险家负责探索宇宙奥秘。该案例可以体验面向对象编程在游戏开发中的应用和乐趣。太空探索游戏代码运行结果如图 9-3 所示。

```
欢迎进入太空探险游戏!
请输入您的角色名称：jake
请选择角色类型（1. 宇航员  2. 探险家  3. 工程师）：1
您选择了角色 jake，开始太空探险之旅!

请选择操作：
1. 探索未知星球
2. 退出游戏
请输入您的选择：1
jake正在驾驶宇宙飞船探索未知星球。

请选择操作：
1. 探索未知星球
2. 退出游戏
请输入您的选择：2
感谢参与太空探险游戏，再见!

进程已结束,退出代码0
```

图 9-3　太空探索游戏代码运行结果

【分析】

实现太空探索游戏，需考虑以下几个方面。

（1）抽象类和具体类的设计。

SpaceExplorer 类：这是一个抽象基类，用于表示太空探险角色。在 SpaceExplorer 类中实现 explore()方法，用于执行具体的探索行为。这个类本身不能被实例化，而是被其他具体角色类继承和实现。

具体角色类（Astronaut、Explorer、Engineer）：每个具体角色类继承自 SpaceExplorer 类，并且实现 explore()方法以展示不同的探索行为。这些类封装了每种角色的特定技能，如宇航员驾驶宇宙飞船、探险家寻找宝藏和工程师维护工具。

（2）游戏界面函数 game_interface()的设计。

欢迎消息和用户输入：游戏开始时，输出欢迎消息并提示用户输入角色名称和角色类型。

角色选择和对象实例化：根据用户输入的角色类型，实例化相应的具体角色对象（Astronaut、Explorer、Engineer）。这种实例化利用了多态性，即不同的对象可以通过相同的方法调用来执行不同的行为。

游戏循环：进入一个循环，允许玩家选择不同的操作。

操作选择：玩家可以选择探索未知星球或退出游戏。根据玩家的选择，调用相应角色对象的 explore()方法或退出游戏循环。

（3）主程序入口的设计。

main 函数：在主程序入口，调用 game_interface()函数来启动游戏。game_interface()函数负责整个游戏的流程，包括角色选择、操作执行和游戏循环。

【实现】

（1）自定义基类 SpaceExplorer。

在 SpaceExplorer 基类中，定义了初始化方法__init__(self, name)，用于设置角色的名称属性 self.name；定义一个抽象方法 explore(self)，用于子类中实现具体的探索行为。自定义基类 SpaceExplorer 如代码 9-26 所示。

代码 9-26　自定义基类

```
1    # 定义太空探险角色基类
2    class SpaceExplorer:
3        def __init__(self, name):
4            self.name = name  # 初始化角色的名称
5            """
6            在太空探索游戏程序中：
7            self 表示类的实例对象自身，可以通过 self 来访问和操作当前对象的属性和方法
8            name 是用来初始化对象的属性的值
9            """
10
11       def explore(self):
12           pass  # 抽象方法，由子类实现具体的探索行为
```

（2）自定义子类 Astronaut、Explorer 和 Engineer。

分别定义三个子类 Astronaut、Explorer 和 Engineer，用于具体实现不同类型的太空探险角色：宇航员、探险家和工程师。这些子类都继承自 SpaceExplorer 基类，继承了基类的属性和方法。每个子类中都重写了基类中的 explore(self)方法，实现了具体的探索行为。自定义子类 Astronaut、Explorer 和 Engineer 如代码 9-27 所示。

代码 9-27　自定义子类

```
1    # 定义宇航员类
2    class Astronaut(SpaceExplorer):
3        def __init__(self, name):
4            super().__init__(name)  # 调用父类的初始化方法，设置角色的名称
5
6        def explore(self):  # 自定义一个类方法，用于执行太空探险角色的探索行为
7            print(f"{self.name}正在驾驶宇宙飞船探索未知星球。")#实现了太空探险的具体行为
8
9    # 定义探险家类
10   class Explorer(SpaceExplorer):
11       def __init__(self, name):
12           super().__init__(name)  # 调用父类的初始化方法，设置角色的名称
13
14       def explore(self):  # 自定义一个类方法，用于执行太空探险角色的探索行为
15           print(f"{self.name}正在探寻宇宙奥秘。")  # 实现了太空探险的具体行为
16
17   # 定义工程师类
18   class Engineer(SpaceExplorer):
19       def __init__(self, name):
20           super().__init__(name)  # 调用父类的初始化方法，设置角色的名称
21
22       def explore(self):  # 自定义一个类方法，用于执行太空探险角色的探索行为
23           print(f"{self.name}正在维护和改进探险工具。")  # 实现了太空探险的具体行为
```

（3）设计用户界面和游戏交互函数。

自定义一个交互函数 game_interface，用于展示游戏界面并与用户进行交互。在该函数中，首先欢迎玩家进入游戏，并提示用户输入角色名称并选择角色类型，根据用户输入的角色类型创建相应的角色实例（Astronaut、Explorer 或 Engineer）。在循环中，用户可以选择探索未知星球或退出游戏。用户界面和游戏交互函数如代码 9-28 所示。

代码 9-28　用户界面和游戏交互函数

```
1   # 用户界面函数
2   def game_interface():
3       print("欢迎进入太空探险游戏！")
4       name = input("请输入您的角色名称：")  # 获取用户输入的角色名称
5       role_type = input("请选择角色类型（1. 宇航员  2. 探险家  3. 工程师）：")  # 获
    取用户选择
6
7       if role_type == "1":
8           player = Astronaut(name)  # 根据用户选择创建相应的角色实例
9       elif role_type == "2":
10          player = Explorer(name)
11      elif role_type == "3":
12          player = Engineer(name)
13      else:
14          print("无效的角色类型选择。")
15          return
16
17      print(f"您选择了角色 {player.name}，开始太空探险之旅！")  # 输出角色选择信息
18
19      while True:
20          print("\n 请选择操作：")
21          print("1. 探索未知星球")
22          print("2. 退出游戏")
23          choice = input("请输入您的选择：")  # 获取用户操作选择
24          if choice == "1":
25              player.explore()  # 调用角色的探索方法
26          elif choice == "2":
27              print("感谢参与太空探险游戏，再见！")
28              break  # 退出游戏循环
29          else:
30              print("无效的操作选择。")  # 提示用户操作选择无效
```

（4）设计主程序入口。

在主程序入口部分，通过__name__ == "__main__" 条件判断，调用 game_interface() 函数，启动游戏的交互界面，让玩家开始太空探险之旅。主程序入口如代码 9-29 所示。

代码 9-29　主程序入口

```
1    # 主程序入口
2    if __name__ == "__main__":
3        game_interface()  # 启动游戏界面函数，开始游戏交互
```

代码 9-29 的运行结果如下。

```
欢迎进入太空探险游戏!
请输入您的角色名称：Jake
请选择角色类型（1. 宇航员  2. 探险家  3. 工程师）：1
您选择了角色 Jake，开始太空探险之旅!

请选择操作：
1. 探索未知星球
2. 退出游戏
请输入您的选择：1
Jake 正在驾驶宇宙飞船探索未知星球。

请选择操作：
1. 探索未知星球
2. 退出游戏
请输入您的选择：1
Jake 正在驾驶宇宙飞船探索未知星球。

请选择操作：
1. 探索未知星球
2. 退出游戏
请输入您的选择：2
感谢参与太空探险游戏，再见!

进程已结束,退出代码 0
```

9.9　上机实践

9.9.1　实验 1：学生成绩更新

1. 实验目的

（1）熟练掌握类和对象的创建。

（2）熟练掌握类的属性的修改。

2. 实验要求

设计一个能够帮助教育工作者轻松地记录和管理学生基本信息、方便地更新和查看学生成绩的应用程序。该程序基于面向对象的编程，自定义一个学生类、两个方法和一个对象，以完善系统功能，旨在打造一个易于维护和扩展的系统，提高教育管理的效率和准确性。

3. 运行效果示例

程序运行效果如图 9-4 所示。

```
学生姓名：张三，年龄：20，科目：Python程序设计，成绩：0
张三 的成绩更新成功。新成绩为：90
学生姓名：张三，年龄：20，科目：Python程序设计，成绩：90
张三 的科目更新成功。新科目为：数据可视化
学生姓名：张三，年龄：20，科目：数据可视化，成绩：90

进程已结束,退出代码0
```

图 9-4　学生成绩更新程序运行效果

4. 程序模板

```
1   # 自定义学生类
2     【代码 1】 :
3       def __init__(self, name, age, grade=0, subject=""):
4           """
5           初始化学生对象的属性
6           name : 学生姓名
7           age : 学生年龄
8           grade : 学生成绩，默认为 0
9           subject : 学生科目，默认为空字符串
10          """
11          self.name = ___【代码 2】___  # 存储学生姓名的属性
12          self.age = age  # 存储学生年龄的属性
13          self.grade = grade  # 存储学生成绩的属性，默认为 0
14          self.subject = subject  # 存储学科的属性
15
16      def display_info(self):  # 显示学生的信息，包括姓名、年龄、科目和成绩
17          print(f"学生姓名：{self.name}，年龄：{self.age}，科目：{self.subject}，
    成绩：{self.grade}")
18
19      def update_grade(self, ___【代码 3】___):  # 定义更新学生成绩的方法
20          if 0 <= new_grade <= 100:  # 检查新成绩是否在有效范围内
21              self.grade = ___【代码 4】___  # 更新学生成绩
22              print(f"{self.name} 的成绩更新成功。新成绩为：{self.grade}")
23          else:
24              print("成绩输入无效。成绩必须在 0 到 100 之间。")
25
26      def update_subject(self, new_subject):  # 定义更新学生科目的方法
27          self.subject =___【代码 5】___  # 更新学生科目
28          print(f"{self.name} 的科目更新成功。新科目为：{self.subject}")
29
30
```

```
31  # 创建学生对象并进行信息管理
32  student1 = ___【代码 6】___("张三", 20, subject="Python 程序设计")  # 创建一个实例
33  student1.___【代码 7】___  # 调用显示学生对象的信息的方法
34
35  # 更新学生成绩
36  new_grade = 90
37  student1.update_grade(___【代码 8】___)  # 尝试更新学生成绩
38  student1.display_info()  # 显示更新后的信息
39
40  # 更新科目
41  ___【代码 9】___ = "数据可视化"
42  student1.update_subject(___【代码 10】___)  # 尝试更新学生科目
43  student1.display_info()  # 显示更新后的信息
```

5. 实验指导

（1）自定义学生类：定义 Student 类，__init__构造方法用于初始化学生对象的属性，包括姓名、年龄、成绩、科目。

（2）自定义 display_info 方法，用于显示学生的姓名、年龄、成绩和科目。自定义 update_grade 方法，用于更新学生的成绩。自定义 update_subject 方法，用于更新学生的科目。

（3）学生对象创建与信息管理：创建 Student 类的对象 student1，并上传学生的姓名、年龄和科目。

（4）调用 display_info 方法，显示学生的信息。

（5）调用 update_grade、def update_subject 方法，更新学生的成绩和科目，并再次调用 display_info 方法，展示更新后的学生信息。

6. 实验课后练习

（1）更新学生成绩、科目：在现有的学生类中，添加一个新的学生对象，并显示该学生的信息。

（2）更新学生 1 的成绩：使用现有的学生对象，更新该学生的成绩，并显示更新后的信息。

（3）检查无效成绩更新：尝试使用无效的成绩更新学生的成绩，观察系统的反应。

9.9.2 实验 2：动物乐园

1. 实验目的

（1）熟练掌握类的继承。

（2）熟练掌握方法的调用。

2. 实验要求

在动物乐园里面有各种各样的小动物，它们来自神奇的大自然，每种动物都有着各自的特点。基于以上内容，本实验需要自定义一个基类、三个具体动物子类、两个方法和展示乐园动物的主程序，旨在让游客全面了解可爱的动物们。

3. 运行效果示例

动物乐园程序运行效果如图 9-5 所示。

```
欢迎来到动物乐园!
=====================
现在让我们了解一些动物:
---------------------


狮子的信息:
动物名称:狮子
特点描述:雄壮威武,毛发浓密

大象的信息:
动物名称:大象
特点描述:体型庞大,长鼻子

企鹅的信息:
动物名称:企鹅
特点描述:黑白相间,擅长游泳


进程已结束,退出代码0
```

图 9-5　动物乐园程序运行效果

4. 程序模板

```
1    # 自定义动物类 Animal
2    class 【代码 1】 :
3        def __init__(self, name, characteristics):  # 初始化函数,创建动物对象
4            """
5            self:表示类的实例对象自身,可以通过 self 来访问和操作当前对象的属性和方法
6            name:表示动物名字
7            characteristics:表示动物特征
8            """
9            self.name = ____【代码 2】____  # 存储动物名称的属性
10           self.characteristics = characteristics  # 存储动物特点描述的属性
11
12       def show_info(self):  # 显示动物信息的方法
13           print(f"动物名称: {self.name}")
14           print(f"特点描述: {self.characteristics}")
15
16       def make_sound(self):  # 抽象方法,子类需实现
17           pass  # 占位符,子类需要覆盖该方法
18
19
20   # 定义具体动物子类: Lion(狮子)
21   class Lion(Animal):
22       def __init__(self, name, characteristics):
23           super().__init__(____【代码 3】____, characteristics)  # 调用父类的初始化方法,
     传递动物名称和特点
24
25
```

```
26  # 定义具体动物子类：Elephant（大象）
27  class Elephant(Animal):
28      def __init__(self, name, characteristics):
29          super().__init__(name, 【代码 4】 )  # 调用父类的初始化方法，传递动物名称和特点
30
31
32  # 定义具体动物子类：Penguin（企鹅）
33  class Penguin(Animal):
34      def __init__(self, name, characteristics):
35          【代码 5】.__init__(name, characteristics)  # 调用父类的初始化方法，传递动物名称和特点
36
37
38  # 主程序
39  def explore_animals():
40      # 创建动物实例
41      【代码 6】 = Lion("狮子", "雄壮威武，毛发浓密")
42      elephant = Elephant("大象", "体型庞大，长鼻子")
43      penguin = Penguin("企鹅", "黑白相间，擅长游泳")
44
45
46      print("欢迎来到动物乐园！")
47      print("=====================")
48      print("现在让我们了解一些动物：")
49      print("---------------------")
50
51      print("\n狮子的信息：")
52      lion.【代码 7】  # 显示狮子的信息
53
54      print("\n大象的信息：")
55      elephant.show_info()  # 显示大象的信息
56
57      print("\n企鹅的信息：")
58      penguin.show_info()  # 显示企鹅的信息
59
60
61  # 调用主程序
62  if __name__ == "__main__":
63      explore_animals()  # 执行主程序
```

5. 实验指导

（1）编写动物类 Animal 的结构。

Animal 类具有两个属性：name（动物名称）和 characteristics（动物特点描述）。show_info() 方法用于展示动物的名称和特点。

（2）创建具体动物子类。

分别创建 Lion（狮子）、Elephant（大象）、Penguin（企鹅）三个子类。这些子类继承自 Animal 类。

（3）实例化动物对象。

在 explore_animals()函数中，创建了 Lion、Elephant 和 Penguin 的实例。每个实例代表一个具体的动物，具有自己的名称和特点。

（4）模拟动物探索。

在 explore_animals()函数中，展示每种动物的信息。通过调用每个动物实例的 show_info()方法，展示动物的特征。

6. 实验课后练习

（1）添加新的动物子类：在现有的 Animal 类代码基础上，添加一个新的动物子类。

（2）创建新的动物对象：在主程序中创建一个新的动物对象，并展示该动物的信息。

（3）修改动物特征描述：修改已有动物的特征描述，并重新展示该动物的信息。

小结

本章系统地阐述了面向对象编程（OOP）的核心理念及其实现机制，详细介绍了 OOP 的基本概念，如类和对象的关系、构造方法与析构方法的运用、类方法与静态方法的定义与用途，以及继承与多态等 OOP 的重要特性。

习题

1. 选择题

（1）在面向对象编程中，（　　）概念用于描述具有相同属性和方法的对象的集合。

A. 对象　　B. 类　　C. 继承　　D. 多态

（2）在面向对象编程中，封装的主要目的是什么？（　　）

A. 提高代码可读性　　B. 隐藏对象的状态和实现细节

C. 增加类的数量　　D. 允许对象之间的直接通信

（3）在 Python 中，定义静态方法应该使用哪个装饰器？（　　）

A. @staticmethod　　B. @classmethod

C. @property　　D. @abstractmethod

（4）下列哪个选项不是面向对象编程的三大基本特性（　　）。

A. 封装　　B. 继承　　C. 多态　　D. 抽象

（5）关于 Python 中的析构方法，以下说法正确的是（　　）。

A. 析构方法是在对象创建时调用的

B. 析构方法用于释放对象占用的资源

C. 析构方法可以通过对象实例调用

D. 析构方法必须显式调用

（6）在 Python 中，以下哪个方法用于初始化新创建的对象？（　　）

A. __init__()　　B. del()　　C. call()　　D. str()

（7）在面向对象编程中，继承的主要作用是什么？（　　）

A. 实现代码复用　　B. 隐藏对象的属性和方法

C. 增加类的数量　　D. 允许对象之间的直接通信

（8）在 Python 中，如果一个方法需要访问类的属性而不是实例的属性，它应该被定义为什么类型的方法？（　　）

A. 实例方法　　B. 类方法

C. 静态方法　　D. 抽象方法

（9）下列关于面向对象编程中继承的说法，哪个是正确的？（　　）

A. 继承允许一个类继承另一个类的所有属性和方法

B. 继承会复制父类的所有属性和方法到子类中

C. 继承允许一个类使用另一个类的所有属性和方法，但不会继承其私有属性和方法

D. 继承仅允许子类使用父类的公共方法

（10）在面向对象编程中，多态性主要体现在哪个方面？（　　）

A. 不同的对象可以调用相同名称的方法，但执行不同的操作

B. 一个类可以有多个子类

C. 一个对象可以有多个属性

D. 一个类可以有多个实例

2. 简答题

（1）简述面向对象编程的四大基本特性及其意义。

（2）请简述面向对象编程的主要优点。

（3）请描述 Python 中类方法和静态方法的区别。

（4）什么是封装？它在面向对象编程中有何作用？

（5）请解释继承在面向对象编程中的作用，并给出一个实际应用场景。

3. 编程题

（1）定义一个名为 Employee 的类，包含属性 name、age、position（职位）和 salary（薪水）。创建一个方法 introduce()，用于输出员工的个人信息。然后创建一个 Manager 类，继承自 Employee 类，并添加一个 bonus（奖金）属性和一个方法 calculate_total_income()，用于计算员工的总收入（薪水加奖金）。

（2）编写一个程序，定义一个 Circle 类，包含属性 radius 和方法 area()，计算圆的面积。再定义一个 Cylinder 类，继承自 Circle 类，并添加属性 height 和方法 volume()，计算圆柱体的体积。最后，创建一个 Cylinder 对象并计算其体积。

第 10 章 图形用户界面编程

图形用户界面（Graphical User Interface，GUI）是指采用图形化方式显示的计算机系统用户界面，能友好地实现用户与程序的交互。Python 实现图形用户界面可以使用标准模块 tkinter，还可以使用功能强大的 wxPython 和 PyQt 等扩展模块。本章将学习使用 tkinter 模块来创建 Python 的 GUI 程序。

学习目标

（1）了解 GUI 编程的相关概念。
（2）熟练掌握使用 tkinter 编写 GUI 程序的基本方法。
（3）熟练掌握 tkinter 常用布局管理器的应用。
（4）熟练掌握 tkinter 常用组件的使用。
（5）了解事件处理方式。
（6）熟练掌握菜单和消息对话框组件的应用。

10.1 tkinter 概述

tkinter（tk interface，tk）本质上是对 Tcl/Tk 软件包的 Python 接口封装，属于 Python 自带的标准模块，安装好 Python 后可以直接使用，无须另行安装。

10.1.1 初识 tkinter

tkinter 提供了一组用于创建和管理 GUI 程序的工具和组件，包括窗口、按钮、文本框、标签、滚动条等，在进行 GUI 开发之前需要先导入 tkinter 模块。

tkinter 使用了面向对象的编程风格，开发者可以通过创建和操作 tkinter 模块中类的实例来构建和管理 GUI。在构建 GUI 之前，需要先创建一个根窗口（也称为主窗口）。使用 tkinter 中 TK 类的构造方法可以创建根窗口对象，如代码 10-1 所示。

代码 10-1　创建根窗口对象

```
root = tk.Tk()  # 创建根窗口，命名为 root
```

为了使得 GUI 应用程序能随时接收到用户的事件消息，根窗口应该进入消息监听循环，使 GUI 程序总是处于运行状态，如代码 10-2 所示。

代码 10-2　进入消息监听循环

```
root.mainloop()  # 根窗口 root 进入消息循环监听
```

在 Python 解释器中执行导入 tkinter 和创建根窗口的代码，此时创建的根窗口是一个空窗口。每个程序只能有一个根窗口，但可以有多个利用 Toplevel 创建的窗口。

设置根窗口相关属性的常用方法如表 10-1 所示。

表 10-1　根窗口的常用方法

方法	功能
title()	设置窗口的标题
resizable()	设置窗口框大小是否可调
geometry()	设置主窗口的大小及位置。可接收一个“宽×高+水平偏移+竖直偏移”格式的字符串参数
quit()	退出
update()	刷新页面

10.1.2 构建简单的 GUI 程序

进行 GUI 编程需要掌握组件和容器两个基本概念。组件是指标签、按钮、文本框等对象，需将其放在容器中显示。容器是指可放置其他组件或容器的对象，如窗口、Frame（框架）等，容器也可以称为容器组件。Python 的 GUI 程序默认有一个主窗口，在这个主窗口可以放置其他组件。

1. 第一个 tkinter GUI 程序

tkinter GUI 编程的主要步骤如下。

（1）导入 tkinter 模块：通过"import tkinter"或"from tkinter import *"。

（2）创建主窗口对象。如果未创建主窗口对象，tkinter 将以默认的顶层窗口作为主容器，该容器是当前组件的容器。

（3）创建标签、按钮、输入文本框等组件对象。

（4）打包组件，将组件显示在其父容器中。

（5）启动消息监听循环，等待响应用户操作。

带有标签和按钮的 tkinter GUI 程序如代码 10-3 所示。

代码 10-3　带有标签和按钮的 tkinter GUI 程序

```
1    import tkinter as tk  # 导入tkinter模块
2
3    root = tk.Tk()  # 创建根窗口
4    root.title("第一个GUI程序")  # 设置窗口标题
5    root.geometry("300x150")  # 设置窗口大小为宽300像素，高150像素
6    label = tk.Label(root, text="欢迎使用Tkinter！")  # 创建标签组件
7    label.pack(pady=20)  # 打包标签组件，使其显示在父容器中
8
9    def button_clicked():  # 定义按钮回调函数
10       label.config(text="按钮被单击了！")
11
12   # 设置按钮点击事件触发的行为结果：改变标签显示的文本信息为"按钮被单击了！"
13   button = tk.Button(root, text="单击我", command=button_clicked)  # 创建按钮
     组件
14   button.pack()  # 打包按钮组件，使其显示在父容器中
15   root.mainloop()  # 进入消息监听循环
```

代码 10-3 的运行结果如图 10-1 所示。单击“点击我”按钮后程序的运行结果如图 10-2 所示。

图 10-1　程序的运行结果

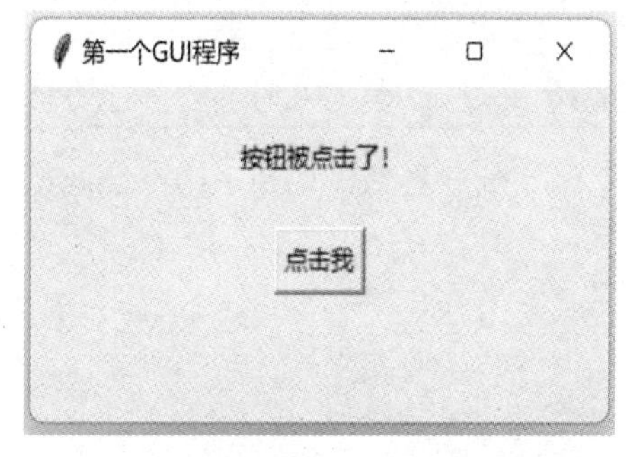

图 10-2　单击按钮后程序的运行结果

2. 动态显示 Label 信息

Label 通常用于显示静态文本信息，但应用程序中经常需要显示一些动态的说明信息，下面介绍如何使 Label 上显示的信息产生动态变化。

（1）通过 config()方法更改 Label 信息。

可以通过 Label 的 config()方法直接更新 Label 的 text 属性，在代码 10-3 中，当程序开始运行时，直接将 label 标签的 text 属性值设置为字符串"欢迎使用 Tkinter！"（第 6 行代码）；当单击按钮时，触发 label 标签的 text 属性值更改为字符串"按钮被单击了"（第 10 行代码）。

（2）通过可变类型变量实现信息同步。

Python 中的字符串、整型、浮点型以及布尔类型是不可变类型，为了实现组件内容的自动更新，tkinter 定义了一些可变类型，它们与 Python 不可变类型的对应关系如表 10-2 所示。

表 10-2 类型对照表

Python 不可变类型	tkinter 可变类型
string	StringVar
int	InVar
double	DoubleVar
bool	BooleanVar

tkinter 中可变类型数据的值可以通过 set()方法和 get()方法来设置和获取。可变类型的数据可以随时更新，并在其值发生变化时通知相关组件实现 GUI 信息的同步更新。下面以 Label 组件和 Entry 组件为例，演示可变类型数据的用法。

可变类型数据实现标签和文本框信息同步，如代码 10-4 所示。

代码 10-4 标签和文本框信息同步

```
1    from tkinter import *
2
3    root = Tk()
4    data = StringVar()  # 定义可变类型数据 data
5    data.set("Hello World")  # 设置可变类型数据 data 的值
6    label1 = Label(root, textvariable=data)  # 创建 Label 组件 1，并将其与 data 关联
7    label1.pack()
8    label2 = Label(root, textvariable=data)  # 创建 Label 组件 2,并将其与 data 关联
9    label2.pack()
10   entry = Entry(root, textvariable=data)  # 创建文本框组件,并将其与 data 关联
11   entry.pack()
12   root.mainloop()
```

代码 10-4 的运行结果如图 10-3 和图 10-4 所示。

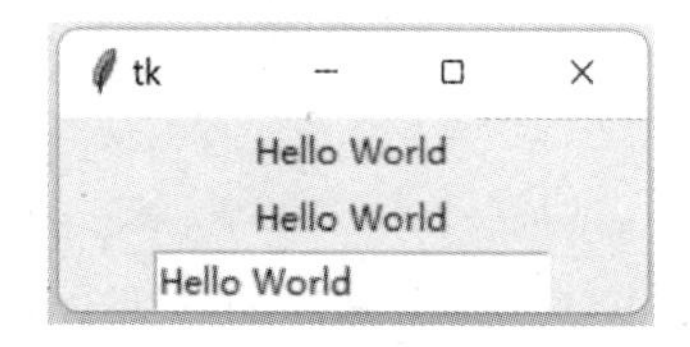

图 10-3 程序运行结果（更新前）

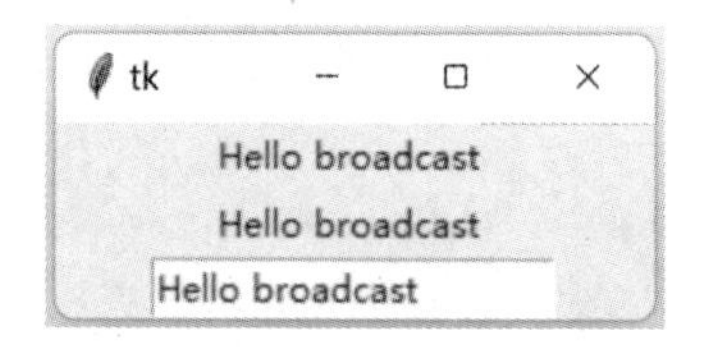

图 10-4 组件信息同步更新

代码 10-4 的说明如下。

（1）代码 10-4 中创建 Label 组件和 Entry 组件时关联可变类型数据的是组件的 textvariable 属性而非 text 属性（第 6、8、10 行代码）。

（2）第 5 行代码给可变类型数据 data 的值设置为"Hello world"，那么与 data 关联的组件 label1、label2 和 entry 的文本值均显示为"Hello world"。

（3）程序运行后，通过键盘输入改变文本框 entry 中的值为"Hello broadcast"，则标签组件 label1、label2 上显示的文本也同步更新为"Hello broadcast"，从而实现多个组件信息的同步。

10.2 tkinter 组件概述

窗口容器用于承载和组织程序中的各个组件，组件则是构成图形用户界面的基本元素，本节将对 tkinter 组件的相关知识进行简要介绍。

10.2.1 tkinter 的核心组件

tkinter 模块中提供了许多基本组件，其中核心组件有 16 个，核心组件及其说明如表 10-3 所示。

表 10-3 tkinter 的核心组件及其说明

组件	说明
Label	标签，用来显示文本或图片
Button	按钮，可以用来绑定某个操作的功能
Canvas	画布，可以用来绘制图表和图形
Checkbutton	复选框，常由多个复选框构成一组，支持多项选择
Radiobutton	单选按钮，常由多个单选按钮构成一组，支持单项选择
Entry	文本框，单行文本域，可以用来接收并显示键盘输入
Text	文本域，多行文本区域，常用于接收并显示键盘输入，同时支持内嵌图像和窗口
Frame	框架，包含其他组件的纯容器
Toplevel	顶级窗口，类似 Frame 框架，但提供一个独立的窗口容器
Listbox	列表框，一个选项列表，用户可以从中选择
Menu	菜单条，用来实现下拉式和弹出式菜单
Menubutton	菜单按钮，用来实现下拉式菜单
MessageBox	消息框，常用于显示应用程序的弹出消息
Message	显示文本，可根据自身大小将文本换行
Scale	滑块，可设置起始值和结束值，能显示当前位置的精确值
Scrollbar	滚动条，常配合 canvas、entry、listbox、text 窗口组件使用

表 10-3 中的各个组件都有相应的类，类名与对应的组件名相同，可以通过相应类的构造方法去创建相应的组件对象。这些类的构造方法都有相同的语法格式，以 Label 为例，其构造方法的语法格式如下。

```
Label(master=none, cnf = {}, **kw)
```

Label()方法参数及说明如表 10-4 所示。

表 10-4　Label()方法参数及说明

参数	说明
master	用于指定该组件所属的父组件对象，一般是一个窗口或容器
cnf	cnf 是一个字典类型，用于指定标签的初始属性
**kw	kw 参数用来自定义组件的其他属性

10.2.2　组件的通用属性

tkinter 组件具有一些通用属性，如组件大小、颜色、字体、锚点等。

1. 组件的大小

组件的大小默认由组件的内容决定，但开发人员可以通过设置组件的 width 和 height 属性值改变组件的大小。width：设置组件宽度，以字体选项中给定字体的字符宽度为单位；height：指定组件的高度，以字体选项中给定字体的字符高度为单位，至少为 1。

将按钮的大小设置为按钮上当前字符规格的 15 个字符宽度和 3 个字符高度，如代码 10-5 所示。

代码 10-5　按钮大小设置

```
button.config(width = 15, height = 3)
```

2. 组件的颜色

组件有两个关于颜色的常用参数，前景色 foreground(fg)和背景色 background(bg)。程序中通常用十六进制数字表示颜色，例如，"#FF0000"表示红色（red），"#008000"表示绿色（green），"#0000FF"表示蓝色（blue）。

例如，将按钮上的文字设置为红色，背景设置为蓝色，如代码 10-6 所示。

代码 10-6　按钮颜色设置

```
button.config(fg="#FF0000", bg="#0000FF")
```

3. 组件的字体

组件的字体通过属性 font 设置，该属性是一个三元组，组内元素为表示字体名称的字符串、表示字体大小的数字和表示字体附加信息（如样式）的字符串。

例如，将标签 label 设置为 Arial 字体，字体大小为 20，使用下画线样式（underline），如代码 10-7 所示。

代码 10-7　设置字体

```
label.config(font=("Arial ", 20, "underline"))
```

4. 锚点

锚点用来定义组件信息（文本或者位图）相对位置的参考点，组件的 anchor 属性用来设置锚点，即设置组件上文本等信息的停靠位置。常用的锚点常量有 n、ne、e、se、s、sw、w、nw、center，其对应的方位如图 10-5 所示。

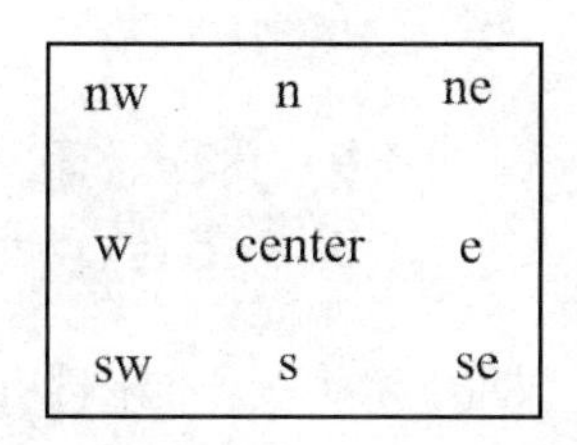

图 10-5　锚点常量对应的方位

例如，将按钮上的文本字符"确定"设置在按钮的左上角位置，如代码 10-8 所示，效果如图 10-6 所示。

代码 10-8　设置按钮的位置显示在左上角

```
button.config(text="确定", anchor="nw")  # 将按钮上的文本字符"确定"设置在按钮的左上角位置
```

图 10-6　锚点常量 nw 效果

5. 组件的样式

组件的样式是指其表现形式，通过 relief 属性设置，该属性的取值为常量，常用取值有 FLAT、RAISED、SUNKEN、GROOVE、RIDGE、SOLID。

6. 组件属性值的设置方法

tkinter 模块设置组件属性值的方法主要有以下三种。

（1）在创建组件对象时，通过构造方法的参数设置属性值，如代码 10-9 所示。

代码 10-9　创建组件对象

```
buttont = Button(parent, text="确定")  # 创建组件对象时将按钮上的文本信息(text 属性值)设置为"确定"
```

（2）组件对象创建后，使用字典索引的方法设置属性，如代码 10-10 所示。

代码 10-10　使用字典索引的方法设置属性

```
buttont["text"] = "取消"  # 将按钮上的文本信息(text 属性值)设置为"取消"
```

（3）使用组件对象的 config()方法一次更新多个属性值，如代码 10-11 所示。

代码 10-11　使用 config()方法一次更新多个属性值

```
button.config(text="确定", relief=FLAT)  # 设置text属性值和样式属性值
```

10.3　常用组件

构建图形用户界面的主要步骤就是向窗口中添加组件，tkinter 中常用的组件有标签（Label）、按钮（Button）、文本框（Entry）、文本域（Text）、复选框（Checkbutton）、单选按钮（Radiobutton）、列表框（Listbox）。

10.3.1　标签 Label 和按钮 Button

Label 组件和 Button 组件在前面的学习中多次使用过了，这里主要介绍其常用属性。

1. 标签 Label

标签是用于在窗体容器中显示文本内容的组件。Label 类创建对象的典型构造方法的语法格式如下。

```
label = tkinter.Label(容器, text="显示的文字", fg="文字的颜色", width="宽度数值",
height="高度数值")
```

标签 Label 的常用属性及说明如表 10-5 所示。

表 10-5　标签 Label 的常用属性及说明

属性	说明
text	标签组件的文字内容，可以多行，用"\n"分隔
height	标签的高度，以字符高度为单位（注意，不是像素单位）
width	标签的宽度，以字符宽度为单位（注意，不是像素单位）
Foreground(fg)	设置标签文字的颜色，值为颜色或颜色代码，如 blue、#0000ff
Background(bg)	设置标签背景的颜色
borderwidth	设置标签边框宽度（像素），默认是 2
anchor	文本在组件中的方位，默认是居中
font	指定文本的字体，值是三元组，font=("字体", "字号", "粗细")
image	在标签组件中显示图像
padx	文本左侧和右侧的附加填充（像素）
pady	文本上方和下方的附加填充（像素）
textvariable	设置文本变量

2. 按钮 Button

Button 组件通过 Python 函数实现与用户的交互，在创建时可与函数绑定，用户通过单击按钮触发所绑定的函数。

Button 组件与 Label 组件在使用上非常相似，只是 Button 组件还需要一个处理单击事件的回调函数，这个回调函数需要通过 Button 类的 command 属性参数指定。因此，Button 类创建对象的典型构造方法的语法格式如下。

```
btn = tkinter.Button(容器, text="按钮上的文字", command=回调函数)
```

按钮 Button 的常用属性及说明如表 10-6 所示。

表 10-6　按钮 Button 的常用属性及说明

属性	说明
text	设置按钮上的文字
height	设置按钮的高度，以字符高度为单位（注意，不是像素单位）
width	设置按钮的宽度，以字符宽度为单位（注意，不是像素单位）
Foreground(fg)	设置按钮文字的颜色，值为颜色或颜色代码，如 red、#ff0000
Background(bg)	设置按钮背景的颜色
borderwidth	设置标签边框宽度（像素），默认是 2
anchor	设置文本在按钮上的方位，默认是居中
font	指定文本的字体，值是三元组，font=("字体", "字号", "粗细")
image	在按钮组件上显示的图像
padx	文本左侧和右侧的附加填充（像素）
pady	文本上方和下方的附加填充（像素）
command	关联按钮单击时触发的回调函数
state	设置按钮状态：其值可以是 NORMAL（正常）、ACTIVE（激活）、DISABLED（禁用）
takefocus	设置焦点

10.3.2　文本框 Entry 和文本域 Text

Entry 组件和 Text 组件都是用来输入文本的。Entry 是单行文本输入组件，而 Text 是多行文本输入组件，支持图像、富文本等格式。

1. 文本框 Entry

在 Python 中，文本框 Entry 用于接收输入的数据。Entry 类创建对象的典型构造方法的语法格式如下。

```
txt = tkinter.Button(容器, width="宽度", font=("字体", "字号", "粗细"))
```

Entry 组件的部分属性与 Label 组件的属性相同，如 font、foreground、background、borderwidth、width 等，需要注意，Entry 组件只有 width 属性，没有 height 属性。这里主要介绍其他常用的属性和方法及说明，如表 10-7 所示。

表 10-7　Entry 组件的常用属性和方法及说明

属性\方法	说明
show	设置文本框内容显示为掩码，如密码设为*,show="*"
textvariable	设置文本框内容的变量，为 StringVar 类型对象
state	设置组件状态：取值为 normal（正常）、readonly（只读）、disabled（禁用）。取值为 readonly 时，组件为只读状态，不接收数据输入
selectbackground	设置选中文字的背景颜色
get()	该方法返回文本框中的全部字符

运用 Entry 组件和 Label 组件搭建用户登录界面，如代码 10-12 所示。

代码 10-12　用 Entry 组件和 Label 组件搭建用户登录界面

```
1     from tkinter import *
2
3     root = Tk()
4     root.geometry("300x100")
5     root.title("用户登录")
6     label0 = Label(root, text="欢迎进入本系统")
7     label0.pack()
8     frame1 = Frame(root)
9     # 创建 Frame 窗口,用来组织标签 label1 和文本框 txt1，使其在同一行的左右两侧
10    frame1.pack()
11    label1 = Label(frame1, text="请输入用户名：")
12    # label1 所属的容器是框架窗口 frame1,而不是根窗口 root
13    label1.pack(side=LEFT)  # 设置 label1 的位置在框架窗口 frame1 中的左侧
14    txt1 = Entry(frame1, width=20)
15    # 创建用户名文本框，所属的容器是框架窗口 frame1,而不是根窗口 root
16    txt1.pack(side=RIGHT)  # 设置 txt1 的位置在框架窗口 frame1 中的右侧
17    frame2 = Frame(root)
18    frame2.pack()
19    label2 = Label(frame2, text="请输入密码：")
20    label2.pack(side=LEFT)
21    txt2 = Entry(frame2, width=20, show="*")  # 创建登录密码框，回显字符为"*"
22    txt2.pack(side=RIGHT)
23    root.mainloop()
```

代码 10-12 运行后，在对应的 Entry 文本框中输入用户名和密码，效果如图 10-7 所示。

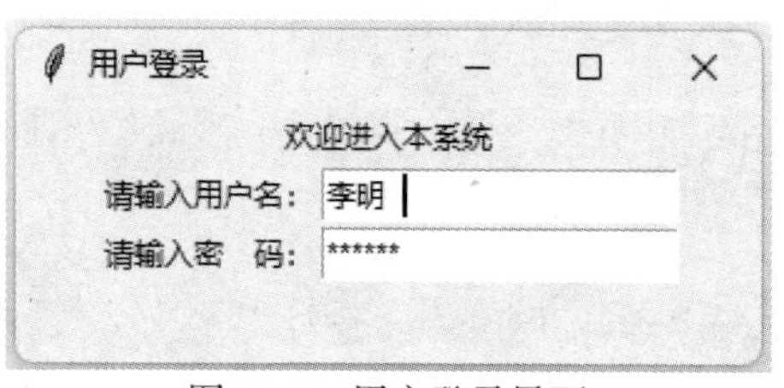

图 10-7　用户登录界面

2. 文本域 Text

Text 组件用于显示和编辑多行文本。Text 组件类似于 HTML 中的<textarea>标签，允许用户以不同的样式、属性来显示和编辑文本，它可以包含纯文本或格式化文本，同时支持嵌入图片、显示超链接及带有 CSS 格式的 HTML 等。

Entry 类创建对象的典型构造方法的语法格式如下。

```
txtarea = tkinter.Text(容器)
```

Entry 组件的部分属性与 Label 组件的属性相同，这里主要介绍其他常用的属性和方法及说明，如表 10-8 所示。

表 10-8　Text 组件的常用属性和方法及说明

属性\方法	说明
selectbackground	指定被选中文本的背景颜色，默认值由系统指定
selectforeground	指定被选中文本的字体颜色，默认值由系统指定
xscrollcommand	该参数与 Scrollbar 相关联，表示沿水平方向左右滑动
yscrollcommand	该参数与 Scrollbar 相关联，表示沿垂直方向上下滑动
get(index1,index2)	获取 Text 组件的文本，起始处在 index1，终止处在 index2
insert(index,text)	在 index 位置处插入 text 字符
image_create()	在 index 参数指定的位置嵌入一个 image 对象，该 image 对象必须是 tkinter 的 PhotoImage 或 BitmapImage 实例

运用 Text 组件和 Label 组件做一个简易的宣传栏，可以在 Text 组件中导入图片并编辑文字，如代码 10-13 所示。

代码 10-13　简易宣传栏实现

```
1     from tkinter import *
2     import tkinter as tk
3     from PIL import ImageTk, Image  # 处理图片要用到 PIL 库
4
5     root = Tk()
6     label = Label(root, text="宣传栏")
      label.pack()
7     # 设置文本域组件的大小及文字的字体
8     textarea = Text(root, height=7, width=20, font=("楷体", 20))
9     textarea.pack()
10    """
11    由于 Text 组件仅支持少数几种图像格式（gif,bmp 等），不支持 jpg、png，
12    所以要插入这些不支持格式的图像，需要用 PIL 库进行处理
13    """
14    pic1 = Image.open("1.jpg")  # 加载要显示的图片
15    pic1 = pic1.resize((150, 150))  # 设置图片大小为 150*150 像素
16    photo1 = ImageTk.PhotoImage(pic1)
17    textarea.image_create(tk.END, image=photo1)  # 在 Text 组件的结尾插入图像
18    root.mainloop()
```

注意，代码 10-13 在运行前，需要安装 PIL 库，在 DOS 窗口执行命令"pip install Pillow"，命令运行结束时，如果出现 Pillow 的版本号，则表示安装成功。

代码 10-13 运行后，在对应的 Text 文本域中可以编辑文字，效果如图 10-8 所示。

图 10-8　简易宣传栏界面

10.3.3 复选框 Checkbutton 和单选按钮 Radiobutton

复选框 Checkbutton 和单选按钮 Radiobutton 通常都是两个或两个以上组件一起使用，不同的是一组 Radiobutton 单选按钮同时只能有一个处于选中状态，各个选项之间是互斥的关系，而一组 Checkbutton 复选框则允许用户同时选中多项，各个选项之间是并列的关系。

1. 复选框 Checkbutton

复选框组件除了具有常用的共有属性，还具有一些其他重要属性和常用方法，如表 10-9 所示。

表 10-9　复选框的常用属性和方法及说明

属性\方法	说明
text	按钮上显示的文字内容
variable	①和复选框按钮关联的变量，该变量会随着用户选择行为来改变（选或不选），即在 onvalue 和 offvalue 设置值之间切换，这些操作由系统自动完成 ②在默认情况下，variable 选项设置为 1 表示选中状态，反之则为 0，表示不选中
state	组件是否可选，当 state="disabled"时，该选项为灰色，不可选
onvalue	通过设置 onvalue 的值来自定义选中状态的值
offvalue	通过设置 offvalue 的值来自定义未选中状态的值
textvariable	Checkbutton 显示 Tkinter 变量（通常是一个 StringVar 变量）的内容，如果变量被修改，Checkbutton 的文本会自动更新
deselect()	取消 Checkbutton 组件的选中状态，也就是设置 variable 为 offvalue
invoke()	①调用 Checkbutton 中 command 选项指定的函数或方法，并返回函数的返回值 ②如果 Checkbutton 的 state（状态）是 disabled（不可用）或没有指定 command 选项，则该方法无效
select()	将 Checkbutton 组件设置为选中状态，也就是设置 variable 为 onvalue
toggle()	改变复选框的状态，如果复选框现在状态是 on，就改成 off，反之亦然

复选框创建示例如代码 10-14 所示。

代码 10-14　复选框创建示例

```
1    from tkinter import *
2
3    root = Tk()
4    lab1 = Label(root, text="请选择爱好（多选）：", width=30)
5    lab1.pack()
6    check1 = Checkbutton(root, text="读书", state="disabled")  # 该选项为灰色，
     不能选择
7    check1.select()  # 该选项默认被选中
8    check1.pack()
9    check2 = Checkbutton(root, text="音乐")
10   check2.pack()
11   check3 = Checkbutton(root, text="旅游")
12   check3.pack()
13   root.mainloop()
```

代码 10-14 的运行效果如图 10-9 所示。

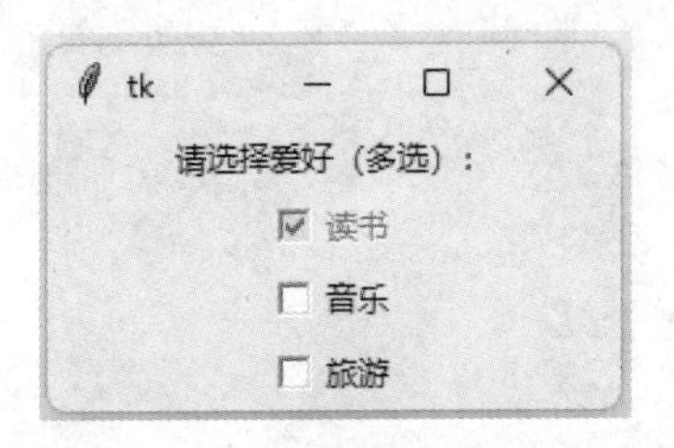

图 10-9　复选框创建效果

2. 单选按钮 Radiobutton

Radiobutton 组件通常都是成组出现的，所有组件都使用相同的变量。Radiobutton 可以包含文本和图像，每个按钮都可以与一个 Python 函数相关联。当按钮被按下时，对应的函数会被执行。

Radiobutton 除常用的共有属性之外，还具有一些其他常用的属性和方法，如表 10-10 所示。

表 10-10　单选按钮的常用属性和方法及说明

属性\方法	说明
command	用户选择改变按钮状态，调用相应的函数
text	按钮上显示的文字内容
variable	表示与 Radiobutton 组件关联的变量，注意同一组中所有按钮的 variable 选项应该都指向同一个变量，通过将该变量与 value 选项值对比，可以判断用户选中了哪个按钮
state	组件是否可选，当 state="disabled"时，该选项为灰色，不可选
value	指定单选按钮的值，同一组中的单选按钮应该取不同的值
deselect()	取消该按钮的选中状态
flash()	刷新 Radiobutton 控件，该方法将重绘 Radiobutton 控件若干次（在 active 和 normal 状态间切换）
invoke()	①调用 Radiobutton 中 command 参数指定的函数，并返回函数的返回值 ②如果 Radiobutton 控件的 state（状态）是 disabled（不可用）或没有指定 command 选项，则该方法无效
select()	将 Radiobutton 组件设置为选中状态

单选按钮的应用示例如代码 10-15 所示。

代码 10-15　单选按钮应用示例

```
1    from tkinter import *
2    import tkinter as tk
3
4    root = Tk()
5    # 显示单选按钮选择状态的标签
6    txt = StringVar()
7    txt.set("请选择学历（单选）：")
8    lab = Label(root, text="", textvariable=txt, width=30, font=("楷体", 16))
9    lab.pack()
```

```
10
11    # 定义单选按钮的回调函数，当单选按钮被单击执行该函数
12    def radCall():
13        radSel = radVar.get()
14        if radSel == 1:
15            txt.set("您选择的学历为：大专")
16        if radSel == 2:
17            txt.set("您选择的学历为：本科")
18        if radSel == 3:
19            txt.set("您选择的学历为：研究生")
20
21    radVar = tk.IntVar()  # 定义单选按钮选中状态的变量对象
22    radio1 = tk.Radiobutton(root, text="大专", variable=radVar, value=1, command=
      radCall)
23    radio1.pack()
24    radio2 = tk.Radiobutton(root, text="本科", variable=radVar, value=2, command=
      radCall)
25    radio2.pack()
26    radio3 = tk.Radiobutton(root, text="研究生", variable=radVar, value=3, command=
      radCall)
27    radio3.pack()
28    root.mainloop()
```

代码 10-15 的运行结果如图 10-10 所示，当用户单击某个单选按钮，标签上会显示所选择项的信息，如图 10-11 所示。

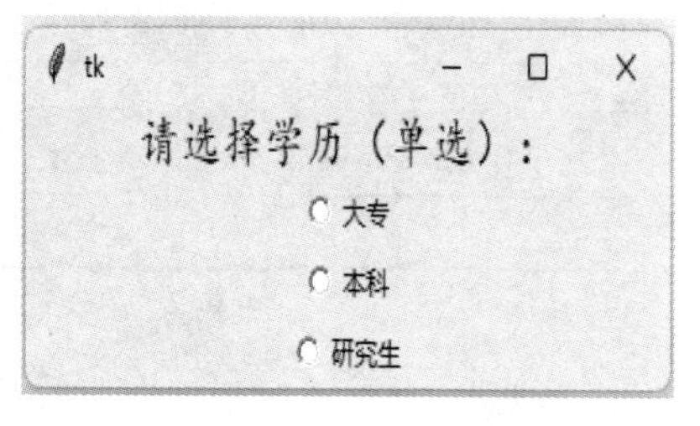

图 10-10　程序运行结果

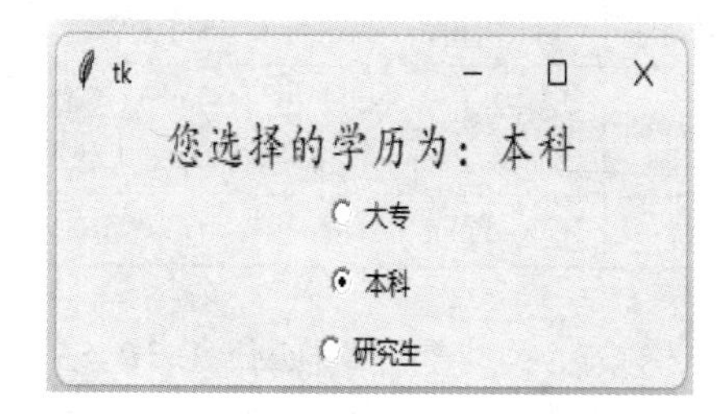

图 10-11　用户单击选项效果

代码 10-15 的代码说明如下。

（1）第 6 行定义了一个 tkinter 可变字符串类型 StringVar 的控制变量 txt，该控制变量关联单选按钮选择状态的标签 lab 的 textvariable 属性（第 8 行）。

（2）第 22 行、24 行、26 行创建三个单选按钮，三个单选按钮 value 属性取不同值，但 variable 属性取同一个值，都关联控制变量 radVar，command 属性关联回调函数 radCall()。

（3）第 12～19 行定义回调函数 radCall()，通过将关联了单选按钮 variable 属性的变量 radVar 的 get()方法获取的值与 value 选项的值对比，即可判断用户选中了哪个按钮，进而将对应按钮的信息通过可变类型的控制变量 txt 的 set()方法将对应信息显示在标签 lab 上。

10.4 布局管理

向容器中添加组件不仅需要考虑组件自身的大小，还要考虑组件摆放的相对位置。所谓布局，就是指控制窗体容器中各个组件的位置关系。tkinter 模块提供了一系列布局管理方法和布局管理组件，如 pack()、grid()、place()等布局管理方法，以及布局管理组件 Frame。

10.4.1 pack 布局管理器

Pack()方法是一种较为简单的布局方法，在不使用任何参数的情况下，它会将组件按添加时的先后顺序，自上而下、一行一行地进行排列，并且默认居中显示。通过组件的 pack()方法实现 pack 布局管理，pack()方法使用的基本语法如下。

```
widget.pack(options)
```

其中，widget 表示要放置的窗口组件，options 是一个可选的参数列表，pack()方法的常用参数及说明如表 10-11 所示。

表 10-11 pack()方法的常用参数及说明

参数	说明
side	组件放置在窗口的哪个位置上，参数值有 top（默认）、bottom、left、right。注意，单词小写时需要使用字符串格式，单词大写时则不必使用字符串格式
expand	表示组件是否可扩展拉伸，参数值为 True（扩展）或 False（不扩展），默认为 False。若设置为 True，则控件的位置始终位于窗口的中央位置，side 选项无效
fill	设置组件是否填充额外空间，取值为 none、x、y 或 both。当参数 side=top 或 bottom 时，填充 x 方向；当参数 side=left 或 right 时，填充 y 方向
anchor	设置组件在窗口中的对齐方式，有 9 个方位参数值，如 n、w、s、e、ne、center 等（这里的 e、w、s、n 分别代表东、西、南、北）

pack()方法的布局示例如代码 10-16 所示。

代码 10-16 pack()方法布局示例

```
1    from tkinter import *
2
3    root = Tk()
4    root.geometry("400x200")
5    button1 = Button(root, text="按钮 1\n side=LEFT")
6    button1.pack(side=LEFT)  # 设置 button1 放在窗口的左边
7    button2 = Button(root, text="按钮 2\n side=RIGHT")
8    button2.pack(side=RIGHT)  # 设置 button2 放在窗口的右边
9    button3 = Button(root, text="按钮 3\n side=TOP")
10   button3.pack(side=TOP)  # 设置 button3 放在窗口的顶部
11   button4 = Button(root, text="按钮 4 \nside=BOTTOM fill=x")
```

```
12      button4.pack(side=BOTTOM, fill='x')  # 设置 button4 放在窗口的底部，并向水平方向填充
13      root.mainloop()
```

代码 10-16 的运行结果如图 10-12 所示。

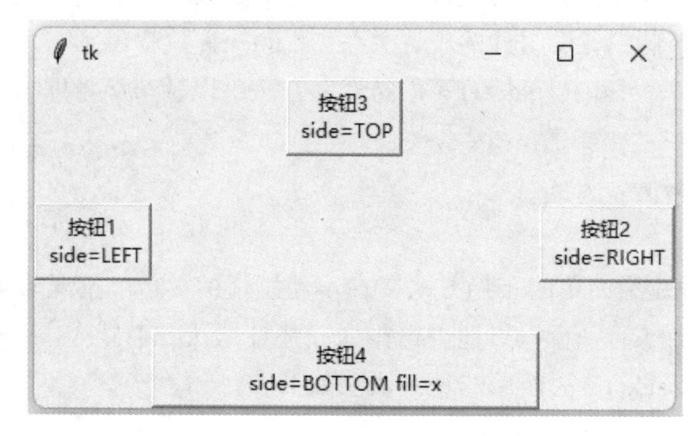

图 10-12　pack()方法布局效果

10.4.2　grid 布局管理器

grid 布局管理器采用一个二维表格结构组织组件，子组件放置在由行和列确定的单元格中，可以跨行和跨列，从而实现复杂的布局。grid 布局管理器中的列宽由本列中最宽的单元格确定。通过组件的 grid()方法实现 grid 布局管理，grid()方法的常用参数及说明如表 10-12 所示。

表 10-12　grid()方法的常用参数及说明

参数	说明
row	表示组件所在的行，0 表示第一行
column	表示组件所在的列，0 表示第一列
rowspan	表示组件从所在位置起跨的行数
columnspan	表示组件从所在位置起跨的列数
sticky	指定组件在单元格的位置，包含 9 个方位，可选参数：n、s、w、e、nw、sw、se、ne、center（默认值）

创建 12 个 Label 组件和 6 个 Button 组件，用 grid()方法摆放在一个 6 行 3 列的表格中，如代码 10-17 所示。

代码 10-17　grid()方法布局示例

```
1       from tkinter import *
2
3       root = Tk()
4       root.geometry("320x200")  # 设置窗口的尺寸
5       root.title("grid()方法布局示例")
6       colours = ["red", "green", "yellow", "white", "orange", "blue"]  # Label 组件显示的文本，也是中间一列 Button 组件的背景颜色
7       k = 0
```

```
8    for i in colours:
9        Label(root, text=i, relief=RIDGE, width=15).grid(row=k, column=0)   # relief参数表示组件边沿效果
10       Button(root, bg=i, relief=SUNKEN, width=10).grid(row=k, column=1)
11       Label(root, text=i, relief=RIDGE, width=15).grid(row=k, column=2)
12   k = k + 1
13   root.mainloop()
```

代码 10-17 的运行效果如图 10-13 所示。

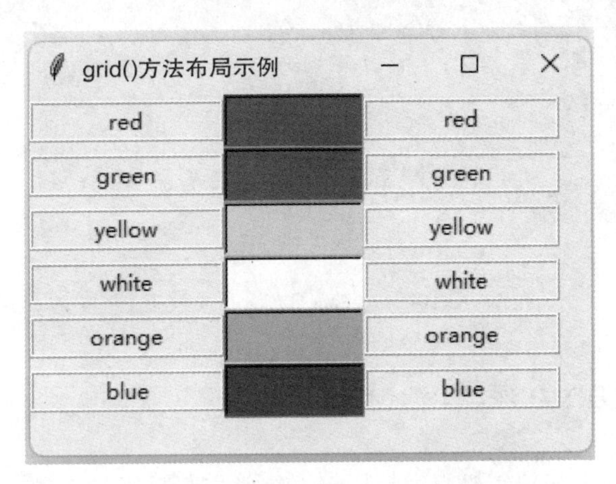

图 10-13 grid()方法布局效果

10.4.3 place 布局管理器

place()方法可以直接指定组件在窗体内的绝对位置，或者相对于其他组件的相对位置，与前两种布局方法相比，place()方法更加精细化。通过组件的 place()方法实现 place 布局管理，该方法的常用参数及说明如表 10-13 所示。

表 10-13 place()方法的常用参数及说明

参数	说明
x 和 y	用绝对坐标指定组件的位置，默认单位为像素
relx 和 rely	按容器的高度和宽度的比例来指定组件的位置，取值范围为[0,1.0]，例如，relx=0 和 rely=0 的位置为左上角，relx=0.5 和 rely=0.5 的位置为容器的中心
anchor	定义组件在窗体内的方位，参数值为 N、NE、E、SE、S、SW、W、NW、CENTER，默认为 NW

pack()方法布局示例如代码 10-18 所示。

代码 10-18 pack()方法布局示例

```
1   from tkinter import *
2
3   root = Tk()
4   root.geometry("320x200")
5   button1 = Button(root, text="Button1 \n relx=0.3,rely=0.2")
6   button1.place(relx=0.3, rely=0.2)  # 组件在容器中水平方向位于 30%,竖直方向位于 20%的位置
```

```
7   button2 = Button(root, text="Button2 \n x=50,y=120")
8   button2.place(x=50, y=120)  # 组件的绝对坐标为水平 50 像素，竖直 120 像素的位置
9   root.mainloop()
```

代码 10-18 的运行结果如图 10-14 所示。

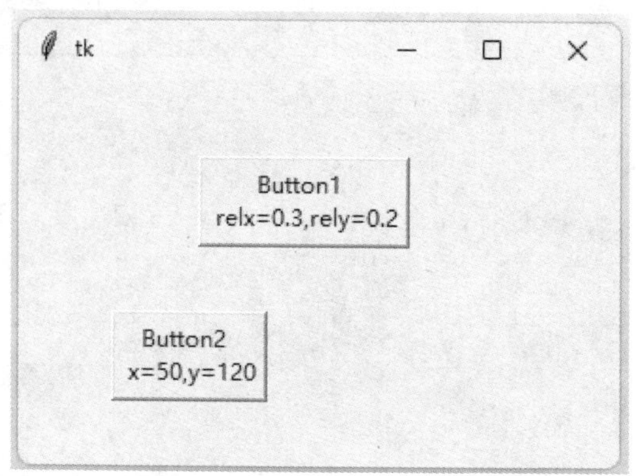

图 10-14　place()方法布局效果

10.4.4　使用 Frame 的复杂布局

框架（Frame）是一个容器组件，通常用于对组件进行分组，将多个组件组合在一个 Frame 中，然后使用其他布局管理器来进一步排列 Frame 内的组件，从而实现复杂的布局。Frame 的常用参数及说明如表 10-14 所示。

表 10-14　Frame 的常用参数及说明

参数	说明
bd	指定边框宽度
relief	指定边框样式，取值为 FLAT（扁平）、RAISED（凸起）、SUNKEN（凹陷）、RIDGE（脊状）、GROOVE（凹槽）、SOLID（实线）
width 和 height	设置宽度和高度，如果忽略，容器会根据内容组件的大小调整 Frame 大小

使用 Frame 实现系统登录界面的布局，如代码 10-19 所示。

代码 10-19　Frame 布局示例

```
1    from tkinter import *
2
3    root = Tk()
4    root.geometry("300x150")
5    root.title("Frame 布局示例")
6    frame1 = Frame(root, bd=3, relief=RIDGE)  # 创建框架 frame1，用来组织标签、用
     户名文本框和密码框
7    frame2 = Frame(root, bd=3, relief=RIDGE)  # 创建框架 frame2，用来组织"重置"和"
     提交"按钮
8    frame1.pack()
9    frame2.pack()
10   lab1 = Label(frame1, text="用户名：", width=10)  # 标签关联到父容器 frame1 中
```

```
11    txt1 = Entry(frame1, width=20)  # 文本框关联到父容器 frame1 中
12    lab1.grid(row=1, column=1)  # frame1 中的组件按 grid()方法布局
13    txt1.grid(row=1, column=2)
14    lab2 = Label(frame1, text="密  码: ", width=10)
15    txt2 = Entry(frame1, width=20, show="*")
16    lab2.grid(row=2, column=1)
17    txt2.grid(row=2, column=2)
18    btn1 = Button(frame2, text="重置", width=10)
19    btn2 = Button(frame2, text="提交", width=10)
20    btn1.grid(row=1, column=1)
21    btn2.grid(row=1, column=2)
22    root.mainloop()
```

代码 10-19 的运行结果如图 10-15 所示。

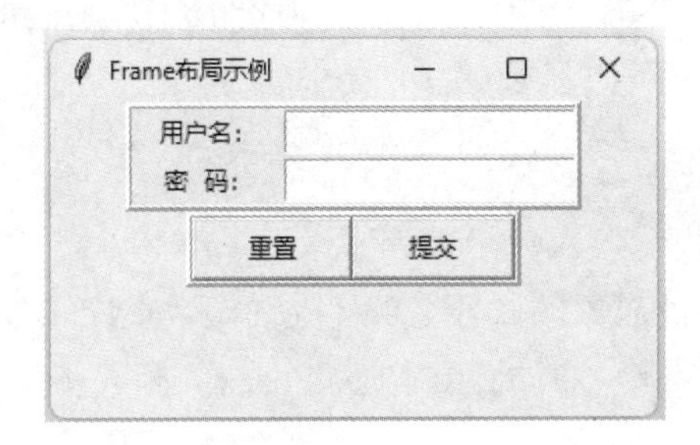

图 10-15　Frame 实现系统登录界面布局的效果

10.5　事件处理

事件处理涉及三个要素：事件、事件源和事件处理器。

在 GUI 程序中，用户对软件的操作被统称为“事件”，如鼠标单击按钮、键盘输入文本、窗口管理器触发重绘事件等。在 tkinter 中，事件被封装成事件类，即 Event 类。事件源一般指事件产生的来源或事件发生地。如在单击按钮事件中，按钮就被称为事件源。对事件作出响应的函数被称为事件处理器。

tkinter 支持两种事件处理方式，一是通过组件的 command 参数关联事件处理函数实现；二是通过组件的 bind()方法实现。

10.5.1　command 事件处理方式

简单的事件处理可以在创建组件对象实例时通过 command 参数指定的函数（也称回调函数）对事件作出响应。如创建 Button 组件对象时通过 command 参数关联单击事件处理函数，其代码格式如下。

```
b = Button(root, text='按钮', command=回调函数名)
```

10.5.2 bind 事件处理方式

command 事件处理方式简单易用，但存在如下局限：一是无法为具体事件关联事件处理方法；二是无法获取事件的相关信息。为解决这两个问题，tkinter 提供了更加灵活的 bind 事件处理方式，使用 bind()方法来为组件的事件关联处理函数。语法格式如下。

```
widget.bind("<event>", handler)
```

其中，widget 为事件源，即产生事件的组件；<event>为事件描述符；handler 为事件处理器（事件处理函数）。当组件对象发生与事件描述符相匹配的事件时，系统触发事件处理程序的执行。触发事件处理程序执行时，系统会传递一个 Event 类的对象作为实际参数，该对象描述了所发生事件的详细信息。

1. 事件处理函数

事件处理函数是，当某个组件对象上产生了某事件时，调用执行的程序段，它一般都带一个 Event 类的形式参数。事件处理函数的一般形式如下。

```
def  函数名(event):
    函数体
```

在函数体中可以引用事件对象的属性。事件处理函数在应用程序中定义，但不由应用程序调用，而由系统调用，所以一般称其为回调（call back）函数。

2. 事件描述符

tkinter 中的事件可以用特定形式的字符串描述，其基本格式如下。

```
<[modifier]-type-[detail]>
```

事件描述符的组成如下。

（1）<>：事件类型必须包含在“尖括号”内。

（2）modifer：可选项，事件类型的修饰符，通常用于描述鼠标的单击、双击，以及键盘组合按键等情况。

（3）type：必选项，表示事件的具体类型，常用的类型有分别表示鼠标事件和键盘事件的 Button 和 Key。

（4）detail：可选项，细节符，通常用于指定具体的鼠标键或键盘按键，如鼠标的左键、中间滑轮、右键分别用 1、2、3 表示，键盘按键用相应的字符或按键名称表示。

事件经常可以用简化形式表示，如<Double-Button-1>描述符，修饰符是 Double，类型符是 Button，细节符是 1，综合起来描述的事件就是双击鼠标左键。

事件描述符的 type 与 detail 的常用取值及含义如表 10-15 所示。

表 10-15　type 与 detail 的常用取值及含义

<type-detail>（事件码）	含义
<ButtonPress-n>	指鼠标按下，n 可以是 1、2、3，分别代表左键、中间滑轮、右键
<ButtonRelease-n>	指释放鼠标键，n 可以是 1、2、3，分别代表释放左键、中间滑轮、右键
<Bn-Motion>	指按住鼠标键移动，n 可以是 1、2、3，分别代表按住左键、中间滑轮、右键

续表

<type-detail>（事件码）	含义
<Enter>	鼠标光标进入组件
<Leave>	鼠标光标离开组件
<KeyPress>	按下键盘上的任意键，事件 event 中的 keycode、char 均可以获取按下的键值
<KeyPress-字母>/<KeyPress-数字>	按下键盘上的某个字母或数字键
<KeyRelease>	释放键盘上的按键
<F1>...<F12>	常用的功能键
<Configure>	组件尺寸发生变化时触发的事件

modifer 修饰符可以修改事件的激活条件，如双击鼠标或需要同时按下某个键才能触发事件，常用的 modifer 修饰符及含义如表 10-16 所示。

表 10-16　常用的 modifer 修饰符及含义

modifer 修饰符	含义
Control	事件发生时需按下 Control 键
Alt	事件发生时需按下 Alt 键
Shift	事件发生时需按下 Shift 键
Lock	事件发生时需处于大写锁定状态
Double	事件连续发生两次，如双击鼠标
Triple	事件连续发生三次

tkinter 事件中一些常用的组合键如下。

（1）<Shift-Button-1>：Shift+鼠标左键。

（2）<Double-Button-1>：双击鼠标左键。

（3）<KeyPress-A>：按下键盘中的 A 键。

（4）<Control-Key-X>：Ctrl+X。

当事件被触发后，tkinter 会自动将事件对象交给回调函数进行下一步处理，Event 对象包含了如表 10-17 所示的常用属性。

表 10-17　Event 对象包含的常用属性及说明

属性	说明
widget	事件源对应的组件
x,y	相对于窗口的左上角而言，当前鼠标的坐标位置
x_root,y_root	相对于屏幕的左上角而言，当前鼠标的坐标位置
char	用来显示所按的键相对应的字符
keysym	按键名，如 Control_L 表示左边的 Ctrl 按键
keycode	按键码，一个按键的数字编号，如 Delete 按键码是 107
num	1、2、3 中的一个，表示单击了鼠标的某个按键
width,height	组件更新后的尺寸，对应着<Configure>事件
type	事件类型

编写程序捕获鼠标点击事件，并记录下鼠标点击事件发生的坐标位置，如代码 10-20 所示。

代码 10-20　鼠标点击事件应用示例

```
1    from tkinter import *
2
3    root = Tk()
4    root.geometry("200x150")
5    root.title("捕获鼠标点击事件位置")
6
7    def fun1(event):  # 定义回调函数 fun1
8       print("clicked at:", event.x, event.y)
9       s = (event.x, event.y)  # 获取事件发生的位置坐标
10      txt.set(s)  # 将获取的鼠标点击事件发生的位置值赋值给可变类型变量 txt
11
12   frame = Frame(root, width=200, height=120, bg="gray")
13   frame.bind("<Button-1>", fun1)  # frame 窗口绑定鼠标左键单击事件，事件处理函数为
     fun1
14   frame.pack()
15   txt = StringVar()
16   lab1 = Label(root, width=20,textvariable=txt,font=("Arial",20))
17   lab1.pack()
18   root.mainloop()
```

代码 10-20 的运行效果如图 10-16 所示。

图 10-16　程序捕获鼠标点击事件效果

通过捕获键盘事件，在窗体中的标签上显示按下的键，如代码 10-21 所示。

代码 10-21　键盘事件应用示例

```
1    from tkinter import *
2
3    root = Tk()
4    root.geometry("200x150")
5    root.title("捕获键盘事件")
6
7    def key_action(event):  # 定义处理键盘事件的回调函数
8    print("pressed at:", repr(event.char))
9    s = event.char  # 获取键盘事件的按键相对应的字符
10   txt.set(s)  # 将获取的字符赋值给可变类型变量 txt
11
12   def callback(event):  # 定义处理鼠标单击事件的回调函数
13   Lab1.focus_set()  # 将事件焦点设置在标签
14
```

```
15  txt = StringVar()
16  lab1 = Label(root, width=20, height=4, textvariable=txt, font=("Arial,
    28,bold"), bg="cyan")
17  Lab1.bind("<KeyPress>", key_action)  # 标签绑定键盘事件
18  lab1.bind("<Button-1>", callback)  # 标签绑定鼠标左键单击事件
19  lab1.pack()
20  root.mainloop()
```

代码 10-21 运行后，在标签上单击鼠标左键，然后按下键盘上的任意按键，标签上将显示所按下的按键字符，效果如图 10-17 所示。

图 10-17　程序捕获键盘事件效果

10.6　菜　　单

菜单组件是一个由许多菜单项组成的列表，每条命令或选项以菜单项的形式表示。用户通过鼠标或键盘选择菜单项，以执行命令或选中选项。菜单项通常以相邻的方式放置在一起，形成窗口的菜单栏，并且一般置于窗口顶端。有时菜单中的一个菜单项的作用是展开另一个菜单，形成级联子菜单，其结构如图 10-18 所示。

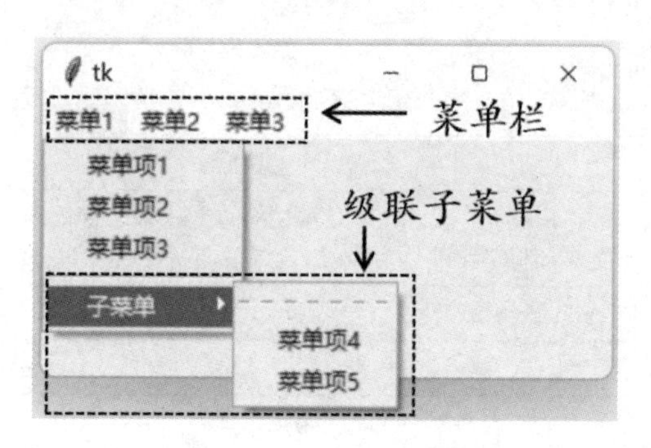

图 10-18　菜单的结构

tkinter 模块提供 Menu 类用于创建菜单组件，具体用法是，先创建一个菜单组件对象，并与某个窗口（主窗口或顶层窗口）进行关联，再为该菜单添加菜单项。与主窗口关联的菜单实际上构成菜单栏。菜单项可以是简单命令、级联式菜单、复选框或一组单选按钮，分别用 add_command()、add_cascade()、add_checkbutton()、add_radiobutton()方法添加。为了使得菜单结构清晰，还可以用 add_separator()方法在菜单中添加分隔线。

创建菜单的基本步骤如下。

（1）创建菜单栏对象。

```
menubar = tk.Menu(窗体容器)
```

（2）把建好的菜单栏放置到窗体中。

```
窗体容器.config(menu=menubar)
```

（3）创建菜单对象，并与菜单栏关联。

```
菜单实例名 = Menu(menubar, tearoff=0)
```

其中，tearoff 参数取值 0 表示菜单不能独立使用。

（4）将一个菜单与菜单栏连接，并标示菜单名称。

```
menubar.add_cascade(label="文字标签", menu=菜单实例名)
```

（5）在菜单中添加菜单项。

```
菜单实例名.add_command(label="菜单项名称", command=回调函数名)
```

创建菜单时的常用方法及说明如表 10-18 所示。

表 10-18 创建菜单时的常用方法及说明

方法	说明
add_cascade(**options)	添加一个父菜单，将一个指定的子菜单，通过 menu 参数与父菜单连接，从而创建一个下拉菜单
add_checkbutton(**options)	添加一个多选按钮的菜单项
add_command(**options)	添加一个普通的命令菜单项
add_radiobutton(**options)	添加一个单选按钮的菜单项
add_separator(**options)	添加一条分隔线

下面对 Menu 组件的 options 参数进行简单介绍，如表 10-19 所示。

表 10-19 Menu 组件的 options 参数及说明

参数	说明
accelerator	①设置菜单项的快捷键，快捷键会显示在菜单项的右边，如 accelerator="Ctrl+O"表示打开 ②注意，此选项并不会自动将快捷键与菜单项连接在一起，必须通过按键关联来实现
command	选择菜单项时执行的 callback 函数
label	定义菜单项内的文字
menu	此属性与 add_cascade()方法一起使用，用来新增菜单项的子菜单项
state	定义菜单项的状态，可以是 normal、active 或 disabled
tearoff	①如果此选项为 True，在菜单项的上面就会显示一个可选择的分隔线 ②注意，分隔线会将此菜单项分离出来，成为一个新的窗口
underline	设置菜单项中哪个字符有下画线
value	①设置按钮菜单项的值 ②在同一组中的所有按钮应该拥有各不相同的值 ③通过将该值与 variable 选项的值对比，即可判断用户选中了哪个按钮
variable	当菜单项是单选按钮或多选按钮时，与之关联的变量

创建一个包含文件、编辑、格式三个选项的顶级菜单，并在“文件”菜单下创建一个“导入”级联子菜单，程序能够计算任意一个菜单项被点击的累计次数，并在标签上显示，如代码10-22所示。

代码 10-22　菜单应用示例

```
1     from tkinter import *
2
3     root = Tk()
4     root.geometry("300x120")
5     label = Label(root, width=30, bg="yellow")  # 新建标签，用来显示菜单项被点击的
      次数
6     label.pack()
7     counter = 0  # 计数器变量，每选择一次菜单项，计数器就会加 1
8
9     def menuClick():  # 定义菜单项点击事件处理函数，用于计数菜单项被点击的累计次数
10        global counter
11        counter = counter + 1
12        label.config(text="第" + str(counter) + "次点击")
13
14    menubar = Menu(root)  # 创建菜单栏
15    root.config(menu=menubar)  # 将菜单栏注册到根窗口中
16    menu1 = Menu(menubar, tearoff=0)  # 创建子菜单 menu1，并关联到菜单栏
17    for item in ["新建", "打开", "另存为", "退出"]:  # 创建子菜单 menu1 的四个菜单项
18        menu1.add_command(label=item, command=menuClick)
19    menu1.add_separator()  # 添加一条分隔线
20    submenu = Menu(menu1)  # 新建级联子菜单
21    menu1.add_cascade(label="导入", menu=submenu)
22    submenu.add_command(label="导入文本文件", command=menuClick)
23    submenu.add_command(label="导入 PDF 文件", command=menuClick)
24    menu2 = Menu(menubar, tearoff=0)
25    for item in ["剪切", "复制", "粘贴"]:  # 创建子菜单 menu2 的三个菜单项
26        menu2.add_command(label=item, command=menuClick)
27    menu3 = Menu(menubar, tearoff=0)
28    for item in ["字体", "段落", "样式", "工具"]:  # 创建子菜单 menu3 的四个菜单项
29        menu3.add_command(label=item, command=menuClick)
30    menubar.add_cascade(label="文件", menu=menu1)  # 将子菜单 menu1 挂入菜单栏
31    menubar.add_cascade(label="编辑", menu=menu2)  # 将子菜单 menu2 挂入菜单栏
32    menubar.add_cascade(label="格式", menu=menu3)  # 将子菜单 menu3 挂入菜单栏
33    root.mainloop()
```

代码10-22的运行效果如图10-19所示。

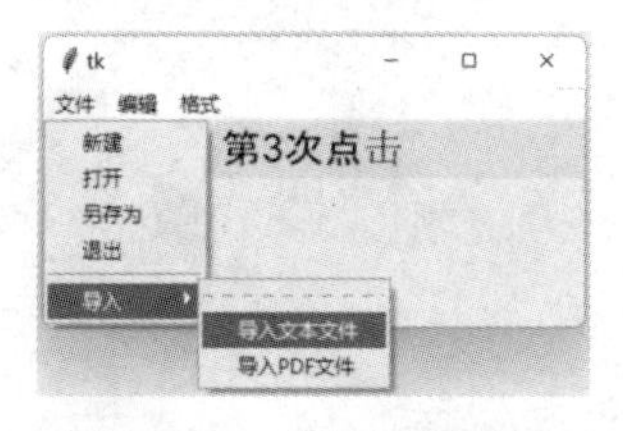

图 10-19　菜单运行效果

代码 10-22 的代码说明如下。

（1）第 5、6 行创建标签 label，用于显示菜单项被点击的累计次数。

（2）第 9~12 行定义菜单项的回调函数，用于实现所有菜单项被点击的次数累计功能。

（3）第 14、15 行创建了菜单栏 menubar，并将菜单栏注册到根窗口中。

（4）第 16 行创建菜单 menu1，并关联到菜单栏 menubar，第 17、18 行通过一个 for 循环创建四个菜单项，并添加到子菜单 menu1 中。通过 command 参数指定菜单项被点击时的事件处理函数 menuClick。

（5）第 20~23 行，在"文件"菜单 menu1 中创建"导入"子菜单。

（6）第 30 行，将菜单 menu1 挂入菜单栏，并取名为"文件"菜单。

10.7 消息对话框

消息对话框（messagebox）是 tkinter 的一个子模块，它主要起到信息提示、警告、说明、询问等作用，通常配合事件函数一起使用，例如，若执行某个操作时出现了错误，则会弹出错误消息提示框。创建各类消息框的语法格式如下。

```
messagebox.FunctionName(title, message  [, options])
```

其中，title 为 string 类型，指定消息对话框的标题；message 为消息框的文本消息；options 为可调整外观的选项；FunctionName 的具体方法，因消息框类型不同而不同，主要有以下 7 种，如表 10-20 所示。

表 10-20　创建不同类型消息框的方法

方法	说　明
askokcancel()	打开一个“确定/取消”对话框，“确定”返回 True，“取消”返回 False
askquestion()	打开一个“是/否”对话框，“是”返回 yes，“否”返回 no
askretrycancel()	打开一个“重试/取消”对话框，“重试”返回 True，“取消”返回 False
askyesnocancel()	打开一个“是/否/取消”选择对话框，返回值分别为 True、False、none
showerror()	打开一个错误提示对话框，单击“确定”按钮返回 ok
showinfo()	打开一个信息提示对话框，单击“确定”按钮返回 ok
Showwarning()	打开一个警告提示对话框，单击“确定”按钮返回 ok

将消息对话框 showinfo()绑定按钮触发的事件，通过单击鼠标触发消息对话框，如代码 10-23 所示。

代码 10-23　消息对话框示例

```
1   from tkinter.messagebox import *
2   from tkinter import *
3
4   top = Tk()
5   def study():
6           showinfo("提示", "学如逆水行舟，不进则退！")
7   button = Button(top,text = "day day up!", command = study)
8   button.pack()
9   top.mainloop()
```

运行程序，单击窗口中的“day day up”按钮，弹出消息对话框，效果如图 10-20 所示。

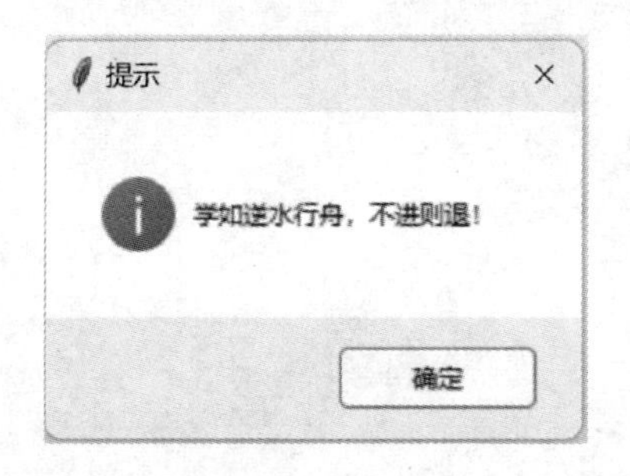

图 10-20　消息对话框示例

10.8　应用案例：制作简易计算器

编程实现简易计算器的制作，能进行加、减、乘、除运算，其界面如图 10-21 所示。

图 10-21　简易计算器运行界面

【分析】

在设计计算器程序时，需要考虑以下几个方面。

（1）界面设计：计算器需要一个简单的用户界面，用户可以通过该界面输入数字和运算符。如图 10-20 所示，用一标签组件显示用户输入的数字、运算符和运算结果；数字和字符按键用 Button 组件实现；GUI 组件的布局采用 5 行 4 列的 grid()方法。

（2）数据类型：需要定义一些可变数据类型变量来存储用户输入的数字、运算符和计算结果，并关联标签组件。

（3）运算逻辑：计算器需要根据用户输入的运算符来进行相应的数学运算，并输出计算结果。可以用等号按钮点击事件触发运算处理函数的执行。

【实现】

代码 10-24 是简易计算器的完整代码，包括界面设置和功能实现，通过定义 Calculator 类初始化计算器的基本界面和功能；用 tk.Label()显示结果，用 tk.Button()创建按钮；按钮回调函数 on_button_click 根据按钮的不同功能更新显示结果或执行运算。

代码 10-24　简易计算器

```
1    import tkinter as tk
2    from tkinter import *
3
```

```
4     class Calculator:
5         def __init__(self, master):
6             self.master = master
7             master.title("简易计算器")
8
9             self.result = tk.StringVar()
10            self.result.set("0")
11            result_label    =    tk.Label(master,bg="#FFFFFF",relief=RIDGE,
      textvariable=self.result, height=1, width=20, font=("Arial", 12))
12            result_label.grid(row=0, column=0, columnspan=4)   # 使用grid()方法，
      并跨越4列
13
14            buttons = [
15                ('7', 1), ('8', 1), ('9', 1), ('+', 1),
16                ('4', 2), ('5', 2), ('6', 2), ('-', 2),
17                ('1', 3), ('2', 3), ('3', 3), ('*', 3),
18                ('C', 4), ('0', 4), ('=', 4), ('/', 4),
19            ]
20
21            for (text, row) in buttons:
22                button  =  tk.Button(master,  text=text,  height=1,  width=4,
      font=("Arial", 12), command=lambda txt=text: self.on_button_click(txt))
23                button.grid(row=row, column=buttons.index((text, row)) % 4)
24
25        def on_button_click(self, char):
26                if char == 'C':
27                    self.result.set("0")
28                elif char == '=':
29                    try:
30                        self.result.set(str(eval(self.result.get())))
31                    except:
32                        self.result.set("错误")
33                else:
34                    if self.result.get() == '0':
35                        self.result.set(char)
36                    else:
37                        self.result.set(self.result.get() + char)
38
39    if __name__ == "__main__":
40    root = tk.Tk()
41        my_calculator = Calculator(root)
42    root.mainloop()
```

10.9　上机实践：求解线性方程组

1. 实验目的

（1）熟练掌握tkinter中常见组件及其使用方法。

（2）熟练掌握 tkinter 中根窗口的创建方法及组件布局。

（3）熟练掌握 Python 的事件处理。

2. 实验要求

编写一个 GUI 程序，求解如下线性方程组。

$$\begin{cases} ax + by = c \\ dx + ey = f \end{cases}$$

设计一个 GUI，用来接收用户输入参数，单击计算按钮，程序能判断方程组是否有解，并以消息对话框的方式给出方程组的解的情况。

3. 运行效果示例

程序运行界面及求解结果呈现效果如图 10-22 和图 10-23 所示。

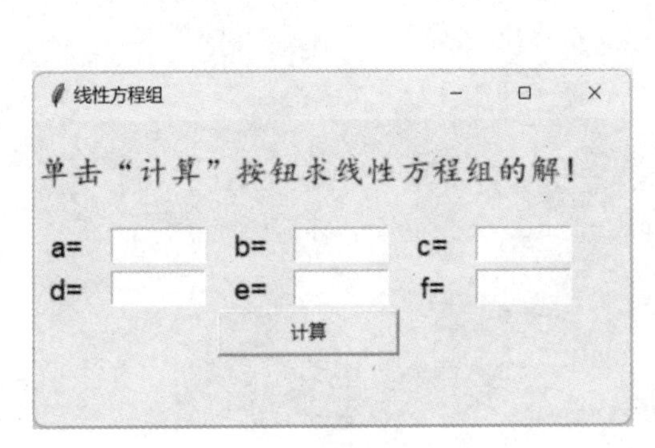

图 10-22　程序运行界面

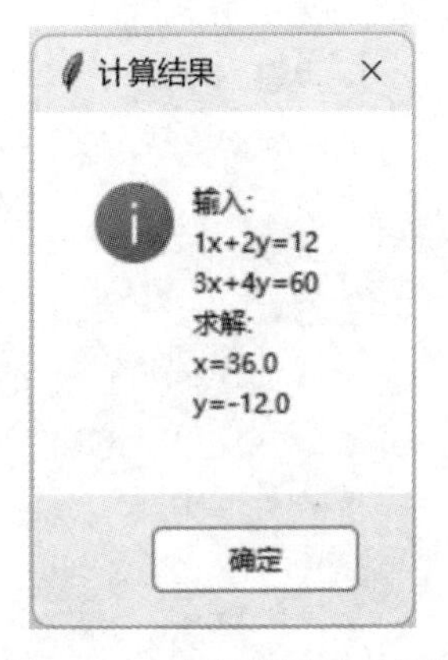

图 10-23　求解结果呈现效果

4. 程序模板

请按模板要求，将【代码】替换为 Python 程序代码。

```
1    # GUI 实验 1
2    # 引入头文件
3    from tkinter import *
4    ______【代码 1】______   # 将要用到的包含消息对话框的 tkinter 子模块导入
5
6    class LinearFormula:
7        def __init__(self):
8            # 定义窗口布局
9            ______【代码 2】______   #创建主窗口
10           root.title('线性方程组')
11           ______【代码 3】______   #设定主窗口大小为 400×200
12           ______【代码 4】______   # 定义标签 label1，文本信息如图 10-21 所示，标签高度为 3，
     字体为 16 号楷体
13           ______【代码 5】______   # 以 grid()方法放置标签，效果如图 10-21 所示
14
15           # 定义变量用于接收方程组的系数和常量
16           self.value_a = 0
```

```
17          self.value_b = 0
18          self.value_c = 0
19          self.value_d = 0
20          self.value_e = 0
21          self.value_f = 0
22          # 系数 a:
23          Label(root, text="a=", font=('Arial', 14)).grid(row=2, column=1)
24          self.input_a = Entry(width=6, font=('宋体', 14))
25          self.input_a.grid(row=2, column=2)
26          # 系数 b:
27          ____【代码 6】____    # 创建标签"b=",并进行 grid()方法布局
28          ____【代码 7】____    # 创建输入参数 b 的文本框 input_b
29          ____【代码 8】____    # 设置文本框 input_b 的 grid()方法布局
30          # 常数项 c:
31          Label(root, text="c=", font=('Arial', 14)).grid(row=2, column=5)
32          self.input_c = Entry(width=6, font=('宋体', 14))
33          self.input_c.grid(row=2, column=6)
34          # 系数 d:
35          Label(root, text="d=", font=('Arial', 14)).grid(row=3, column=1)
36          self.input_d = Entry(width=6, font=('宋体', 14))
37          self.input_d.grid(row=3, column=2)
38          # 系数 e:
39          Label(root, text="e=", font=('Arial', 14)).grid(row=3, column=3)
40          self.input_e = Entry(width=6, font=('宋体', 14))
41          self.input_e.grid(row=3, column=4)
42          # 常数项 f:
43          Label(root, text="f=", font=('Arial', 14)).grid(row=3, column=5)
44          self.input_f = Entry(width=6, font=('宋体', 14))
45          self.input_f.grid(row=3, column=6)
46          # 计算按钮
47          ____【代码 9】____    # 定义"计算"按钮，宽度为 16，command 参数关联回调函数
48          button.grid(row=4, column=1, columnspan=6)
49          root.mainloop()
50
51      # 定义回调函数
52      def GetValue(self):
53          res = ""
54          # 避免空输入异常
55          try:
56              self.value_a = 0
57              self.value_b = 0
58              self.value_c = 0
59              self.value_d = 0
60              self.value_e = 0
61              self.value_f = 0
62              ____【代码 10】____    # 从文本框获取用户填入的系数 a,将值赋给变量 value_a
```

```
63              self.value_b = int(self.input_b.get())
64              self.value_c = int(self.input_c.get())
65              self.value_d = int(self.input_d.get())
66              self.value_e = int(self.input_e.get())
67              self.value_f = int(self.input_f.get())
68          except ValueError:
69              res += "输入的值为空，用0代替！\n"
70              res += "输入:\n"
71              res += str(self.value_a) + 'x+' + str(self.value_b) + 'y=' + str(self.value_c) + '\n'
72              res += str(self.value_d) + 'x+' + str(self.value_e) + 'y=' + str(self.value_f) + '\n'
73              res += "求解:\n"
74          # 判断解的情况
75          ____【代码11】____    # 判断方程组a×e是否等于b×d，若不等，则有唯一解
76              # 有一组解
77              res += ('x=' + str((self.value_b * self.value_f - self.value_e * self.value_c) / (
    self.value_b * self.value_d - self.value_a * self.value_e)) + '\n')
78              res += ('y=' + str((self.value_a * self.value_f - self.value_d * self.value_c) / (
    self.value_a * self.value_e - self.value_b * self.value_d)) + '\n')
79          elif self.value_b * self.value_f == self.value_e * self.value_c:
80              # 有无数组解
81              res += 'x,y 有无穷多个解！\n'
82          else:
83              res += 'x,y 没有解！\n'
84          ____【代码12】____    # 通过消息提示框，显示方程组计算结果
85
86  LinearFormula()
```

5. 实验指导

（1）以面向对象的方法设计一个 LinearFormula 类，将求解方程组解的功能封装在 LinearFormula 类中，GUI 的创建、组件的创建等初始化工作放在类的构造方法中进行。

（2）方程组求解的计算过程封装在成员方法 GetValue()中，为提高程序的健壮性，这里有一个异常情况需要考虑，即方程组的系数填入为空。另外，文本框中用户填入的方程组系数为字符串类型，因此需要将其转换为数值类型才能参与求解的计算。

6. 实验后的练习

（1）如果方程组的系数输入的值为小数，程序能否正确求解？如果不能，需要如何修改？

（2）在上述程序的基础上，添加一个文本域组件，用来显示求解结果。

小结

本章介绍了 tkinter 模块中常用的 GUI API，以及如何运用 tkinter 搭建图形用户界面，主要包括 tkinter 常用组件，包括标签 Label、按钮 Button、文本框 Entry、文本域 Text、复选框 Checkbutton 和单选按钮 Radiobutton 等组件的属性和方法；运用 pack 布局管理器、grid 布局管理器、place 布局管理器及 Frame 框架对 GUI 窗口或容器中的 GUI 组件进行几何布局；

tkinter 支持的两种事件处理方式；创建菜单的基本步骤和方法及 tkinter 提供的消息对话框组件。

习题

1. 选择题

（1）下列组件中，可以用于处理多行文本的组件是（　　）。

A. Label　　B. Text　　C. Entry　　D. Menu

（2）已知 data = StringVar( )，下列选项中可以将 data 设置为 Hello 的是（　　）。

A. data.set('Hello')　　B. data = ' Hello'

C. data.value('Hello')　　D. data.setvalue('Hello')

（3）使用 bind( )方法为按钮组件 button1 绑定事件处理函数，代码如下。

```
button1.bind("<Double-Button-1>", handleFun)
```

下列选项中错误的是（　　）。

A.button1 是事件源　　B. handleFun 是事件处理程序

C. bind 是事件处理函数　　D. <Double-Button-1>是事件或事件名称

（4）在 tkinter 的布局管理方法中，可以精确定义组件位置的方法是（　　）。

A. pack()　　B. grid()　　C. place()　　D. frame()

（5）以下关于设置窗口属性的方法中，不正确的是（　　）。

A. config()　　B. geometry()　　C. title()　　D. mainloop()

（6）下列选项中，可以创建一个窗口的是（　　）。

A. root = Tk()　　B. root = Window()

C. root = Tkinter()　　D. root = Frame()

（7）下列是 tkinter 组件背景颜色属性的描述，r、g、b 均为十六进制整数，错误的选项是（　　）。

A. bg = '#rgb'　　B. bg = '#rrggbb'

C. bg = 'blue' (颜色名称)　　D.　bg = 'rgb'

（8）下列 tkinter 组件中，属于容器类组件的是（　　）。

A. Button　　B. Entry　　C. LabelFrame　　D. Radiobutton

2. 简答题

（1）Frame 组件可以用于布局，主要作用是什么？

（2）tkinter 模块中，使用 StringVar()、BooleanVar()、IntVar()、DoubleVar()等 4 种函数声明变量（对象），其作用是什么？

（3）Python 的 GUI 程序中，组件和容器的概念有什么区别？

（4）如何设置组件的 font 属性？

3. 编程题

（1）编程实现若干个整数的累加求和，程序运行界面如图 10-23 所示，用户连续输入若干个整数，输入的整数之间用英文逗号分隔，单击“计算”按钮，输出计算结果。

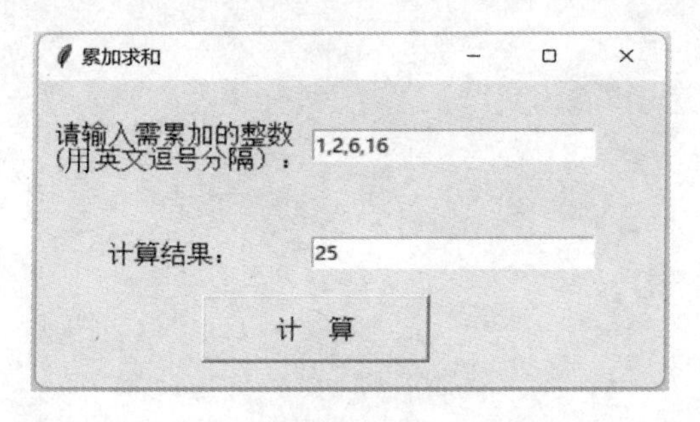

图 10-23　累加求和程序运行界面

（2）设计一个 GUI，模拟 QQ 登录界面，用户输入用户名和密码，如果正确则提示登录成功，否则提示登录失败。

第11章 多线程编程

在计算机多核的环境下，每个核可以运行一个线程，多个线程可以同时运行并相互协作，从而提高应用程序的处理速度和并发处理能力。本章将对线程的相关概念和Python中的多线程编程的基本方法进行讲解。

学习目标

（1）理解进程与线程的概念和区别。
（2）理解调用函数和创建并启动线程的区别。
（3）熟练掌握线程的创建和启动方法。
（4）理解同步机制，会使用Lock实现线程同步。

11.1 进程与线程

计算机实现多任务的方式主要有两种：并发和并行。并发是指在一段时间内交替执行多个任务（任务数量大于 CPU 核心数）；并行是指在一段时间内同时执行多个任务（任务数量小于或等于 CPU 核心数）。

11.1.1 进程的概念

程序（Programe）是对数据与操作进行描述的一段静态代码的有序集合，是程序执行的脚本。进程（Process）是程序的一次执行过程，它对应于从程序代码加载、执行到执行完毕的一个完整过程。也就是说，程序是静态的，进程是动态的，只有可执行程序被调入内存中运行才可以被称为进程。

现代操作系统可以同时管理一个计算机系统中的多个进程，即可以让计算机系统中的多个进程轮流使用 CPU 资源。在 Windows 操作系统下使用 Ctrl+Alt+Delete 组合键打开任务管理器，单击任务管理器窗口中的“进程”选项卡，可以查看计算机系统中正在运行的进程，如图 11-1 所示，每个运行的应用程序都有一个自己的进程，每个进程都占用了一定的 CPU、内存，甚至磁盘和网络等资源。

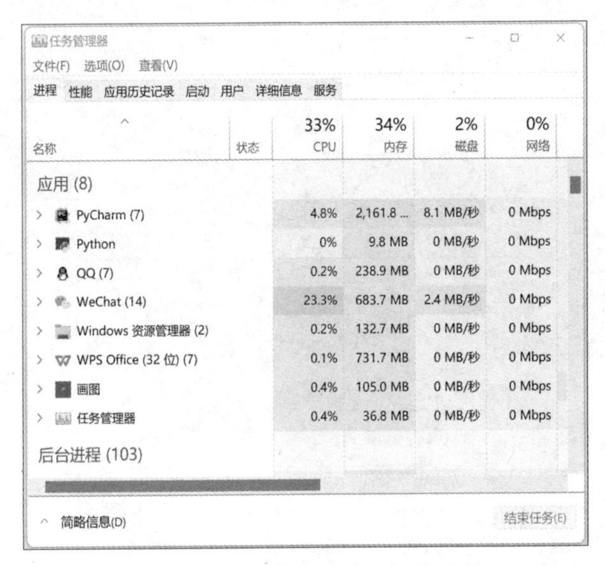

图 11-1　任务管理器中运行的进程

11.1.2 线程的概念

线程是指进程中单一顺序的执行流。一个进程可以拥有多个线程，线程是比进程更小的运行单位，是能独立运行的基本单位。

线程有如下类型。

（1）主线程：程序启动时，操作系统会创建一个进程，与此同时，会立即启动一个线程，该线程通常被称为主线程。主线程的作用：①产生其他子线程；②在程序运行末尾执行各种资源关闭操作，如关闭文件等。

（2）子线程：程序中创建的其他线程。

（3）守护线程（后台线程）：当程序运行时在后台为其他进程提供通用服务的线程，它独立于程序。Timer 线程（定时器）是典型的后台线程，负责将固定的时间间隔发送给其他线程。

（4）用户线程：相对于后台线程的其他线程称为用户线程。

操作系统中的每个进程中都至少包含一个线程。例如，当一个包含 func_a()和 func_b()两个子函数的 Python 程序启动时，就会产生一个主进程，该进程中会默认创建一个主线程，在这个线程中顺序运行程序代码，如图 11-2 所示；也可在进程中创建子线程，使主线程与子线程并发执行程序代码，如图 11-3 所示。

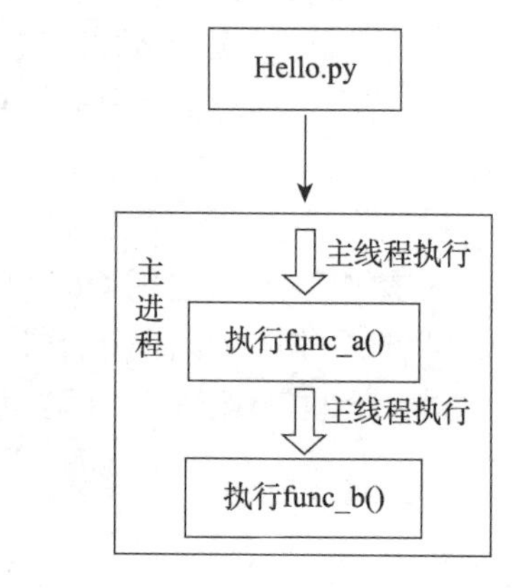

图 11-2　单线程执行程序

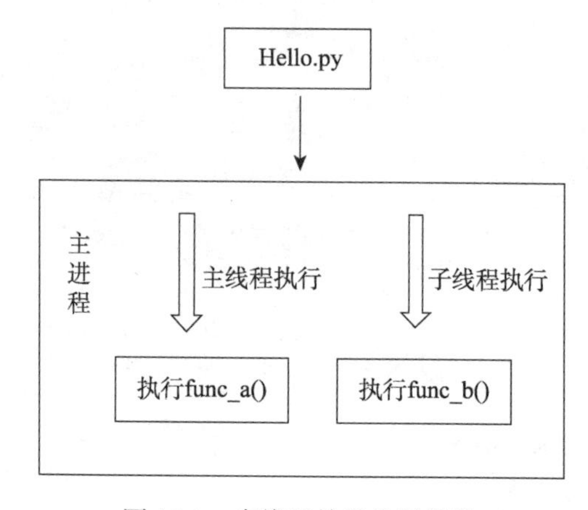

图 11-3　多线程并发执行程序

11.2　Python 与多线程

多线程是指一个程序中包含多个执行流，多线程是实现并发机制的一种有效手段。Python 语言内置了多线程功能支持，而不是单纯地作为底层操作系统的调度方式，从而简化了 Python 的多线程编程。

11.2.1 单线程程序与多线程程序

在使用多线程编写 Python 程序之前，先使用单线程运行程序，然后再使用多线程改写程序，进而对比两种方式的程序运行结果。

1. 使用单线程运行程序

编写程序(单线程)先后调用两个函数 func_a()和 func_b()，在这两个函数中都使用了 sleep()函数，如代码 11-1 所示。

代码 11-1　单线程调用两个函数示例

```
1    from time import sleep, ctime
2
3    def func_a():
4        print("func_a 开始运行:", ctime())
5        sleep(5)  # 休眠 5 秒钟
6        print("func_a 运行结束: ", ctime())
7
8    def func_b():
9        print("func_b 开始运行:", ctime())
10       sleep(5)  # 休眠 5 秒钟
11       print("func_b 运行结束: ", ctime())
12
13   def main():
14       print("主函数 main 开始运行:", ctime())
15       func_a()
16       func_b()
17       print("主函数 main 运行结束: ", ctime())
18
19   if __name__ == "__main__":
20       main()
```

代码 11-1 的运行结果如下。

```
主函数 main 开始运行: Sun May 12 23:36:27 2024
func_a 开始运行: Sun May 12 23:36:27 2024
func_a 运行结束:  Sun May 12 23:36:32 2024
func_b 开始运行: Sun May 12 23:36:32 2024
func_b 运行结束:  Sun May 12 23:36:37 2024
主函数 main 运行结束:  Sun May 12 23:36:37 2024
```

代码 11-1 以同步方式调用函数 func_a()和 func_b()，只有 func_a()函数运行完毕，才会继续运行 func_b()函数。

2. 使用多线程运行程序

Python 提供了内置的_thread 模块支持多线程。使用_thread 模块中的 start_new_thread()函

数会直接开启一个线程，该函数的第一个参数需要指定一个线程函数，当线程启动时会自动调用这个函数；该函数的第二个参数是给线程函数传递的元组类型的参数。

编程实现多线程程序，通过不同线程调用函数 func_a()和函数 func_b()，使得函数 func_a()和函数 func_b()交替执行，如代码 11-2 所示。

代码 11-2　多线程调用两个函数示例

```
1    from time import sleep, ctime
2    import _thread as thread
3
4    def func_a():
5        print("func_a 开始运行:", ctime())
6        sleep(5)  # 休眠 5 秒钟
7        print("func_a 运行结束: ", ctime())
8
9    def func_b():
10       print("func_b 开始运行:", ctime())
11       sleep(2)  # 休眠 2 秒钟
12       print("func_b 运行结束: ", ctime())
13
14   def main():
15       print("主函数 main 开始运行:", ctime())
16       thread.start_new_thread(func_a, ())  # 启动一个子线程运行函数 func_a
17       thread.start_new_thread(func_b, ())  # 启动一个子线程运行函数 func_b
18       sleep(5)  # 休眠 5 秒钟
19       print("主函数 main 运行结束: ", ctime())
20
21   if __name__ == "__main__":
22       main()
```

代码 11-2 中函数 func_a()和函数 func_b()的结果如下（每次运行结果不一定相同）。

```
主函数 main 开始运行: Sun May 12 23:42:41 2024
func_b 开始运行: Sun May 12 23:42:41 2024
func_a 开始运行: Sun May 12 23:42:41 2024
func_b 运行结束:  Sun May 12 23:42:43 2024
func_a 运行结束:  Sun May 12 23:42:46 2024
主函数 main 运行结束:  Sun May 12 23:42:46 2024
```

从代码 11-2 的运行结果中可以看出，在第一个子线程的函数 func_a()运行期间（函数运行未结束），第二个子线程的函数 func_b()得以完整运行。因为 func_a()函数在运行过程中调用了 sleep()函数休眠 5 秒钟，会释放 CPU 资源，此时系统调度函数 func_b()开始运行。函数 func_b()运行过程中仅通过 sleep()函数休眠 2 秒钟，所以当 func_b()函数运行结束时，func_a()函数的休眠仍未完成，直到休眠满 5 秒后，func_a()函数才继续运行。在 main 函数中使用 sleep()函数休眠 5 秒，等待函数 func_a()和函数 func_b()都运行完，再结束程序。

11.2.2 线程的生命周期

当程序运行过程中包含多个线程时，线程被创建后既不是一启动就进入运行状态，也不是独占 CPU 一直处于运行状态，CPU 需要在多个线程之间切换。线程从创建到消亡的整个生命周期可能会历经 5 种状态，分别是新建（New）、就绪（Ready）、运行（Running）、阻塞（Blocked）、和消亡（Dead），如图 11-4 所示。

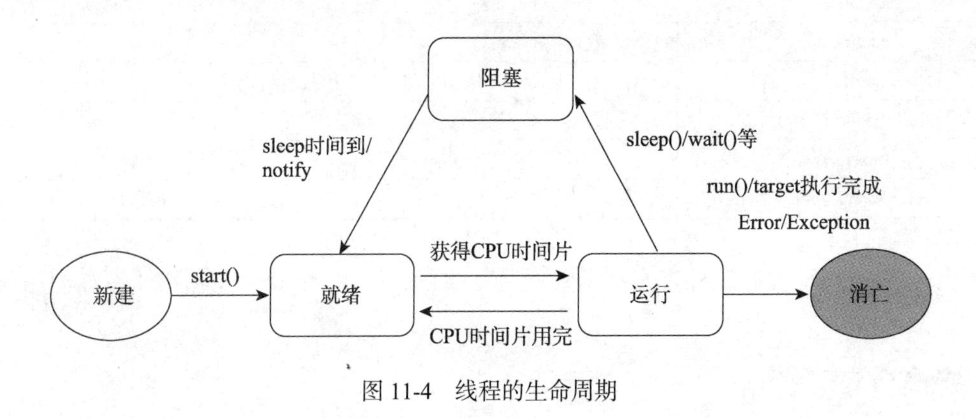

图 11-4　线程的生命周期

1. 新建和就绪状态

当位于新建状态的线程调用 start()方法时，该线程就转换到就绪状态，等待 CPU 调度执行。

2. 运行和阻塞状态

当位于就绪状态的线程得到了 CPU 时间片时，则进入运行状态。

如果处于运行状态的线程发生如下几种情况，则由运行状态转换到阻塞状态。

（1）线程运行时间片到。

（2）线程主动调用 sleep()方法进入休眠状态。

（3）线程等待 I/O 操作完成。

（4）线程调用 wait()方法，等待特定条件的满足。

3. 线程消亡状态

消亡即线程运行结束。除了正常运行结束，如果程序运行过程中发生异常（Exception）或者错误（Error），线程也会进入消亡状态。

11.2.3 线程的创建和启动

Python 中的 threading 和_thread 是用于多线程编程的两个不同的模块。_thread 是一个低级别的模块，它提供了基本的线程创建和管理功能；threading 是一个更高级别的模块，它提供了更多的功能和更好的面向对象的接口。

在 threading 模块中定义了一个 Thread 类用于创建线程。Thread 类的常用方法及说明如表 11-1 所示。

表 11-1　Thread 类的常用方法及说明

方法	说明
__init__(self,group=None, target=None, name=None, args=(), kwargs=None)	Thread 类构造方法，创建线程时自动调用；参数 target 用来指定启动线程时执行的可调用对象；参数 args 用来指定要传递给可调用对象的参数，必须为元组；参数 name 为线程名称
run()	线程代码，用来实现线程的功能，可以在 Thread 类的派生类中重写该方法来自定义线程的行为
getName()	获得线程对象名称
setName()	设置线程对象名称
start()	自动调用 run()方法，启动线程，执行线程代码
join(timeout=None)	主线程阻塞，等待线程结束或超时返回
isAlive()	测试线程是否处于 alive 状态
setDaemon(bool)	设置子线程是否随主线程一起结束，必须在 start()之前调用，默认为 False

Python 中使用线程有三种方式：函数式启动线程、使用 Thread 类创建线程和使用其他子类创建线程。

1. 函数式启动线程

调用_thread 模块中的 start_new_thread()函数来创建新线程，start_new_thread()函数的语法格式如下，其参数说明如表 11-2 所示。

```
_thread.start_new_thread ( function, args[, kwargs] )
```

表 11-2　start_new_thread()函数的参数说明

参数	说明
function	指线程函数
args	指传递给线程函数的参数，它必须是个 tuple 类型
kwargs	可选参数

2. 使用 Thread 类创建线程

可以直接使用 Thread 类的构造方法 Thread()实例化一个线程对象。Thread()方法的语法格式如下，其参数说明如表 11-3 所示。

```
Thread(group=none, target=none, name=none, args=(), kwargs={}, *, daemon=none )
```

表 11-3　Thread()方法的参数说明

参数	说明
group	恒为 none，保留未来使用
target	指定一个可调用对象（线程的功能函数）
args	传递给 target 指定的调用对象的参数
kwargs	传递给 target 指定的调用对象的参数
name	表示线程名称，默认为“Thread-N”形式，其中 N 为十进制数字
daemon	表示是否将线程设为后台线程

创建线程的基本步骤如下。

（1）导入线程模块。

```
import threading
```

（2）通过线程类创建进程对象。

```
线程对象 = threading.Thread(target = 任务名)
```

（3）启动线程执行任务。

```
线程对象.start()
```

应用 Thread 类的构造方法创建四个子线程，并在各自的线程函数中休眠一段时间，如代码 11-3 所示。

代码 11-3　多线程并发执行示例

```
1    import threading  # 导入threading模块
2    import time
3
4    def fun(i):  # 定义线程执行函数
5        time.sleep(2)
6        print("当前运行的子线程编号为：%d \n " % i)
7
8    def main():
9        for i in range(1, 5):
10           t = threading.Thread(target=fun, args=(i,))  # 创建线程对象
11           t.start()  # 启动线程
12
13   if __name__ == "__main__":
14       main()
```

代码 11-3 的运行结果如下（注：每次运行结果不一定相同）。

```
当前运行的子线程编号为：1
当前运行的子线程编号为：4
当前运行的子线程编号为：2
当前运行的子线程编号为：3
```

Thread()方法创建的线程默认是前台线程，这类线程的特点是，主线程会等待其运行结束后终止程序。使用 Thread()方法创建线程时，可以将参数 daemon 设为 True，使得创建的线程为后台线程，后台线程总是与主线程同时终止。

3. 使用 Thread 子类创建线程

自定义一个继承自 Thread 类的子类，在该子类中重写父类的__init__()方法和 run()方法，再利用子类的构造方法创建线程。run()方法用于实现线程的功能和业务逻辑。

编写一个继承自 Thread 类的子类 MyThread，并重写父类的__init__()方法和 run()方法，最后通过 MyThread 类创建并启动两个子线程，如代码 11-4 所示。

代码 11-4　Thread 类的子类创建线程示例

```
1    import threading  # 导入 threading 模块
2
3    class MyThread(threading.Thread):  # 定义线程子类
4        def __init__(self):  # 线程子类重写__init__()方法
5            threading.Thread.__init__(self)
6
7        def run(self):  # 线程子类重写 run()方法
8            print("开始运行: ", self.name)
9
10   def main():
11       t1 = MyThread()  # 创建线程对象 t1
12       t1.start()  # 启动线程对象 t1
13       t2 = MyThread()
14       t2.start()
15
16   if __name__ == "__main__":
17       main()
```

代码 11-4 的运行结果如下。

```
开始运行: Thread-1
开始运行: Thread-2
```

11.3　线程同步

同一个进程的线程间共享数据能够在一定程度上减少程序的开销，但多线程修改同一共享数据，可能会造成数据不同步的问题。

11.3.1　多线程使用不当造成的数据混乱

下面模拟两个用户从银行取款造成数据混乱的示例，如例 11-1 所示。

【例 11-1】 编程模拟用户从银行取款的操作，设存款余额初值为 1000 元，用两个线程模拟两个用户从银行取款的情况，如代码 11-5 所示。

代码 11-5　多线程不同步操作造成数据混乱的示例

```
1    import threading  # 导入 threading 模块
2    import time
3
4    class Mbank:  # 定义银行类
5        global balance
6        balance = 1000  # 存款余额初值为 1000 元
```

```
7
8        def take(k):  # 定义取款操作函数，每次取款 100 元
9            global balance
10           temp = balance
11           temp = temp - k
12           time.sleep(0.2)  # 每次取款操作休眠 0.2 秒
13           balance = temp
14           print("取款 100 元，余额=%d 元 \n" % balance)
15
16   class MyThread(threading.Thread):  # 定义线程子类
17       def __init__(self):  # 线程子类重写__init__()方法
18           threading.Thread.__init__(self)
19
20       def run(self):  # 线程子类重写 run()方法
21           for i in range(1, 5):  # 循环 4 次，每次取款 100 元
22               Mbank.take(100)
23
24   def main():
25       t1 = MyThread()  # 创建线程对象 t1
26       t2 = MyThread()
27       t2.start()
28
29   if __name__ == "__main__":
30       main()
```

代码 11-5 的运行结果如下。

```
取款 100 元，余额=900 元
取款 100 元，余额=900 元
取款 100 元，余额=800 元
取款 100 元，余额=800 元
取款 100 元，余额=700 元
取款 100 元，余额=700 元
取款 100 元，余额=600 元
取款 100 元，余额=600 元
```

代码 11-5 的说明如下。

（1）Mbank 类用来模拟银行，其中全局变量 balance 表示存款余额；take(k)方法模拟取款操作，参数 k 表示每次取款金额；每次取款操作期间线程休眠 0.2 秒。

（2）MyThread 是模拟取款用户的线程类，在 run()方法中，循环 4 次调用 Mbank 类中的取款方法 take(100)，每次取款 100 元，每个线程取款 400 元。

（3）main()方法中创建并启动两个线程，模拟两个用户从银行取款。

（4）按预期每个线程取款 400 元，两个线程合计取款 800 元，余额应该为 200 元，但是程序运行结果为余额=600 元，这是线程 t1 和 t2 的并发运行引起的。例如，t1 首次执行取款操作为：读取 balance 余额 1000 元，赋值给临时变量 temp，temp 减去 100 为 900，但是在将 temp

的新值写回 balance 之前，t1 休眠了 0.2 秒；t1 休眠期间，线程 t2 开始运行，t2 读取到的余额仍然是 1000 元，因此 t2 的取款操作是在余额 1000 元的基础上进行的，前面 t1 对余额扣减 100 元的结果被覆盖掉了。因此，出现异常结果的根本原因是两个并发线程共享了同一内存变量，后一线程对变量的修改结果覆盖了前一线程对变量的修改结果，造成数据混乱。

11.3.2 利用 Lock 实现线程同步

在多线程编程中，多个线程可能同时操作同一个共享变量，如果没有同步机制，可能会导致数据的不一致性。所谓线程同步就是在执行多线程任务时，一次只能有一个线程访问共享资源，其他线程只能等待，只有该线程完成运行后释放资源，另外的线程才可以进入。Python 提供了锁（Lock）机制实现线程间的同步。

1. 互斥锁

互斥锁是最简单的加锁技术，它只有两种状态：锁定（locked）和非锁定（unlocked）。当某个线程需要更改共享数据时，它会先对共享数据上锁，将当前的资源转换为“锁定”状态，其他线程无法对被锁定的共享数据进行修改；当线程运行结束后，它会解锁共享数据，将资源转换为“非锁定”状态，以便其他线程对资源上锁后进行修改。

Python 中的 threading 模块提供了一个 Lock 类，通过 Lock 类的构造方法可以创建一个互斥锁，语法格式如下。

```
mutex_lock = threading.Lock()
```

Lock 类中定义了两个重要方法：acquire()和 release()，分别用于锁定和释放共享资源。acquire()方法可以设置锁定共享数据的时长，其语法格式如下。

```
acquire(blocking = True, timeout = -1)
```

acquire()方法的参数及其说明如表 11-4 所示。

表 11-4 acquire()方法的参数及其说明

参数	说明
blocking	若设置为 True（默认值），则会阻塞当前线程至资源处于非锁定状态；若设置为 False，则不会阻塞当前线程
timeout	指定加锁多少秒，取值-1 则代表无时间限制

需要注意，处于锁定状态的互斥锁调用 acquire()方法会再次对资源上锁，处于非锁定状态的互斥锁调用 release()方法会抛出 RunntimeError 异常。

【例 11-2】用锁机制改写例 11-1，用线程同步设计多用户从银行取款的程序，如代码 11-6 所示。

代码 11-6 线程同步共享数据示例

```
1    import threading  # 导入 threading 模块
2    import time
3
```

```
4     threadLock = threading.Lock()  # 创建一个锁对象
5
6     class Mbank:  # 定义银行账户类
7         global balance
8         balance = 1000  # 账户余额初值为1000元
9
10        def take(k):  # 定义取款操作函数，每次取款100元
11            global balance
12            temp = balance
13            temp = temp - k
14            time.sleep(0.2)  # 每次取款操作休眠0.2秒
15            balance = temp
16            print("取款100，余额=%d \n" % balance)
17
18    class MyThread(threading.Thread):  # 定义线程子类
19        def __init__(self):  # 线程子类重写__init__()方法
20            threading.Thread.__init__(self)
21
22        def run(self):  # 线程子类重写run()方法
23            for i in range(1, 5):  # 循环4次，每次取款100元
24                threadLock.acquire()  # 获得锁
25                Mbank.take(100)
26                threadLock.release()  # 释放锁
27
28    def main():
29        t1 = MyThread()  # 创建线程对象t1
30        t1.start()  # 启动线程对象t1
31        t2 = MyThread()
32        t2.start()
33
34    if __name__ == "__main__":
35        main()
```

代码11-6的运行结果如下。

```
取款100元，余额=900元
取款100元，余额=800元
取款100元，余额=700元
取款100元，余额=600元
取款100元，余额=500元
取款100元，余额=400元
取款100元，余额=300元
取款100元，余额=200元
```

代码11-6的说明如下。

（1）例11-2与例11-1相比，仅在线程类的run()方法中增加了同步锁（第24、26行），锁的创建在第4行代码。

（2）由于对实现取款操作的 take()方法增加了同步限制，所以在线程 t1 结束 take()方法运行之前，线程 t2 无法进入 take()方法的运行，直到线程 t1 运行 threadLock.release()方法释放锁，线程 t2 才可以获取锁，进而运行取款的 take()方法。

（3）同理，线程 t2 在获得锁后，运行 take()方法，直到释放锁后，线程 t1 才能再次申请获取锁，并进行取款操作，避免了一个线程对存款余额变量 balance 的更改结果覆盖另一线程对 balance 的更改结果。

2. 死锁

死锁是指两个或两个以上的线程在运行过程中，资源竞争或彼此通信导致的一种阻塞现象，若无外力作用，线程将无法继续运行，此时称系统处于死锁状态或系统产生了死锁。

在使用 Lock 对象给资源加锁时，若操作不当，则很容易造成死锁，常见的不当行为主要包括加锁与解锁的次数不匹配、两个线程各自持有一部分共享资源。

【例 11-3】 现在有打印机和扫描仪两种硬件资源，一次只能供一个线程使用，假设现在有两个线程都要使用打印机和扫描仪，给这两个资源各分别配了一把互斥锁，称为打印机锁和扫描仪锁，线程的任务是先扫描后打印，每个线程要同时获得这两把锁才能正常使用扫描仪和打印机，假如线程 1 申请并占有了打印机锁，又接着申请扫描仪锁，而因为并发和异步，线程 2 也申请并占有了扫描仪锁又接着申请打印机锁，导致两个线程都因为申请的资源被对方占有而阻塞，从而导致死锁。通过编程模拟上述线程死锁现象，如代码 11-7 所示。

代码 11-7　线程死锁现象示例

```
1     import threading
2     import time
3
4     mutex_printer = threading.Lock()  # 创建打印机锁
5     mutex_scanner = threading.Lock()  # 创建扫描仪锁
6
7     class MyThread1(threading.Thread):  # 定义第一个线程类
8         def run(self):
9             mutex_printer.acquire()  # 获得打印机锁
10            print('线程 1 已经获得打印机的使用权')
11            time.sleep(1)  # 休眠 1 秒钟
12            mutex_scanner.acquire()  # 获得扫描仪锁
13            print('线程 1 已经获得扫描仪的使用权')
14            mutex_scanner.release()  # 释放扫描仪锁(按获取锁的相反顺序释放锁)
15            mutex_printer.release()  # 释放打印机锁(按获取锁的相反顺序释放锁)
16
17    # 定义第二个线程类
18    class MyThread2(threading.Thread):
19        def run(self):
20            mutex_scanner.acquire()  # 先获得扫描仪锁
21            print('线程 2 已经获得扫描仪的使用权')
22            time.sleep(1)
23            mutex_printer.acquire()  # 获得打印机锁
24            print('线程 2 已经获得打印机的使用权')
```

```
25            mutex_printer.release()  # 释放打印机锁(按获得锁的相反顺序释放锁)
26            mutex_scanner.release()  # 释放扫描仪锁(按获得锁的相反顺序释放锁)
27
28    if __name__ == '__main__':
29        t1 = MyThread1()  # 创建线程 t1
30        t2 = MyThread2()
31        t1.start()  # 启动线程 t1
32        t2.start()
```

代码 11-7 的运行结果如下。

```
线程 1 已经获得打印机的使用权
线程 2 已经获得扫描仪的使用权
```

代码 11-7 的说明如下。

（1）休眠（延时）语句（第 11、22 行）是为了保证死锁一定发生，否则若线程 1 获得两把锁，执行完任务又释放锁，这种情况下不会发生死锁。

（2）代码 11-7 定义了两个线程类 MyThread1 和 MyThread2，每个线程的执行体 run()方法中，都是先申请两类锁，后释放锁。但是由于申请锁的顺序不同，线程 1 是先申请打印机锁、后申请扫描仪锁，而线程 2 的申请顺序相反，即先申请扫描仪锁、后申请打印机锁，而且申请两个锁的中间进行了休眠延时，因此每个线程都只申请到一个锁，等待另一个锁的死锁状态。

（3）从代码 11-7 的运行结果中可以看出：线程 1 已经获得打印机锁，等待扫描仪锁；线程 2 已经获得扫描仪锁，等待打印机锁，双方互相等待对方已经获得的锁，而各自又无法释放已经获得的锁，从而处于永久等待，即死锁状态。

从例 11-3 中，可以总结出死锁产生的**四个必要条件**。

①互斥条件：对互斥的资源进行争抢才会导致死锁。

②不可剥夺条件：在获得的资源使用完之前不能被其他线程抢走。

③请求和保持条件：已经保持一个资源，但又提出了新的资源请求，而该资源被其他线程占有，自己手中的资源又不肯释放。

④循环等待条件：每个线程手中的资源刚好是下一个线程所请求的资源。

3. 可重入锁

可重入锁（Reentrant Lock，RLock），也被称为递归锁，是一种支持同一个线程多次获取同一个锁的锁机制。

可重入锁的主要目的是解决递归调用或嵌套代码中的锁定问题。当一个线程已经获得了锁，但在持有锁的代码块中又调用了另一个需要同一个锁的方法时，如果使用非可重入锁，线程会因为无法再次获得同一个锁而陷入死锁状态。而可重入锁允许线程多次获得同一个锁，避免了死锁问题。同一个线程获得同一个锁执行多少次获得锁的操作 acquire，在释放锁之前就需要相同次数的解锁操作 release。

可重入锁需要关联持有锁的线程和计数器 count 变量。当线程再次请求获得锁时，会检查当前线程是否已经持有锁，若是，则持有锁的计数器 count 变量加 1；否则，线程会被阻塞，直到 count 变量为 0 才能获得锁。

通过 RLock 类的构造方法可以创建一个可重入锁，如代码 11-8 所示。

代码 11-8　创建可重入锁

```
r_lock = RLock()
```

RLock 类的常用属性及说明如表 11-5 所示。

表 11-5　RLock 类的常用属性及说明

成员	说明
_block	表示内部的互斥锁
_owner	表示可重入锁的持有者的线程 ID
_count	表示计数器，用于记录锁被持有的次数。针对 RLock 对象的持有线程（属主线程），每上锁一次计数器就加 1，每解锁一次计数器就减 1。若计数器为 0，则释放内部的锁，这时其他线程可以获取内部的互斥锁，继而获得 RLock 对象
acquire()	锁定资源，与 Lock 类的同名方法相似
Release()	释放资源，与 Lock 类的同名方法相似

可重入锁的实现原理是为每个内部锁关联一个计数器 count 变量和属主线程。当计数器为 0 时，内部锁处于非锁状态，可以被其他线程持有；当线程持有一个处于非锁状态的锁时，它将被记录为锁的持有线程，计数器置为 1。

RLock 对象也是一种常用的线程同步原语，可在同一个线程中多次调用 acquire()。当处于 locked 状态时，某线程拥有该锁；当处于 unlocked 状态时，该锁不属于任何线程。RLock 对象的 acquire()/release()调用可以嵌套，仅当最后一个或最外层的 release()执行结束后，锁才会被设置为 unlocked 状态。

【例 11-4】 利用 RLock 改写例 11-3，对打印机和扫描仪申请用一个可重入锁代替，从而避免死锁的发生，如代码 11-9 所示。

代码 11-9　可重入锁避免死锁示例

```
1     import threading
2     import time
3
4     r_lock = threading.RLock()  # 创建可重入锁对象 r_lock
5     count = 0  # 声明计数器 count 变量
6
7     class MyThread1(threading.Thread):  # 定义第一个线程类
8         def run(self):
9             global count
10            r_lock.acquire()  # 获得打印机锁
11            count = count + 1
12            print('线程 1 已经获得打印机的使用权')
13            time.sleep(1)  # 休眠 1 秒钟
14            r_lock.acquire()  # 获得扫描仪锁
15            count = count + 1
16            print('线程 1 已经获得扫描仪的使用权')
17
18            print("线程 1 使用扫描仪和打印机开始工作...")
```

```
19            r_lock.release()  # 释放扫描仪锁(按获得锁的相反顺序释放锁)
20            count = count - 1
21            r_lock.release()  # 释放打印机锁(按获得锁的相反顺序释放锁)
22            count = count - 1
23
24    # 定义第二个线程类
25    class MyThread2(threading.Thread):
26        def run(self):
27            global count
28            r_lock.acquire()  # 先获得扫描仪锁
29            count = count + 1
30            print('线程 2 已经获得扫描仪的使用权')
31            time.sleep(1)
32            r_lock.acquire()  # 获得打印机锁
33            count = count + 1
34            print('线程 2 已经获得打印机的使用权')
35            print("线程 2 使用扫描仪和打印机开始工作...")
36            r_lock.release()  # 释放打印机锁(按获取锁的相反顺序释放锁)
37            count = count - 1
38            r_lock.release()  # 释放扫描仪锁(按获取锁的相反顺序释放锁)
39            count = count - 1
40
41    if __name__ == '__main__':
42        t1 = MyThread1()  # 创建线程 t1
43        t2 = MyThread2()
44        t1.start()  # 启动线程 t1
45        t2.start()
```

代码 11-9 的运行结果如下。

```
线程 1 已经获得打印机的使用权
线程 1 已经获得扫描仪的使用权
线程 1 使用扫描仪和打印机开始工作...
线程 2 已经获得扫描仪的使用权
线程 2 已经获得打印机的使用权
线程 2 使用扫描仪和打印机开始工作...
```

代码 11-9 的说明如下。

（1）本例中创建一个可重入锁代替例 11-3 中的互斥锁 Lock（第 4 行），每个线程中对打印机和扫描仪的申请均用的是同一个可重入锁 r_lock 对象（第 10、14 行），每调用一次 acquire()申请资源，计数器加 1（第 11、15 行），每调用一次 release()释放资源（第 19、21 行），计数器减 1（第 20、22 行）。

（2）将计数器变量 count 设为全局变量，方便线程 1 和线程 2 都能读取到该值（第 5 行）。另外，r_lock 对象也要放在线程函数外面，作为一个全局变量（第 4 行），这样所有线程实例都可以共享这个变量，如果将 r_lock 对象放到线程函数内部，那么这个 r_lock 对象就成了局部变量，多个线程实例的函数使用的就是不同的 r_lock 对象，就不能有效保护原子操作的代码。

（3）根据可重入锁的工作原理，当线程 1 调用 acquire()申请打印机时，计数器 count 加 1，此时，即使线程 1 休眠，当线程 2 调用 acquire()申请扫描仪时，由于 count 值为非 0，线程 2 只能等待，直到线程 1 继续调用 acquire()申请到扫描仪并完成工作，两次调用 release()释放所有资源，并将计数器 count 置为 0，线程 2 才能通过调用 acquire()获取相应的资源，从而避免了例 11-3 中的死锁现象。

11.4　应用案例：幸运抽奖大转盘

利用第三方 tkinter、threading、time 模块编程实现一个幸运抽奖大转盘，程序运行效果如图 11-5 所示，单击“开始”按钮，12 项奖品的选项轮流变成红色，单击“停止”按钮，弹出一个窗口，提示用户抽中的奖品。

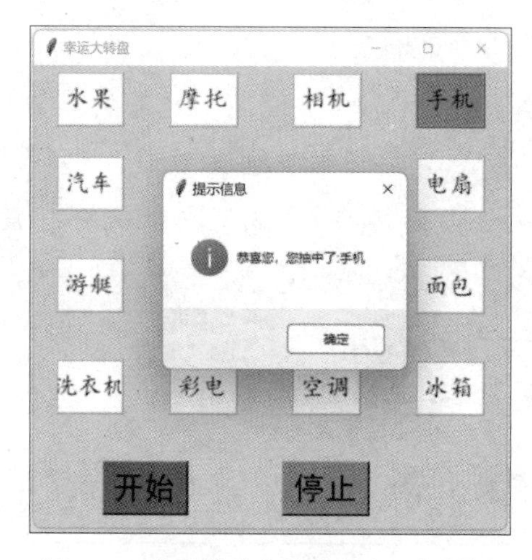

图 11-5　幸运抽奖大转盘程序运行效果

【分析】

在设计这个抽奖游戏时，需要考虑以下几个方面。

（1）游戏界面设计：设计一个 GUI，各奖品名称以标签组件显示，为了呈现抽奖时的转盘效果，奖品标签围成一个圈，放置两个按钮组件，用于触发“转盘”转动和停止的动作。标签和按钮组件的布局可以采用 grid()方法。

（2）转盘转动效果的实现：标签不动，让标签轮流改变背景色，只要将改变频率加快，就能呈现转盘转动的视觉效果。

（3）业务逻辑：当单击“开始”按钮时，如果没有外界干预，转盘将一直转下去，这个功能可以用一个 while“死循环”实现，但是又要通过单击“停止”按钮让循环停下来，因此这个 while“死循环”单独用一个子线程来执行，然后通过单击“停止”按钮来触发循环退出的条件。

【实现】

（1）游戏界面实现。

首先，导入程序实现要用到的 GUI、线程、时间和窗口相关的几个模块，并创建一个根窗口对象，如代码 11-10 所示。

代码 11-10　创建游戏界面

```
1    # 多线程实例（幸运抽奖大转盘）
2    import threading
3    from tkinter import *
4    import time
5    import tkinter.messagebox
6
7    # 创建根窗口，并设置窗口基本属性
8    root = tkinter.Tk()
9    root.title('幸运抽奖大转盘')
10   root.geometry("420x400")
11   root['bg'] = 'cyan'
```

然后，往根窗口中添加一些组件，如标签、按钮等，标签组件以 grid 网格布局排列成一圈。由于按钮组件的 command 参数涉及对事件处理函数的调用，因此，按钮组件的添加代码放在程序后半部分，如代码 11-11 所示。

代码 11-11　创建游戏界面中的组件

```
1    # 创建标签，显示 12 种奖品，以 grid 网格布局排列
2    label11 = Label(root, text='水果', relief=RIDGE, height=2, width=5, font=('楷体', 16))
3    label11.grid(row=1, column=1, padx=20, pady=5)
4    label12 = Label(root, text='摩托', relief=RIDGE, height=2, width=5, font=('楷体', 16))
5    label12.grid(row=1, column=2, padx=20, pady=5)
6    label13 = Label(root, text='相机', relief=RIDGE, height=2, width=5, font=('楷体', 16))
7    label13.grid(row=1, column=3, padx=20, pady=5)
8    label14 = Label(root, text='手机', relief=RIDGE, height=2, width=5, font=('楷体', 16))
9    label14.grid(row=1, column=4, padx=20, pady=5)
10   label21 = Label(root, text='汽车', relief=RIDGE, height=2, width=5, font=('楷体', 16))
11   label21.grid(row=2, column=1, padx=20, pady=20)
12   label24 = Label(root, text='电扇', relief=RIDGE, height=2, width=5, font=('楷体', 16))
13   label24.grid(row=2, column=4, padx=20, pady=20)
14   label31 = Label(root, text='游艇', relief=RIDGE, height=2, width=5, font=('楷体', 16))
15   label31.grid(row=3, column=1, padx=20, pady=20)
16   label34 = Label(root, text='面包', relief=RIDGE, height=2, width=5, font=('楷体', 16))
17   label34.grid(row=3, column=4, padx=20, pady=20)
18   label41 = Label(root, text='洗衣机', relief=RIDGE, height=2, width=5, font=('楷体', 16))
```

```
19    label41.grid(row=4, column=1, padx=20, pady=20)
20    label42 = Label(root, text='彩电', relief=RIDGE, height=2, width=5, font=('
      楷体', 16))
21    label42.grid(row=4, column=2, padx=20, pady=20)
22    label43 = Label(root, text='空调', relief=RIDGE, height=2, width=5, font=('
      楷体', 16))
23    label43.grid(row=4, column=3, padx=20, pady=20)
24    label44 = Label(root, text='冰箱', relief=RIDGE, height=2, width=5, font=('
      楷体', 16))
25    label44.grid(row=4, column=4, padx=20, pady=20)
```

（2）业务逻辑实现。

①定义一个函数实现转盘转动的效果，如代码 11-12 所示。

首先，定义一个列表，用来存放 12 个奖品的标签名称，方便后面的循环从中获取标签项的相关信息。

其次，通过一个 while 循环依次对列表中相关奖品对应的标签进行背景色的修改，每循环一次，修改一个标签的背景色，并休眠 0.05 秒，由于相邻列表项对应的标签在物理位置上也是相邻的，可以呈现转盘转动的效果。

另外，本函数还用到两个布尔类型的变量，作为抽奖时转盘允许转动和停止的标记。

代码 11-12　转盘转动效果的代码实现

```
1     # 将所有展示奖品的标签选项组成列表
2     label_lists = [label11, label12, label13, label14, label24, label34,
      label44, label43, label42, label41, label31, label21]
3     isrotate = False  # 判断转盘是否开始转动的变量
4
5     # 定义实现转盘转动功能的函数
6     def round():
7         global i
8         if isrotate == False:  # 变量为False，表示不进行转盘转动
9             return
10        i = 0
11        while True:
12            if stop_run_sign:  # 如果按下"停止"按钮，则退出，不转动转盘
13                return
14                time.sleep(0.05)  # 每转动一次，休眠0.05秒
15            for label in label_lists:  # 通过FOR循环，将所有标签的背景色刷新为白色
16                label['bg'] = 'white'
17            label_lists[i]['bg'] = 'red'  # 将当前转动到的数值对应的标签的背景色改为
      红色
18            i += 1
19            if i == len(label_lists):  # 如果i大于最大索引，将i的值设置为0
20                i = 0
21            if stop_run_sign == True:
22                break
23            else:
```

```
24          continue
```

① 定义“开始”按钮和“停止”按钮的点击事件处理函数，如代码 11-13 所示。

在“开始”按钮事件处理函数 start_run()中，首先将允许转盘转动的标志变量 isrotate 设为 True，将停止转盘转动的标志变量 stop_run_sign 设置为 False；然后创建并启动一个子线程，线程的执行目标是实现抽奖转盘转动的函数 round()。

在“停止”按钮事件处理函数 stop_run()中，首先将停止转盘转动的标志变量 stop_run_sign 设置为 True；然后考虑一种情况，当用户还未点击“开始”按钮时，就先点击了“停止”按钮，这时为体现用户友好性，将弹出窗口提示用户：抽奖请点击“确定”按钮启动抽奖流程，否则点击“取消”按钮。如果用户在抽奖转盘正常启动后，点击“停止”按钮，则弹出窗口提示用户抽中的奖品。

代码 11-13　游戏的事件处理函数

```
1     # "开始"按钮点击事件处理函数
2     def start_run():
3         global stop_run_sign
4         global isrotate
5         isrotate = True  # 设置允许转盘转动的标志变量为 True
6         stop_run_sign = False  # 设置停止转盘转动的标志变量为 False
7         t = threading.Thread(target=round)  # 建立一个新线程，执行转盘转动函数
      round()
8         t.start()  # 启动线程
9
10    # "停止"按钮点击事件的处理函数
11    def stop_run():
12        global stop_run_sign
13        global isrotate
14        global i
15        stop_run_sign = True
16        if isrotate == False:  # 未点击"开始"按钮，先点击"停止"按钮时弹出的提示信息
17            result = tkinter.messagebox.askokcancel(title='提示框', message='抽
      奖请点击"确定"按钮启动抽奖流程，否则点击"取消"按钮。')
18            if result == True:
19                start_run()
20            else:
21                tkinter.messagebox.showinfo(title='提示框', message='您已取消抽
      奖,欢迎下次使用!')
22        else:  # 已开始抽奖，按下结束键
23            tkinter.messagebox.showinfo(title='提示信息', message='恭喜您，您抽中
      了:' + label_lists[i]['text'])  # 提示抽中的奖品
24    isrotate = False  # 停止按钮，变量设置为 False，表示不进行转盘转动
```

③添加“开始”和“停止”按钮，并通过按钮组件的 command 参数关联事件处理函数，如代码 11-14 所示。

代码 11-14　关联游戏按钮的事件处理函数

```
1    btn1 = tkinter.Button(root, text='开始', bg='green', font=('黑体', 20),
     command=start_run)
2    btn1.grid(row=5, column=1, padx=20, pady=20, columnspan=2)
3    btn2 = tkinter.Button(root, text='停止', bg='red', font=('黑体', 20),
     command=stop_run)
4    btn2.grid(row=5, column=3, padx=20, pady=20)
```

（3）运行。

游戏运行如代码 11-15 所示。

代码 11-15　游戏运行代码

```
1    root.mainloop()
```

11.5　上机实践：多线程模拟多窗口航班售票

1. 实验目的

掌握使用 Thread 类创建线程的方法，并用 Lock 类同步线程活动。

2. 实验要求

编写 Python 程序，通过 Thread 类创建线程，模拟航班售票的场景，某次航班发售 100 张票，同时开启两个窗口售票，一个窗口用一个线程来表示，每个窗口都实时显示剩余的票数。

3. 运行效果示例

程序运行结果如下，窗口每售出一张票都输出提示信息，并显示剩余的票量信息。

```
第 1 售票窗口售票 1 张，剩余票数： 99
第 2 售票窗口售票 1 张，剩余票数： 98
第 2 售票窗口售票 1 张，剩余票数： 97
第 1 售票窗口售票 1 张，剩余票数： 96
第 1 售票窗口售票 1 张，剩余票数： 95
......
第 2 售票窗口售票 1 张，剩余票数： 4
第 2 售票窗口售票 1 张，剩余票数： 3
第 1 售票窗口售票 1 张，剩余票数： 2
第 1 售票窗口售票 1 张，剩余票数： 1
第 2 售票窗口售票 1 张，剩余票数： 0
```

4. 程序模板

请按模板要求，将【代码】替换为 Python 程序代码。

```
1    # 多线程实验（售票问题）
2    from threading import Thread, Lock
3    import threading
```

```
4      ________【代码 1】________  # 将 sleep()要用到的相关模块导入
5
6      # global total_ticket
7      total_ticket = 100
8      lock1 = Lock()
9
10     def selltickets(i):
11         global total_ticket
12         while (total_ticket > 0):
13             ________【代码 2】________  # 每次售票操作前先申请锁
14             total_ticket -= 1
15             print('第', i, '售票窗口售票 1 张，剩余票数：', total_ticket)
16             ________【代码 3】________  # 售票操作完成释放锁
17             time.sleep(0.2)  # 每售出一张票，休眠 0.2 秒
18
19     def main():
20         for i in range(1, 3):
21             ________【代码 4】________  # 创建售票线程
22             ________【代码 5】________  # 启动售票线程
23
24     if __name__ == '__main__':
25         main()
```

5. 实验指导

（1）程序模拟多个独立工作的窗口售卖共同的航班机票，每个独立售票窗口启用一个线程，所售的机票为共享资源，所以 total_ticket 变量要设为全局变量。

（2）每次售票操作包括票的总数减 1、输出提示信息，为保证操作的原子性，在进行售票操作前申请锁，操作完后释放锁。为了显示多线程并发售票的效果，每次售票操作后休眠 0.2 秒。

（3）在用 Thread 类的构造方法创建线程对象时，构造方法的 target 参数用来指定线程启动时执行的调用函数，参数 args 用来指明传递给可调用函数的参数。

6. 实验后的练习

（1）total_ticket 变量如果设定为售票方法 selltickets()的局部变量，能否实现程序的预期效果？

（2）用 Thread 类的子类创建线程来改写程序。

小结

尽管并不是每个 Python 应用中都需要线程，但为了提高程序的运行效率，尤其是在多核的硬件设备上，利用多线程思想编写程序是一项必备的基本功。本章在讲解进程与线程的概念的基础上，深入讲解了 Python 语言中线程的实现方法，以及通过锁实现线程同步的机制。最后，通过应用实例和上机实践强化对线程的理解。

习题

1. 选择题

（1）下列关于线程与多线程的说法不正确的是（　　）。

A. 线程也叫轻量级进程，是操作系统进行运算调度的最小单位

B. 一个线程可以创建和撤销另一个线程

C. 线程之间不能共享内存

D. 使用多线程来实现多任务并发执行比使用多进程的效率高

（2）下列关于进程间通信的方法队列不正确的选项是（　　）。

A. 队列主要有 Put 方法和 Delete 方法

B. 队列用于多个进程之间实现通信

C. Put 方法主要是以插入数据到队列中

D. Get 方法是从队列读取并且删除一个元素

（3）Python 要使用多线程，应当导入以下哪个模块？（　　）

A. re　　B. threading　　C. math　　D. report

（4）新建的线程调用 start()方法后，线程进入以下哪个状态？（　　）

A. 阻塞　　B. 运行　　C. 就绪　　D. 新建

2. 简答题

（1）简述 Python 中多线程的常见应用场景。

（2）简述进程与线程的概念及二者间的关系。

（3）简述线程间进行同步的必要性。

3. 编程题

（1）使用 tkinter 编写 GUI 程序，并使用 threading 模块来创建一个单独的线程，在窗口上实时显示当前日期和时间。

（2）启动 3 个线程输出递增的数字，线程 1 先输出 1、2、3、4、5，然后线程 2 输出 6、7、8、9、10，然后线程 3 输出 11、12、13、14、15，接着由线程 1 输出 16、17、18、19、20……以此类推，直到输出 75。

第 12 章 数据库编程

数据库是一种专门用于存储、检索和管理数据的软件系统，它支持用户通过特定的查询语言（如 SQL）来访问和操作数据。Python 作为一种功能强大的通用编程语言，能够与各种主流数据库管理系统进行交互。本章将介绍数据库基础、SQL 基础、MySQL 数据库，以及如何使用 Python 进行 MySQL 数据库的编程。

学习目标

（1）了解数据库的相关概念及其关键特性。
（2）掌握 SQL 语言的基本语法和用法。
（3）学会安装与配置 MySQL 数据库。
（4）熟悉 MySQL 数据库的基本操作。
（5）学会使用 Python 连接 MySQL 并执行 SQL 语句进行数据管理。

12.1 数据库基础

本节将介绍数据库及其相关的概念，帮助读者理解数据库的设计和应用。

1. 数据库

数据库（DataBase，DB）是一个长期存储在计算机内的、有组织的、可共享的数据集合，其主要特性如下。

（1）结构化：数据以结构化的形式存储，便于查询和管理。

（2）共享性：支持多用户并发访问，实现数据资源共享。

（3）持久性：数据长期存储在计算机系统中，不随程序的结束而消失，确保数据的持续可用性。

2. 数据库管理系统

数据库管理系统（DataBase Management System，DBMS）是位于用户和操作系统之间的软件层，负责对数据库进行统一的管理和控制。它为用户和应用程序提供访问数据库的方法，并确保数据的安全性和完整性。常见的 DBMS 有 MySQL、Oracle、SQL Server 和 SQLite 等。DBMS 的主要功能如下。

（1）数据定义：定义数据库中的数据结构和对象，如创建表、视图、索引等。

（2）数据操纵：对数据进行插入、查询、更新和删除等操作，通常使用 SQL 语句实现。

（3）数据控制：维护数据的安全性、完整性和一致性，包括权限管理、事务处理等。

3. 数据库系统

数据库系统（DataBase System，DBS）是在计算机系统中引入数据库后的整体架构，结合了计算机软硬件工具，为数据的存储、管理、处理和维护提供了全面的解决方案。DBS 的主要组成部分如下。

（1）计算机硬件：提供数据库运行的硬件基础。

（2）数据库：存储数据的结构化集合。

（3）数据库管理系统：负责数据库的创建、管理和维护。

（4）数据库应用程序：基于 DBMS 开发的、用于实现特定业务功能的程序。

（5）用户：指使用数据库的人员，包括数据库管理员（DBA）、应用程序员、系统分析员和终端用户等。

在数据库系统中，各层次软件之间的相互关系如图 12-1 所示。

4. 关系型数据库

关系型数据库是基于关系模型的数据库系统。在关系型数据库中，数据被组织成一系列相互关联的表格。这些表格通过特定的关系（如主键和外键）相互关联，形成一个结构化的数据集合。

关系型数据库的常用术语如下。

（1）关系（Relation）：一个关系对应一张二维表，由行和列组成，如图 12-2 所示。

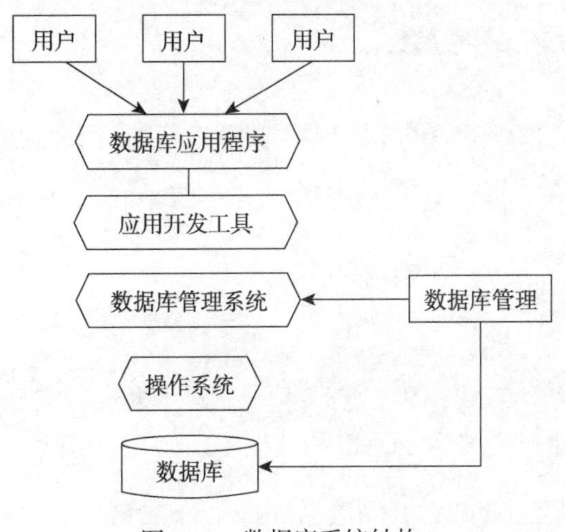

图 12-1　数据库系统结构

（2）记录（Record）：表中的每一行数据被称为一个记录或元组。

（3）字段（Field）：表中的每一列数据被称为一个字段或属性。

（4）主键（Primary Key）：用于标识表中每条记录的关键字段，可以由单个或多个字段组合而成。主键的值必须是唯一的，且不能为空。

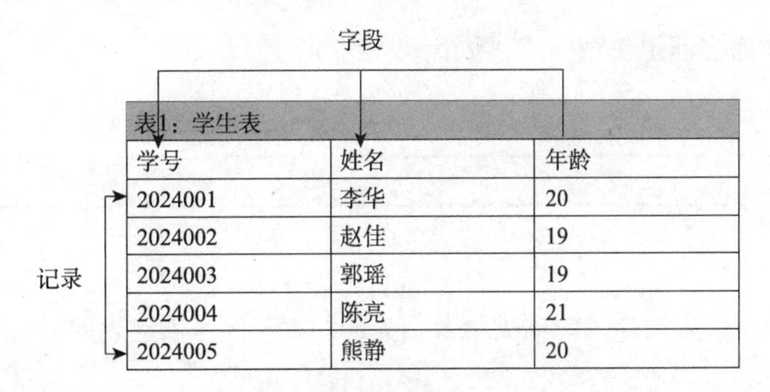

表1：学生表

学号	姓名	年龄
2024001	李华	20
2024002	赵佳	19
2024003	郭瑶	19
2024004	陈亮	21
2024005	熊静	20

图 12-2　数据表示例

12.2　SQL 基础

结构化查询语言（Structured Query Language，SQL）是关系型数据库管理系统的标准语言。它为用户提供了一个统一且标准的接口，用于访问、查询、更新和管理关系型数据库中的数据。

SQL 的使用方式主要有以下两种。

（1）联机交互使用：在数据库管理系统的可视化界面或命令行界面直接输入 SQL 语句并执行。这种方式适合练习和测试 SQL 语句。

（2）嵌入高级编程语言：将 SQL 语句嵌入到 Python、Java 等高级编程语言中，用于开发数据库应用程序。这种方式使得开发者能够利用 SQL 的强大功能，在应用程序中实现对数据库的复杂操作。

12.2.1 数据库与表的创建

数据库作为数据的集合，提供了数据的组织和管理基础；而表则是数据库的基本构成单元，用于存储和管理具体的数据记录。

1. 创建数据库

创建数据库的语法格式如下。

```
CREATE DATABASE 数据库名称;
```

MySQL 环境中，创建一个名为 stu_db 的数据库，如 12-1 所示。

代码 12-1　创建名为 stu_db 的数据库

```
1  CREATE DATABASE stu_db;
```

创建数据库后，为了在该数据库中执行操作，需要选择它作为当前工作数据库。选择数据库的语法格式如下。

```
USE 数据库名称;
```

选择 stu_db 作为当前工作数据库，如代码 12-2 所示。

代码 12-2　选择 stu_db 并为当前工作数据库

```
1  USE stu_db;
```

2. 创建表

创建表时，需定义表的列、数据类型及相关的约束条件。创建表的语法格式如下。

```
CREATE TABLE 表名称 (
<字段名称 1>< 数据类型> [约束条件],
<字段名称 2>< 数据类型> [约束条件],
...
);
```

在 stu_db 数据库中创建一个名为 students 的学生信息表，其结构如表 12-1 所示。

表 12-1　students 表的结构

字段名	描述	数据类型	字段属性
Sno	学号	INT	主键
Sname	姓名	VARCHAR（20）	不允许为空
Sgender	性别	CHAR（2）	默认值为“男”
Sage	年龄	TINYINT	不允许为空
Sdir	系别	VARCHAR（50）	不允许为空

创建一个名为 students 的学生信息表，如代码 12-3 所示。

代码 12-3 创建名为 students 的学生信息表

```
1   CREATE TABLE students (
2   Sno INT PRIMARY KEY,
3   Sname VARCHAR ( 20 ) NOT NULL,
4   Sgender CHAR ( 2 ) DEFAULT '男',
5   Sage TINYINT NOT NULL,
6   Sdir VARCHAR ( 50 ) NOT NULL
7   );
```

创建表后，可以使用 DESC 或 DESCRIBE 命令查看表的结构。

查看 students 表的结构如代码 12-4 所示。

代码 12-4 查看 students 表的结构

```
1  DESC students;
```

12.2.2 插入、修改和删除表中的数据

数据库中的数据经常需要进行更新和维护。在成功创建数据库和表之后，接下来将介绍如何高效地处理这些数据。

1. 插入数据

当需要在表中添加新数据时，可以使用 INSERT INTO 语句，其语法格式如下。

```
INSERT INTO 表名称[ (字段1[, 字段2, ...,字段n]) ]
VALUES (值1[, 值2, ...,值n]);
```

INSERT 语句的语法格式说明如下。

（1）字段列表的顺序应与值的列表顺序相对应。

（2）非空（NOT NULL）和主键字段在插入时必须提供数据。

（3）如果为所有列插入数据，可以省略字段列表。

当 students 表被创建后，使用 INSERT INTO 语句向表中添加数据，如代码 12-5 所示。

代码 12-5 向表中添加数据

```
1  INSERT INTO students ( Sno, Sname, Sgender, Sage, Sdir )
2  VALUES
3  ( 2024001, '李华', '男', 20, '计算机系' ),
4  ( 2024002, '赵佳', '女', 19, '计算机系' ),
5  ( 2024003, '郭瑶', '女', 19, '数学系' ),
6  ( 2024004, '陈亮', '男', 21, '数学系' ),
7  ( 2024005, '熊静', '女', 20, '计算机系' );
```

2. 修改数据

要修改表中已存在的数据，可以使用 UPDATE 语句，其语法格式如下。

```
UPDATE 表名称 SET 字段1 = 表达式1[,..., 字段n = 表达式n ][WHERE <条件>];
```

UPDATE 语句的语法格式说明如下。

（1）SET 子句用于指定要修改的字段及其新值。

（2）WHERE 子句用于指定应更新哪些记录。如果省略此子句，将更新表中的所有记录。

修改 students 表中的数据，将姓名为“李华”的学生的年龄更改为 21 岁，如代码 12-6 所示。

代码 12-6　修改表中数据

```
1  UPDATE students SET Sage = 21 WHERE Sname = '李华';
```

3. 删除数据

要从表中删除数据，可以使用 DELETE FROM 语句，其语法格式如下。

```
DELETE FROM 表名 [WHERE <条件>];
```

DELETE 语句的语法格式说明如下。

（1）结合 WHERE 子句，可以精确地删除满足特定条件的数据。

（2）如果省略 WHERE 子句，将删除表中的所有数据。

删除 students 表中姓名为“郭瑶”的学生的数据，如代码 12-7 所示。

代码 12-7　删除表中数据

```
1  DELETE FROM students WHERE Sname = '郭瑶';
```

注意，删除操作是不可逆的。在执行删除操作之前，请务必确认要删除的数据。

12.2.3 数据查询

在数据库操作中，查询是一项核心功能，它允许用户从数据库表中检索出所需的信息。SQL 中的 SELECT 语句是实现这一功能的主要工具，其语法格式如下。

```
SELECT [ALL|DISTINCT]<列名|列表达式>[,<列名|列表达式>]…
FROM <表名或视图名>[,<表名或视图名>]…
[WHERE <条件表达式>]
[GROUP BY <列名>[HAVING<条件表达式>]]
[ORDER BY <列名>[ASC|DESC]];
```

SELECT 语句的语法格式说明如下。

（1）SELECT 子句：指定查询结果中要显示的列或列表达式。使用 DISTINCT 关键字可去除结果中的重复行。

（2）FROM 子句：指定查询的数据来源表或视图，可以是一个或多个。

（3）WHERE 子句：过滤结果，只返回满足特定条件的行。

（4）GROUP BY 子句：将结果按指定列分组，常与统计函数一起使用。

（5）HAVING 子句：分组后过滤结果，只返回满足条件的组。

（6）ORDER BY 子句：对查询结果进行排序。

SELECT 命令的语法结构相对于其他数据更新命令（如 INSERT、UPDATE、DELETE 等）更为复杂。下面将按照其结构和功能层次讲解其用法。

1. 基本查询

基本查询用于检索表中的指定列数据。

查询 students 表的全部数据，如代码 12-8 所示。

代码 12-8　查询表中全部数据

```
1  SELECT * FROM students;  # *是一个通配符，表示选择所有列
```

查询 students 表的学号和姓名信息，如代码 12-9 所示。

代码 12-9　查询指定列的数据

```
1  SELECT Sno,Sname FROM students;
```

2. 条件查询

条件查询通过 WHERE 子句来过滤结果，只返回满足特定条件的行。

查询 students 表中所有年龄大于 20 岁的学生的姓名，如代码 12-10 所示。

代码 12-10　查询满足条件的数据

```
1  SELECT Sname FROM students WHERE Sage > 20;
```

3. 分类汇总查询

分类汇总查询通常用于统计和分析数据，通过 GROUP BY 子句和统计函数来实现。

常用的统计函数如表 12-2 所示。

表 12-2　常用的统计函数

函数	说明
AVG(列名)	统计列的平均值，如求平均成绩为 AVG(成绩)
COUNT(*)	统计记录的总数
SUM(列名)	统计列的总和，如求总分为 SUM(成绩)
MAX(列名)	统计列的最大值，如求最高分为 MAX(成绩)
MIN(列名)	统计列的最小值，如求最低分为 MIN(成绩)

查询 students 表中各个专业的学生人数，如代码 12-11 所示。

代码 12-11　查询表中各个专业的学生人数

```
1  SELECT Sdir AS 专业, COUNT(*) AS 学生人数
2  FROM students
3  GROUP BY Sdir;
```

代码 12-11 使用 GROUP BY 子句按专业对学生进行分组，并使用 COUNT(*)函数计算每个专业的学生人数。

查询 students 表中哪些专业的学生人数超过两人，如代码 12-12 所示。

代码 12-12　查询表中学生人数超过两人的专业

```
1  SELECT Sdir AS 专业, COUNT(*) AS 学生人数
2  FROM students
3  GROUP BY Sdir
4  HAVING COUNT(*) > 2;
```

代码 12-12 使用 HAVING 子句进一步过滤分组后的结果，只返回学生人数超过两人的专业及其对应的学生人数。

4. 查询结果排序

使用 ORDER BY 子句可以对查询结果进行排序。关于 ORDER BY 子句的一些注意事项如下。

（1）当 SQL 查询语句中同时包含多个子句时（如 WHERE、GROUP BY、HAVING、ORDER BY 等），ORDER BY 子句必须位于最后。

（2）在 ORDER BY 子句中，可以使用列的别名或列的实际名称进行排序。

（3）默认情况下，ORDER BY 子句按照升序（ASC）排序。如果希望按照降序排序，需要明确指定 DESC。

查询 students 表中女生的姓名和专业，并按学号降序排列，如代码 12-13 所示。

代码 12-13　查询表中女生的姓名和专业

```
1  SELECT Sname AS 姓名, Sdir AS 专业, Sno AS 学号
2  FROM students
3  WHERE Sgender = '女'
4  ORDER BY Sno DESC;
```

代码 12-13 使用 WHERE 子句筛选出性别为“女”的学生；使用 SELECT 子句选择了学生的姓名、专业和学号，并为它们分别指定了别名“姓名”“专业”和“学号”；使用 ORDER BY 子句按照“学号”的降序（DESC）排列查询结果。

12.3　MySQL 数据库

MySQL 是一个功能强大的关系型数据库管理系统（RDBMS），最初由瑞典的 MySQL AB 公司开发，后被甲骨文公司收购。MySQL 凭借其卓越的性能、较高的易用性和稳定性以及开

源免费的优势，成为当下最流行的关系型数据库管理系统之一。

12.3.1　MySQL 数据库的下载与安装

在探讨 MySQL 数据库的使用之前,必须确保已经正确下载并安装了 MySQL 数据库系统。接下来，将阐述 MySQL 的下载与安装步骤。

1. 安装软件下载

打开浏览器，访问 MySQL 的官方网站下载页面，获取 MySQL 数据库的安装软件。

如图 12-3 所示，在 MySQL Installer 8.0.37 的下载窗口中，用户可以选择两个版本：mysql-installer-web-community-8.0.37.0.msi（在线安装版）和 mysql-installer-community-8.0.37.0.msi（离线安装版）。鉴于网络连接的稳定性和安装效率有限，推荐选择离线安装版。单击离线安装版对应的“Download”按钮开始下载。

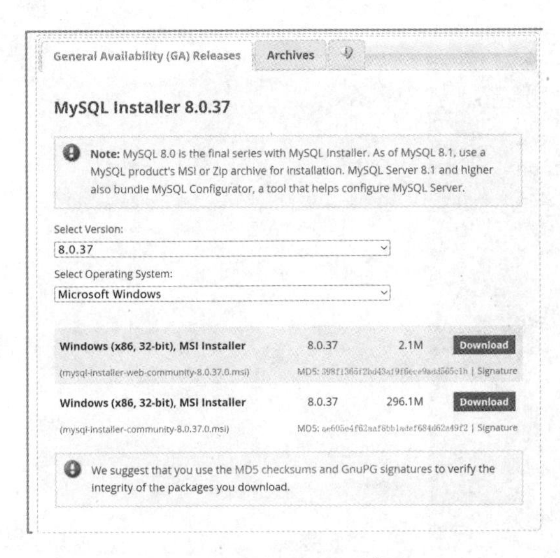

图 12-3　MySQL8.0 下载窗口

2. 安装步骤

以在 Windows 11 操作系统下安装 MySQL 8.0 版为例，安装步骤如下。

（1）双击下载的“mysql-installer-community-8.0.37.0.msi”文件，启动 MySQL Installer 安装向导，弹出如图 12-4 所示界面。系统进入“Choosing a Setup Type”（选择安装类型）窗口，该窗口提供了如下四种安装类型供用户选择。

①Server only：仅安装 MySQL 服务器。

②Client only：仅安装 MySQL 客户端。

③Full：完整安装，包括服务器和客户端。

④Custom：自定义安装，允许用户选择特定组件。

选择“Full”进行完整安装，然后单击“Next”按钮。

（2）进入“Installation”（安装）窗口，单击“Execute”按钮，开始安装 MySQL 文件。安装完成后，“Status”（状态）列将显示“Complete”（安装完成），如图 12-5 所示。

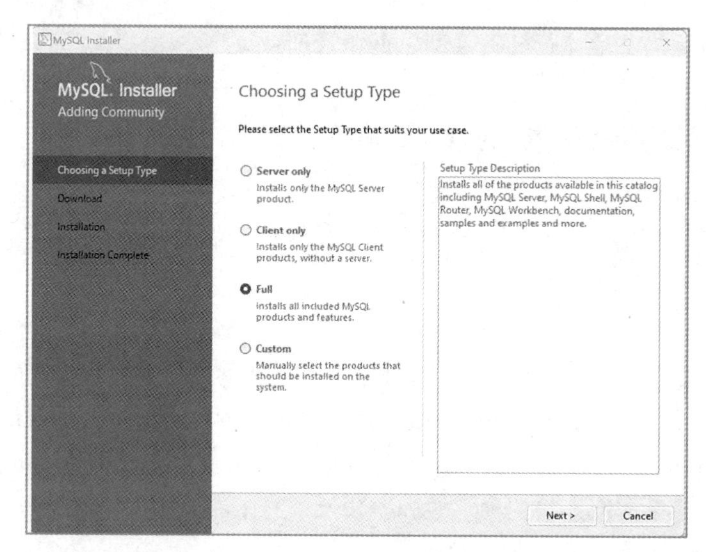

图 12-4 “Choosing a Setup Type”窗口

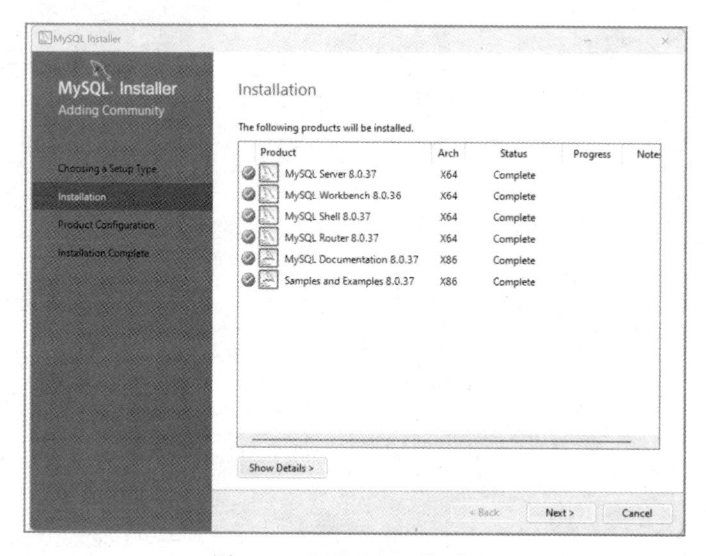

图 12-5 “Installation”窗口

3. MySQL 8.0 的配置

安装 MySQL 8.0 后，通常需要进行一些基本配置。首先，在配置过程中，选择适合使用场景的“Config Type”（配置类型），初学者常选“Development Computer”（开发计算机）。然后，确认 TCP/IP 连接方式已启用并默认使用端口号 3306。接下来，选择“Authentication Method”（授权方式），推荐使用“Use Strong Password Encryption for Authentication”，这是基于 SHA256 加密的新授权方式。在“Accounts and Roles”（账号和角色）部分，为 root 账户设置强密码，并根据需要创建其他账户。最后，将 MySQL 服务配置为 Windows 服务，以便通过服务管理工具进行管理，并可选择在系统启动时自动运行 MySQL 服务。完成这些步骤后，MySQL 服务器配置完成，可以开始使用。

12.3.2 MySQL 服务器的启动、关闭和登录

在成功安装 MySQL 数据库系统之后，启动 MySQL 服务器是开始数据库操作的首要步骤。

同样，在不使用 MySQL 时，正确地关闭服务器能够节省系统资源并确保安全性。此外，登录 MySQL 服务器是进行数据库管理、查询和修改等操作的基础。

1. MySQL 服务器的启动和关闭

MySQL 安装和配置完成后，需确保服务器进程已启动，才能通过客户端工具登录并进行数据库操作。启动和关闭 MySQL 服务器的操作步骤如下。

（1）检查 MySQL 服务状态。

单击“开始”菜单，在搜索框中输入“services.msc”命令并按回车键，打开“服务”窗口，如图 12-6 所示。在服务列表中，找到 MySQL 服务（通常名为“MySQL”或带有版本号），检查其状态是否为“正在运行”。如未运行，可鼠标右键单击该服务项，选择“启动”来手动启动 MySQL 服务器。

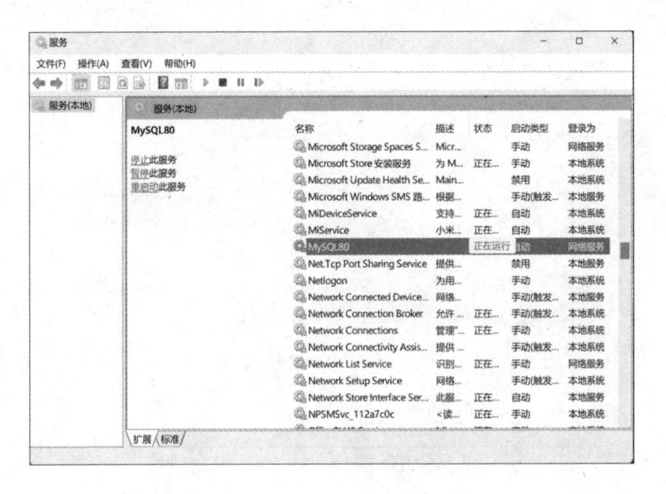

图 12-6　“服务”窗口

（2）更改 MySQL 服务的启动类型。

如需更改 MySQL 服务的启动类型，可以在“服务”窗口中，鼠标右键单击 MySQL 服务，选择“属性”命令，弹出如图 12-7 所示的窗口。找到“启动类型”下拉列表，选择服务的启动方式，如“自动”“手动”或“禁用”。

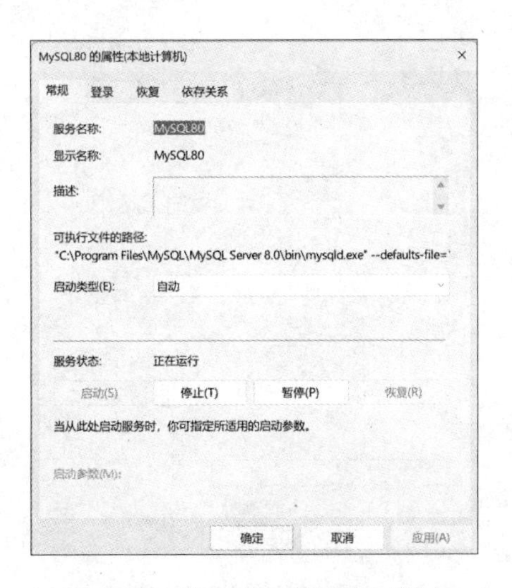

图 12-7　“MySQL 的属性”窗口

（3）关闭 MySQL 服务器。

如需关闭 MySQL 服务器，可在“服务”窗口中找到 MySQL 服务并鼠标右键单击，选择“停止”选项。也可以在图 12-7 中，找到“服务状态”栏，单击“停止”按钮，即可停止 MySQL 服务的运行。

2. MySQL 服务器登录

在 Windows 操作系统中，两种登录 MySQL 服务器的常见方式如下。

（1）使用 MySQL 命令行客户端登录。

单击开始菜单中的“MySQL”文件夹下的“MySQL Server 8.0 Command Line Client”，打开窗口。在提示输入密码时，输入安装时设置的 root 账户密码。当出现“mysql>”提示符时，表示已经成功登录 MySQL 服务器，如图 12-8 所示。

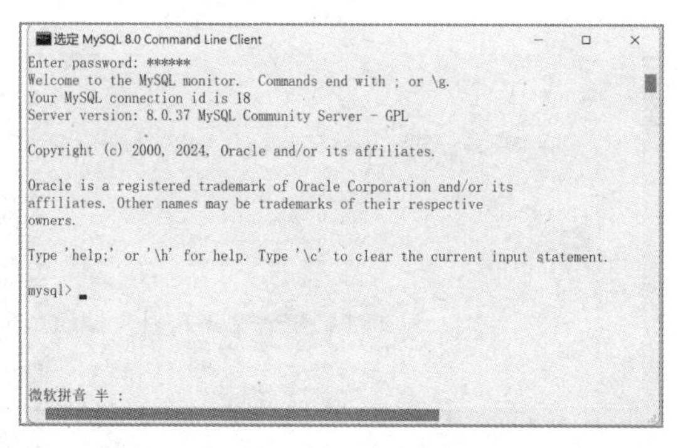

图 12-8　MySQL 命令行客户端

（2）通过“命令提示符”窗口登录。

通过“命令提示符”窗口登录 MySQL 服务器的步骤如下。

①单击“开始”菜单，在搜索框中输入“cmd”命令并按回车键，打开“命令提示符”窗口。

②输入“cd C:\Program Files\MySQL\MySQL Server 8.0\bin”命令并按回车键，进入 MySQL 的 bin 目录。

③在 bin 目录下，输入“mysql -u root -p”命令并按回车键，当系统提示“Enter password:”时，输入 root 账户密码，当出现“mysql>”提示符时，表示已经成功登录 MySQL 服务器，如图 12-9 所示。

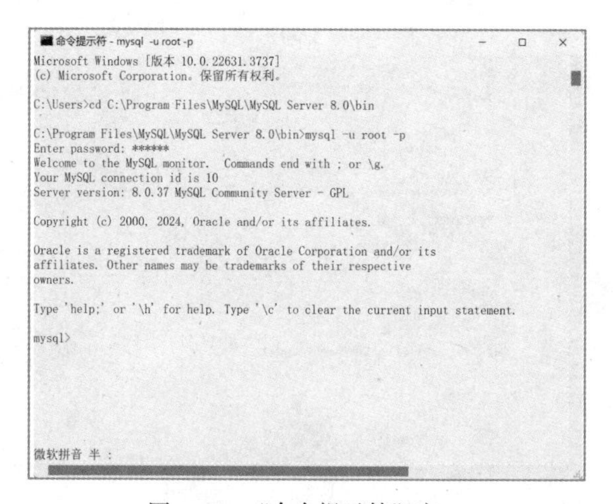

图 12-9　“命令提示符”窗口

12.4 Python 的 MySQL 编程

Python 通过 pymysql 模块与 MySQL 数据库进行交互，支持数据的存储、查询和管理等操作。本节将介绍 pymysql 模块的安装方法，以及如何使用它来进行数据库编程。

12.4.1 安装 pymysql 模块

使用 pymysql 模块与 MySQL 数据库进行交互之前，需要确保已经安装了该模块。安装 pymysql 模块的步骤如下。

1. 打开命令行工具

根据操作系统的不同，选择相应的命令行工具。在 Windows 系统中，可以使用命令提示符（CMD）或 PowerShell。在 macOS 或 Linux 系统中，则需要使用终端（Terminal）。

2. 执行安装命令

在命令行窗口中，输入以下命令并按回车键执行，如代码 12-14 所示。

代码 12-14 执行安装命令

```
pip install pymysql
```

3. 验证安装

安装完成后，可通过以下命令来验证已安装的 Python 包列表，确认 pymysql 模块及其版本号，如代码 12-15 所示。

代码 12-15 验证安装

```
pip list
```

12.4.2 访问 MySQL 数据库的步骤

使用 Python 操作 MySQL 数据库时，为确保能够安全、有效地连接到数据库并执行各种数据库操作，需要遵循一定的步骤。访问 MySQL 数据库并执行相关操作的基本步骤如下。

1. 导入 pymysql 模块

为了与 MySQL 数据库进行交互，需要导入 pymysql 模块，语法格式如下。

```
import pymysql
```

2. 建立数据库连接

使用 pymysql.connect()函数建立与 MySQL 数据库的连接。该函数接受多个参数，用于指定连接的各种属性，其语法格式如下。

```
数据库连接对象 = pymysql.connect(host='主机名', user='用户名', password='密码', database='数据库名', port=3306, charset='utf8mb4', connect_timeout=10, autocommit=False)
```

pymysql.connect()函数常用的参数及说明如表 12-3 所示。

表 12-3 pymysql.connect()函数常用的参数及说明

参数	说明
host	数据库服务器地址，默认为 None，表示使用本地主机（localhost）
user	数据库用户名，需要显式指定用户名
password	数据库用户密码，需要显式指定密码
database	要连接的数据库名，需要显式指定
port	端口号，默认为 3306，这是 MySQL 的默认端口
charset	连接数据库的字符编码。通常建议设置为 utf8mb4 以支持全字符集
connect_timeout	连接数据库的超时时间（秒），默认为 10 秒
autocommit	是否自动提交事务，默认为 False，表示需要手动提交事务

注意，在使用 pymysql.connect()函数时，必须提供 host、user、password 和 database 这四个参数的有效值，以便成功连接到 MySQL 数据库。其他参数可以根据需要进行设置。

3. 创建游标对象

通过调用连接对象的 cursor()方法，创建一个游标对象。其语法格式如下。

```
游标对象 =数据库连接对象. cursor()
```

4. 执行 SQL 语句

使用游标对象的 execute()方法，可以执行 SQL 语句。对于非 SELECT 语句，此方法返回受影响的行数。其语法格式如下。

```
游标对象.execute(SQL 语句)
```

调用 execute()方法执行 SQL 语句的具体方法如表 12-4 所示。

表 12-4 调用 execute()方法执行 SQL 语句的具体方法

具体方法	说明
游标对象.execute (sql)	执行一条 SQL 语句
游标对象.execute(sql,parameters)	执行一条带参数的 SQL 语句
游标对象.executemany(sql,parameters)	执行多条带参数的 SQL 语句

注意，对于 SELECT 查询，execute()方法本身不返回查询结果，而是将结果集存储在游标对象中。

5. 获取查询结果

获取查询结果的具体方法如表 12-5 所示。

表 12-5 获取查询结果的具体方法

具体方法	说明
游标对象.fetchone()	获取结果集的下一条记录，无数据时返回 None
游标对象.fetchmany(n)	获取结果集中的 *n* 条记录，无数据时返回空 list
游标对象.fetchall()	获取结果集中的所有记录，无数据时返回空 list
游标对象.rowcount	获取上一个 execute()操作影响的行数（对于非 SELECT 语句）

6. 提交或回滚事务

（1）提交数据库。

如果执行的 SQL 语句涉及更改数据库状态的操作（如 INSERT、UPDATE、DELETE），需要使用 commit()方法来提交事务，使更改生效。commit()方法语法格式如下。

```
数据库连接对象.commit()
```

（2）回滚数据库。

如果在执行过程中遇到错误，可以使用 rollback()方法回滚事务，撤销所有未提交的更改。rollback()方法语法格式如下。

```
数据库连接对象.rollback()
```

7. 关闭游标和连接

最后，需要关闭游标和连接，以释放资源。

（1）关闭游标对象，其语法格式如下。

```
游标对象.close()
```

（2）关闭数据库连接对象，其语法格式如下。

```
数据库连接对象.close()
```

12.4.3 创建数据库和表

在 Python 中，利用 pymysql 模块，可以方便地创建数据库和表。

1. 创建数据库

使用 Python 程序在 MySQL 中创建一个名为 stu_db 的数据库，如代码 12-16 所示。

代码 12-16 使用 Python 程序在 MySQL 中创建数据库

```
1    import pymysql
2
3    # 建立与 MySQL 服务器的连接
4    connection = pymysql.connect(host='localhost', user='root', password='123456')
5    try:
6        cursor = connection.cursor()  # 创建一个游标对象
```

```
7      cursor.execute("CREATE DATABASE IF NOT EXISTS stu_db;")  # 执行 SQL 语句
8      connection.commit()  # 提交事务
9      print('Database created successfully')
10     cursor.execute("SHOW DATABASES;")  # 显示所有的数据库
11     print('All databases:', cursor.fetchall())
12 except Exception as e:
13     print(f'An error occurred: {e}')
14 finally:
15     cursor.close()  # 关闭游标
16     connection.close()  # 关闭连接
```

代码 12-16 的运行结果如下。

```
Database created successfully
All databases: (('information_schema',), ('mysql',), ('performance_schema',),
('sakila',), ('stu_db',), ('sys',), ('world',))
```

2. 创建表

在 stu_db 数据库中，创建一个名为 students 的学生信息表，如代码 12-17 所示，其结构如表 12-1 所示。

代码 12-17　使用 Python 程序在 MySQL 中创建学生信息表

```
1   import pymysql
2
3   # 连接到 MySQL 服务器和 stu_db 数据库
4   connection = pymysql.connect(host='localhost', user='root',
    password='123456', database='stu_db')
5   try:
6       cursor = connection.cursor()
7       # 定义创建表的 SQL 语句
8       sql = """
9       CREATE TABLE students (Sno INT PRIMARY KEY,Sname VARCHAR(20) NOT NULL,
    Sgender CHAR(2) DEFAULT '男',Sage TINYINT NOT NULL,Sdir VARCHAR(50) NOT NULL)
10      """
11      cursor.execute(sql)
12      connection.commit()
13      print('Table created successfully')
14      cursor.execute("SHOW TABLES;")  # 显示 stu_db 数据库中的所有表
15      print('All tables in stu_db:', cursor.fetchall())
16  except Exception as e:
17      print(f'An error occurred: {e}')
18  finally:
19      cursor.close()
20      connection.close()
```

代码 12-17 的运行结果如下。

```
Table created successfully
All tables in stu_db: (('students',),)
```

代码 12-17 执行后，可通过 MySQL 命令行客户端验证 students 表是否已成功创建并查看其结构，如代码 12-18 所示。

代码 12-18　验证 students 表是否已成功创建

```
1  USE stu_db;
2  DESC students;
```

查看结果如图 12-10 所示。

Field	Type	Null	Key	Default	Extra
Sno	int	NO	PRI	NULL	
Sname	varchar(20)	NO		NULL	
Sgender	char(2)	YES		男	
Sage	tinyint	NO		NULL	
Sdir	varchar(50)	NO		NULL	

图 12-10　查看结果

12.4.4　数据库的插入、更新、删除和查询

在成功创建了数据库和表之后，可以使用 SQL 语句执行数据库中的核心操作：插入、更新、删除和查询。

1. 插入数据

pymysql 模块提供了向数据库插入数据的功能，包括单条数据插入和多条数据插入。

（1）插入单条数据。

当需要向数据库中插入单条数据时，可以使用游标对象的 execute()方法。这个方法需要两个参数：一个 SQL 插入语句和一个包含实际数据值的元组。SQL 语句中的占位符（如%s）将被元组中的对应值所替换。

（2）插入多条数据。

当需要一次性插入多条数据时，可以使用游标对象的 executemany()方法。这个方法同样需要两个参数：一个 SQL 插入语句和一个包含多个元组的列表。列表中的每个元组代表一条待插入的数据记录。

向 students 表中插入数据以添加学生信息，如代码 12-19 所示。

代码 12-19　向表中插入数据

```
1  import pymysql
2
3  connection = pymysql.connect(host='localhost', user='root',
   password='123456', database='stu_db')
4  try:
```

```
5       cursor = connection.cursor()
6       # 插入单条数据的 SQL 语句
7       insert_single_SQL = "INSERT INTO students (Sno, Sname, Sgender, Sage, Sdir)
    VALUES (%s, %s, %s, %s, %s)"
8       params_single = (2024001, '李华', '男', 20, '计算机系')
9       cursor.execute(insert_single_SQL, params_single)
10      # 插入多条数据的 SQL 语句
11      insert_multiple_SQL = "INSERT INTO students (Sno, Sname, Sgender, Sage,
    Sdir) VALUES (%s, %s, %s, %s, %s)"
12      params_multiple = [(2024002, '赵佳', '女', 19, '计算机系'), (2024003, '郭
    瑶', '女', 19, '数学系'),
13                         (2024004, '陈亮', '男', 21, '数学系'), (2024005, '熊静', '
    女', 20, '计算机系')]
14      cursor.executemany(insert_multiple_SQL, params_multiple)
15      connection.commit()
16      print("Records inserted successfully")
17  except Exception as e:
18      print("An error occurred:", e)
19  finally:
20      cursor.close()
21      connection.close()
```

代码 12-19 的运行结果如下。

```
Records inserted successfully
```

代码 12-19 执行后，可通过 MySQL 命令行客户端查询 students 表的数据，如代码 12-20 所示。

代码 12-20　查询 students 表的数据

```
1  SELECT * FROM students;
```

查询结果如图 12-11 所示。

Sno	Sname	Sgender	Sage	Sdir
2024001	李华	男	20	计算机系
2024002	赵佳	女	19	计算机系
2024003	郭瑶	女	19	数学系
2024004	陈亮	男	21	数学系
2024005	熊静	女	20	计算机系

图 12-11　查询结果

2. 修改数据

当需要修改已存在的数据时，可以使用 UPDATE 语句，并配合 WHERE 子句来定位需要更新的数据。

修改 students 表中的记录，将姓名为“赵佳”的学生的系名修改为“数学系”，如代码 12-21 所示。

代码 12-21　修改表中数据

```
1   import pymysql
2
3   connection = pymysql.connect(host='localhost', user='root',
    password='123456', database='stu_db')
4   try:
5       cursor = connection.cursor()
6       update_SQL = "UPDATE students SET Sdir = %s WHERE Sname = %s"  # 更新数
    据的 SQL 语句
7       params = ('数学系', '赵佳')
8       cursor.execute(update_SQL, params)  # 执行更新操作
9       connection.commit()
10      print("Record updated successfully")
11      select_SQL = "SELECT * FROM students WHERE Sname = %s"  # 查询更新后的记录
12      cursor.execute(select_SQL, ('赵佳',))
13      print("修改后：", cursor.fetchall())
14  except Exception as e:
15      print("An error occurred:", e)
16  finally:
17      cursor.close()
18      connection.close()
```

代码 12-21 的运行结果如下。

```
Record updated successfully
修改后：((2024002, '赵佳', '女', 19, '数学系'),)
```

代码 12-21 执行后，可通过 MySQL 命令行客户端来验证更新的结果，如代码 12-22 所示。

代码 12-22　验证更新

```
1   SELECT * FROM students WHERE Sname = '赵佳';
```

查询结果如图 12-12 所示。

Sno	Sname	Sgender	Sage	Sdir
2024002	赵佳	女	19	数学系

图 12-12　查询结果

3. 删除数据

当需要删除表中的某些数据时，可以使用 DELETE 语句，并通过 WHERE 子句来指定删除的条件。

删除 students 表中姓名为“赵佳”的学生信息，如代码 12-23 所示。

代码 12-23 删除表中数据

```
1   import pymysql
2
3   connection = pymysql.connect(host='localhost', user='root', password=
    '123456', database='stu_db')
4   try:
5       cursor = connection.cursor()
6       Sname = '赵佳' # 定义要删除的学生的姓名
7       delete_sql = "DELETE FROM students WHERE Sname=%s" # 构建删除语句
8       select_sql = "SELECT * FROM students WHERE Sname=%s" # 构建查询语句
9       cursor.execute(select_sql, (Sname,)) # 执行查询语句，获取删除前的数据
10      print("删除前：", cursor.fetchall())
11      cursor.execute(delete_sql, (Sname,)) # 执行删除语句
12      connection.commit() # 提交事务
13      cursor.execute(select_sql, (Sname,)) # 再次执行查询语句，获取删除后的数据
14      print("删除后：", cursor.fetchall())
15  except Exception as e:
16      print("An unexpected error occurred: ", e)
17  finally:
18      cursor.close()
19      connection.close()
```

代码 12-23 的运行结果如下。

```
删除前：((2024002, '赵佳', '女', 19, '数学系'),)
删除后：()
```

从运行结果可以看出，代码 12-23 成功地删除了姓名为“赵佳”的学生信息。

4. 查询数据

在数据库编程中，查询数据是最常见的操作之一。代码 12-24 展示如何使用 Python 从 MySQL 数据库的 students 表中，根据用户输入的性别查询相应的学生信息。

根据用户键盘输入的性别，从 students 表中查询出相应的学生信息，如代码 12-24 所示。

代码 12-24 查询表中数据

```
1   import pymysql
2
3   connection = pymysql.connect(host='localhost', user='root', password=
    '123456', database='stu_db')
4   try:
5       cursor = connection.cursor()
6       gender = input("请输入要查询的性别（男/女）：") # 获取用户输入的性别
7       sql = "SELECT * FROM students WHERE Sgender = %s" # 构建查询语句
8       cursor.execute(sql, (gender,)) # 执行查询语句
```

```
9       results = cursor.fetchall()  # 检索查询结果
10      if results:
11          print("查询结果:")
12          for row in results:
13              print(row)
14      else:
15          print("没有找到符合条件的学生信息。")
16  except Exception as e:
17      print("An unexpected error occurred: ", e)
18  finally:
19      cursor.close()
20      connection.close()
```

代码 12-24 的运行结果如下。

```
请输入要查询的性别（男/女）：男
查询结果:
(2024001, '李华', '男', 20, '计算机系')
(2024004, '陈亮', '男', 21, '数学系')
```

12.5 应用案例：用户注册登录

用户注册登录程序可以实现访问控制，确保只有经过身份验证的用户才能访问特定资源、执行特定操作。同时，通过保存用户个性化配置和数据，提供更好的用户体验。此外，用户注册登录功能还有助于保护用户数据的安全性，通过加密密码和实施安全措施，减少数据泄露和未经授权访问的风险。用户注册登录程序的运行结果如下。

```
    1.注册功能
    2.登录功能
    3.退出登录

请输入功能编号>>>:1
请输入注册的用户名:root
请输入您的密码:123456
请输入您的性别（0 表示男性，1 表示女性）:0
用户:root 注册成功

    1.注册功能
    2.登录功能
    3.退出登录

请输入功能编号>>>:2
请输入您的用户名：root
```

```
请输入您的密码：123456
登录成功

    1.注册功能
    2.登录功能
    3.退出登录

请输入功能编号>>>:2
已登录用户：root

    1.注册功能
    2.登录功能
    3.退出登录

请输入功能编号>>>:3
用户：root 已退出登录
```

【分析】

实现用户注册登录程序，需要考虑以下几个方面。

（1）连接数据库：pymysql.connect()函数用于创建数据库连接对象，需要指定数据库的主机地址、端口号、用户名、密码、数据库名称等参数。

（2）生成游标对象：使用 cursor()方法得到一个游标，游标可以用来执行 SQL 语句。

（3）执行 SQL 语句：使用 execute()方法执行 SQL 语句，可以实现包括创建表、插入、更新、删除数据以及执行查询等操作。

（4）关闭游标和连接：在使用完数据库资源后，执行关闭游标和连接语句，以释放资源并维护系统的健壮性。

【实现】

（1）连接数据库，生成游标对象。

使用 pymysql 模块建立了与数据库的连接，通过创建游标对象，执行 SQL 查询，并将查询结果以字典形式返回，如代码 12-25 所示。

代码 12-25　连接数据库

```
1   import pymysql
2   # 连接数据库
3   def get_conn():
4       conn = pymysql.connect(
5           host='127.0.0.1',  # 数据库服务器的地址
6   port=3306,  # 数据库服务器的端口号
7   user='root',  # 数据库用户名
8   password='123456',  # 数据库密码
9   database='mytable',  # 要连接的数据库名称
10  charset='utf8',  # 连接的字符集
11  autocommit=True)  # 是否自动提交事务
12      # 创建一个游标对象来执行 SQL 查询
13      cursor = conn.cursor(cursor=pymysql.cursors.DictCursor)
14  return conn, cursor
```

（2）创建用户信息表。

使用 SQL 语句来定义用户信息表的结构，通过调用游标对象的 execute()方法执行创建表的 SQL 语句，并通过连接对象的 commit()方法提交事务，确保用户信息表的创建操作被持久化保存，如代码 12-26 所示。

代码 12-26　创建用户信息表

```
1   # 创建用户信息表
2   def create_table(conn, cursor):
3       """
4       conn：用于与数据库建立连接，并进行数据库操作
5       cursor：用于执行 SQL 语句并获取结果
6       """
7       # 创建用户信息表
8       create_table_query = '''
9   CREATE TABLE IF NOT EXISTS user(
10  id       INT PRIMARY KEY AUTO_INCREMENT,
11  username VARCHAR(255) NOT NULL,
12  password VARCHAR(255) NOT NULL,
13  gender   ENUM ('0', '1') DEFAULT '0'
14  ) ENGINE = InnoDB
15      DEFAULT CHARSET = utf8;
16  '''
17  cursor.execute(create_table_query)  # 调用 cursor.execute()方法并传入创建表的
    SQL 语句
18      conn.commit()  # 提交到数据库执行
```

（3）插入用户数据。

调用游标对象的 execute()方法，分别执行两条用户信息插入语句，将用户数据插入到用户信息表中，如代码 12-27 所示。

代码 12-27　插入用户数据

```
1   # 插入用户数据
2   def insert_records(cursor):
3       insert_query1 = '''
4       INSERT INTO user(username, password, gender)
5   VALUES ('张三', '123', '0')
6   '''
7   cursor.execute(insert_query1)  # 使用游标对象 cursor 执行插入操作的语句
8   insert_query2 = '''
9   INSERT INTO user(username, password, gender)
10  VALUES ('李四', '456', '0')
11  '''
12  cursor.execute(insert_query2)  # 插入第二条用户数据
```

（4）注册、登录和退出登录功能。

通过执行 SQL 查询语句检查用户名是否已存在。如果用户名不存在，那么利用 SQL 插入语句将用户信息插入到用户信息表中，并根据注册结果输出相应的提示信息，如代码 12-28 所示。

检查是否已有用户登录，查询用户名是否存在并验证密码是否正确。若用户名存在且密码正确，则设置当前登录用户并输出相应提示信息；反之，则出现相应的错误提示，如代码 12-29 所示。

代码 12-28　实现用户注册功能

```
1   # 实现用户注册功能
2   def register(cursor):
3       username = input('请输入注册的用户名:').strip()
4       password = input('请输入您的密码:').strip()
5       gender = input('请输入您的性别(0表示男性，1表示女性):').strip()
6       # 验证用户名是否已经存在
7       sql = 'SELECT * FROM user WHERE username = %s'  # 执行了SQL查询
8       cursor.execute(sql, (username,))
9       res = cursor.fetchall()  # 通过cursor.fetchall()方法获取所有查询结果的列表
10      # 判断用户名是否已经存在
11      if not res:
12          # 插入数据
13          sql = 'INSERT INTO user(username, password, gender) VALUES (%s, %s, %s)'
14          cursor.execute(sql, (username, password, gender))
15          print('用户:%s 注册成功' % username)
16      else:
17          print('用户名已存在')
```

代码 12-29　实现用户登录功能

```
1   # 实现用户登录功能
2   def login(cursor):
3       global current_user  # 检查是否已有用户登录
4       if current_user:
5           print('已登录用户: %s' % current_user)
6           return
7       username = input('请输入您的用户名: ').strip()
8       password = input('请输入您的密码: ').strip()
9       # 先获取是否存在用户名数据
10      sql = 'SELECT * FROM user WHERE username = %s'
11      cursor.execute(sql, (username,))
12      res = cursor.fetchall()
13      if res:
14          real_dict = res[0]  # 获取第一个字典
15          # 校验密码
16          if password == real_dict.get('password'):
17              current_user = username  # 设置当前登录用户
18              print('登录成功')
19          else:
20              print('密码错误')
21      else:
22          print('用户名不存在')
```

通过设置 current_user 变量为空来表示用户已退出登录，并输出相应的提示信息，如代码 12-30 所示。

代码 12-30　实现用户退出登录功能

```
1   # 实现用户退出登录功能
2   def logout(cursor):
3       global current_user  # 检查是否已有用户登录
```

```
4       if current_user:
5           print('用户：%s 已退出登录' % current_user)
6           current_user = None
7       else:
8           print('当前没有用户登录')
```

（5）主程序。

通过创建 func_dic 字典，实现用户功能选择菜单，用户通过输入编号选择不同的功能进行操作。根据用户的选择，程序会调用相应功能函数来完成相应的操作，如代码 12-31 所示。

代码 12-31　执行程序

```
1   func_dic = {'1': register, '2': login, '3': logout}
2   current_user = None  # 当前登录的用户名
3   # 连接数据库
4   conn, cursor = get_conn()
5   # 创建表
6   create_table(conn, cursor)
7   # 插入注册记录
8   insert_records(cursor)
9   # 执行
10  while True:
11      print("""
12      1.注册功能
13      2.登录功能
14      3.退出登录
15      """)
16      choice = input('请输入功能编号>>>:').strip()
17      if choice in func_dic:
18          func_name = func_dic.get(choice)
19          func_name(cursor)
20      else:
21          print('暂时没有当前功能编号')
```

（6）关闭游标和连接。

关闭游标和连接，如代码 12-32 所示。

代码 12-32　关闭游标和连接

```
1   # 关闭游标
2   cursor.close()
3   # 关闭连接
4   conn.close()
```

12.6　上机实践：设计学生信息管理系统

1. 实验目的

（1）熟练掌握 pymysql 模块的常用操作。

（2）熟练掌握 SQL 语言的基本语法和常用操作。

（3）熟练使用 Python 连接到数据库，并执行常见的数据库操作。

2. 实验要求

由于学生信息管理系统可以有效管理和组织学生信息，显著提升操作效率，大幅减少人为错误。现在要求利用 Python 数据库编程相关知识，设计学生信息管理系统，为用户提供便捷的访问和查询功能。

3. 运行效果示例

学生信息管理系统运行结果如下。

```
    1.添加学生信息
    2.查看所有学生信息
    3.查看指定学生信息

请输入功能编号>>>:1
请输入学生姓名：李四
请输入学生学号：2220220079
请输入学生年龄：20
请输入学生专业：应用统计学
学生信息已添加成功！

    1.添加学生信息
    2.查看所有学生信息
    3.查看指定学生信息

请输入功能编号>>>:2
ID:  1
姓名：  张三
学号：  2120220012
年龄：  21
专业：  数据科学与大数据技术
--------------------
ID:  2
姓名：  李四
学号：  2220220079
年龄：  20
专业：  应用统计学
--------------------

    1.添加学生信息
    2.查看所有学生信息
    3.查看指定学生信息

请输入功能编号>>>:3
请输入要查询的学生学号：2220220079
ID:  2
姓名：  李四
```

```
学号: 2220220079
年龄: 20
专业: 应用统计学
```

4. 程序模板

请按模板要求，将【代码】替换为Python程序代码。

```
1     import pymysql
2
3
4     # 连接数据库
5     def get_conn():
6         conn = pymysql.connect(
7             ________【代码1】________  # 数据库服务器的地址是'127.0.0.1'
8             ________【代码2】________  # 数据库服务器的端口号是3306
9             ________【代码3】________  # 数据库用户名是'root'
10            ________【代码4】________  # 数据库密码是'123456'
11            ________【代码5】________  # 要连接的数据库名称是'sms'
12            ________【代码6】________  # 连接的字符集是'utf8'
13            autocommit=True)  # 是否自动提交事务
14        # 创建一个游标对象来执行SQL查询
15        cursor = _____【代码7】_____(cursor=pymysql.cursors.DictCursor)
16        return conn, cursor
17
18
19    # 创建表
20    def create_table(conn, cursor):
21        """
22        conn: 用于与数据库建立连接，并进行数据库操作
23        cursor: 用于执行SQL语句并获取结果
24        """
25        # 创建学生信息表
26        create_table_query = '''
27        CREATE TABLE IF NOT EXISTS students(
28            id         INT PRIMARY KEY AUTO_INCREMENT,
29            name       VARCHAR(255) NOT NULL,
30            student_id  BIGINT NOT NULL UNIQUE,
31            age         INT,
32            major       VARCHAR(255) NOT NULL
33        ) ENGINE = InnoDB
34          DEFAULT CHARSET = utf8;
35        '''
36        _______【代码8】_______  # 调用cursor.execute()方法并传入创建表的SQL语句
37        _______【代码9】_______  # 提交到数据库执行
38
39
40    # 插入学生记录
41    def insert_student_records(cursor):
42        insert_query1 = '''
43        # 使用SQL插入语句应用到"students"数据库表中
44        ____【代码10】____ students(name, student_id, age, major)
```

```
45      VALUES ('张三', '2120220012', '21', '数据科学与大数据技术')
46      '''
47      ________【代码 11】________  # 调用 cursor.execute()方法执行插入操作的语句
48
49
50  # 添加学生信息
51  def add_student(cursor):
52      name = input("请输入学生姓名：")
53      student_id = input("请输入学生学号：")
54      age = input("请输入学生年龄：")
55      major = input("请输入学生专业：")
56      # 构建 SQL 插入语句，将 name、student_id、age 和 major 插入到"students"数据库表中
57      query = ____________【代码 12】____________
58      values = (name, student_id, age, major)
59      cursor.execute(query, values)
60      print("学生信息已添加成功！")
61
62
63  # 查看所有学生信息
64  def display_students(cursor):
65      # 构建一个 SQL 查询语句，查询"students"的数据库表中的所有信息
66      query = __________【代码 13】__________
67      cursor.execute(query)
68      students = cursor.fetchall()
69      for student in students:
70          print("ID: ", student['id'])
71          print("姓名: ", student['name'])
72          print("学号: ", student['student_id'])
73          print("年龄: ", student['age'])
74          print("专业: ", student['major'])
75          print("--------------------")
76
77
78  # 查看指定学生信息
79  def find_student_by_id(cursor):
80      student_id = input("请输入要查询的学生学号：")
81      # 构建一个 SQL 条件查询语句，查询"students"的数据库表中指定的 student_id 学生信息
82      query = _________【代码 14】_________
83      cursor.execute(query, (student_id,))
84      student = cursor.fetchone()
85      if student:
86          print("ID: ", student['id'])
87          print("姓名: ", student['name'])
88          print("学号: ", student['student_id'])
89          print("年龄: ", student['age'])
90          print("专业: ", student['major'])
91      else:
92          print("找不到该学生！")
93
94
95  # 主程序逻辑
96  func_dic  =  {'1':  add_student,  '2':  display_students,  '3':
```

```
    find_student_by_id}
97  # 连接数据库
98  _________【代码 15】_________
99  # 创建表
100 create_table(conn, cursor)
101 # 插入学生记录
102 insert_student_records(cursor)
103 # 执行
104 while True:
105     print("""
106     1.添加学生信息
107     2.查看所有学生信息
108     3.查看指定学生信息
109     """)
110     choice = input('请输入功能编号>>>:').strip()
111     if choice in func_dic:
112         func_name = func_dic.get(choice)
113         func_name(cursor)
114     else:
115         print('暂时没有当前功能编号')
116 # 关闭游标
117 _________【代码 16】_________
118 # 关闭连接
119 _________【代码 17】_________
```

5. 实验指导

（1）通过 get_conn()函数封装数据库连接和游标获取过程，提高代码的可重用性和可维护性，使后续操作更易获取数据库连接和游标，提供一个统一的入口。

（2）在 create_table()函数中，使用了"CREATE TABLE IF NOT EXISTS"语句创建数据库表，避免了重复创建已存在的表，保证了代码的健壮性。

（3）使用字典 func_dic 映射用户输入的功能编号和对应的函数，实现简单的命令行交互。用户可以根据提示选择不同的功能，执行相应的操作。

6. 实验后的练习

（1）在此代码的基础上，增加删除学生信息的功能。

（2）在此代码的基础上，创建一个用户注册登录表，要求用户登录后才能进行学生信息查询。

小结

本章介绍了数据库编程的基础知识及其在 Python 中的应用，包括数据库的基本概念，如数据库、数据库管理系统和 SQL 语言等，并详细阐述了 SQL 在数据库和表管理以及数据增、删、改、查等方面的具体应用。此外，还介绍了 MySQL 数据库，说明了其安装配置及服务器的基本操作。最后，着重讲解了如何利用 pymysql 模块在 Python 中实现与 MySQL 数据库的连接以及数据操作方法。

习题

1. 选择题

（1）在 SQL 中，用于创建表的语句是（　　）。

A. CREATE DATABASE　　B. CREATE TABLE

C. ALTER TABLE　　D. DROP TABLE

（2）在 SQL 中，以下哪个子句用于数据查询的条件筛选？（　　）

A. WHERE　　B. ORDER BY　　C. GROUP BY　　D. JOIN

（3）在安装 MySQL 服务器时，通常需要设置哪种类型的密码？（　　）

A. 管理员密码　　B. 访客密码　　C. 临时密码　　D. 不需要密码

（4）MySQL 服务器的哪个服务在 Windows 系统上需要启动？（　　）

A. Apache　　B. IIS　　C. MySQL Workbench　　D. MySQL

（5）在 Python 中，要安装 pymysql 模块，通常使用哪个命令？（　　）

A. python install pymysql　　B. pip install pymysql

C. apt-get install pymysql　　D. brew install pymysql

（6）在使用 pymysql 模块连接 MySQL 数据库时，首先需要执行什么操作？（　　）

A. 导入 pymysql 模块　　B. 创建数据库

C. 启动 MySQL 服务　　D. 编写 SQL 查询语句

（7）当使用 pymysql 模块连接 MySQL 数据库时，哪个参数用于指定数据库名称？（　　）

A. host　　B. user　　C. password　　D. database

（8）在 Python 中，使用 pymysql 模块连接 MySQL 数据库后，执行 SQL 语句通常使用哪个方法？（　　）

A. Connection.execute()　　B. Connection.query()

C. Cursor.execute()　　D. Cursor.query()

2. 简答题

（1）简述数据库管理系统的主要功能及其作用。

（2）简述关系型数据库如何组织数据。

（3）简述 SQL 语言常见的两种使用方式。

（4）简述 MySQL 服务器启动、关闭和登录的重要性。

（5）使用 Python 操作 MySQL 数据库时，通常需要哪些步骤？

3.编程题

（1）使用 Python 的 pymysql 模块连接到 MySQL 数据库，并完成以下任务：创建一个名为 new_db 的新数据库，并在该数据库中创建一个名为 employee 的表，该表应包含以下字段：id（整型，自增主键）、name（字符串，长度 20）、job（字符串，长度 50）、loc（字符串，长度 50）和 hiredate（日期类型）。

（2）继续使用 pymysql 模块连接到 MySQL 数据库，向 new_db 数据库中的 employee 表插入以下员工数据。

```
id: 1，name: '张三'，job: '销售员'，loc: '南昌'，hire_date: '2023-01-01'
id: 2，name: '李四'，job: '财务'，loc: '长沙'，hire_date: '2020-06-15'
id: 3，name: '王五'，job: '技术员'，loc: '武汉'，hire_date: '2021-08-20'
```

（3）从 new_db 数据库中的 employee 表检索所有员工的名字和地址，并输出这些信息。

第 13 章 网络编程

网络编程是计算机科学中的一个重要分支，它指的是在计算机网络上进行通信的软件开发过程。网络编程通过构建协议和数据交换来实现计算机间的通信，它可以使不同计算机之间传输数据，调用远程计算机上的服务，甚至接收来自网络中其他计算机的信息。网络编程是 Web 应用程序、云服务和移动应用程序中不可或缺的部分。本章将介绍网络概述、socket 网络编程基础以及并发服务器等。

学习目标

（1）了解网络体系结构。
（2）掌握 IP 地址和端口号的概念。
（3）理解 socket 通信流程。
（4）了解 UDP 和 TCP。
（5）了解多进程并发服务器。
（6）了解其他并发服务器。

13.1 网络概述

网络编程的实质是两台设备中的进程通过网络进行数据交换，即进程间的网络通信。网络是网络编程的基础，在实现网络编程之前，需要掌握网络的相关知识。

13.1.1 网络体系结构

计算机网络中常见的体系结构有开放系统互联（Open System Interconnect，OSI）参考模型和传输控制协议/网际协议（Transmission Control Protocol/Internet Protocol，TCP/IP）参考模型。

OSI 参考模型将网络传输分成了 7 个层次，包括物理层、数据链路层、网络层、传输层、会话层、表示层和应用层。各层在传输数据时都需要对数据进行一定的处理，发送方在数据发送前需要对数据进行封装，接收方接收到被封装的数据后首先需要对数据进行解封，才能将数据传输给上层调用者，如图 13-1 所示。

应用最广泛的体系结构为 TCP/IP 参考模型，包括应用层、传输层、网络层、数据链路层，如图 13-2 所示。

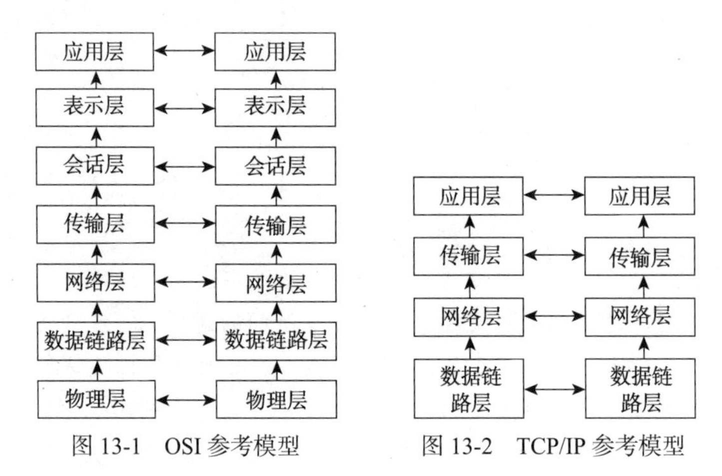

图 13-1　OSI 参考模型　　图 13-2　TCP/IP 参考模型

13.1.2 网络数据传输流程

在 TCP/IP 中，网络通信被分为 4 层，每一层的作用如下。

（1）应用层：提供各种网络服务，如电子邮件、文件传输、远程登录等。

（2）传输层：提供端到端的通信，负责数据包的发送和接收，TCP（传输控制协议）和 UDP（用户数据报协议）两种协议。

（3）网络层：负责数据的路径选择和逻辑地址寻址，以确保数据能够在网络中正确传输，包括 IP 协议、ARP 协议、ICMP 协议等。

（4）数据链路层：负责建立和管理物理连接，传输比特流，并进行差错处理。

在数据传输过程中，每一层都执行特定的功能，下一层为上一层提供服务，以确保数据能够可靠、有效地传输。每一层都有特定的协议族，会在用户数据上加上头信息。对下一层来说，上一层的头信息是“用户数据”的一部分。

数据封装好后，会通过网络发送给对方。对方会一层层地“剥掉”头信息，从而获得最终的数据，具体过程如图 13-3 所示。

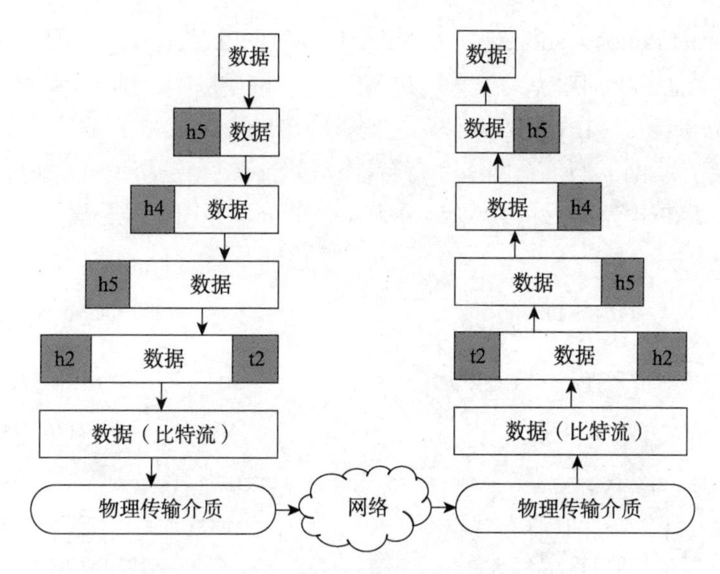

图 13-3　基于 TCP/IP 协议的数据传输过程

13.1.3　网络应用架构

网络应用架构分为 C/S 模式和 B/S 模式。C/S 模式指的是客户端（Client）/服务器（Server）模式；B/S 模式指的是浏览器（Browser）/服务器（Server）模式。二者的区别在于，C/S 模式下的 Client 是多样的，如即时聊天工具、大型客户端游戏等，而 B/S 模式下的 Client 只有一种——浏览器。从本质上说，B/S 模式属于 C/S 模式，但由于万维网（World Wide Web，Web）在 Internet 发展的过程中起到了关键性的作用，所以一般情况下将基于浏览器的 C/S 模式（即 B/S 模式）分成一个类别，如图 13-4 所示。

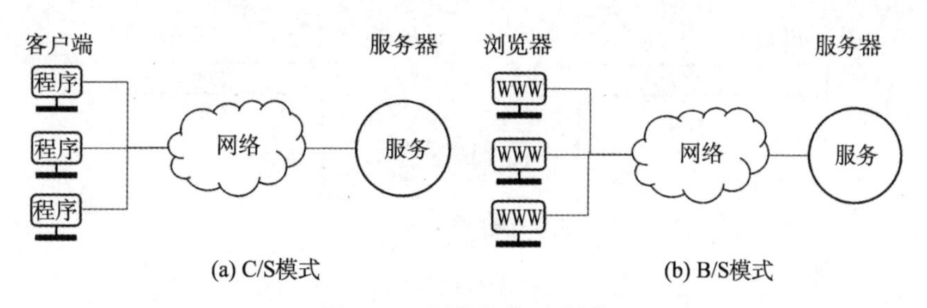

图 13-4　网络架构示意图

13.1.4　IP 地址和端口号

在计算机网络中，两台或多台计算机设备是通过 IP 地址和端口号来识别对方并进行通信的。IP 地址是网络中每个设备的唯一标识符，用于确定数据包在网络中的路由和目的地，而端口号则是运行在计算机上的特定应用程序或服务的唯一标识符，用于区分同一台计算机上不同应用程序之间的通信。

1. IP 地址

IP 地址（Internet Protocol address）是网络中计算机的唯一标识，计算机和其他的网络设备之间的通信靠 IP 地址来识别对方的位置。IP 地址分为两个版本，即 IPv4 和 IPv6。IPv4 由 32 位二进制数（32bit）组成，IPv6 由 64 位二进制数（64bit）组成。IP 地址用于屏蔽各种物理网络的地址差异，为互联网上的每个网络和每台计算机分配一个逻辑地址。通常情况下，用十进制表示 IP 地址。以 IPv4 为例，将 IP 地址分为 4 个部分，并用点号分隔开，如 192.168.1.123，如图 13-5 所示。

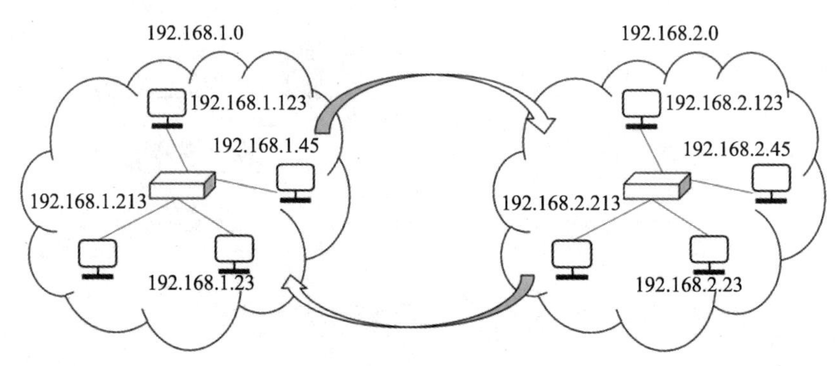

图 13-5　IP 地址示意图

2. 端口号

端口号用于标识计算机或其他网络设备上提供的特定网络服务的具体进程。IP 地址加上端口号就可以标识网络中的唯一进程。例如，一个 Web 服务器可能使用 TCP 协议的 443 端口号来响应客户端请求。当两个设备要建立连接并进行通信时，它们需要采用相同或兼容的传输层协议（如 TCP 或 UDP），并使用相同的端口号来识别对方的网络服务和应用程序，如图 13-6 所示。

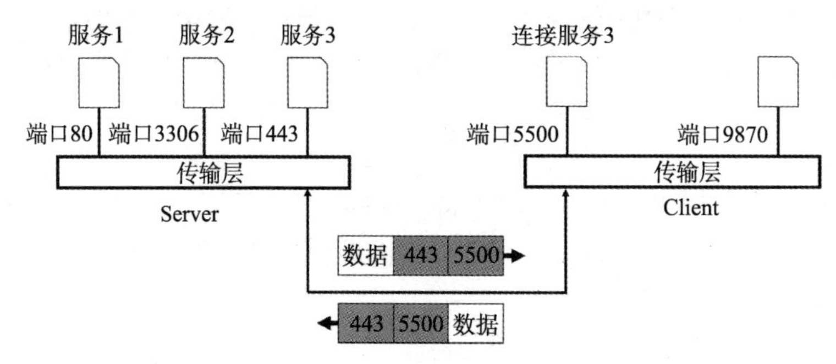

图 13-6　用端口号标识进程

13.2　socket 网络编程基础

socket（套接字）是计算机网络中一种非常重要的概念，它提供了一种标准的、通用的网络通信方式，使得不同的计算机可以方便地进行数据交换和通信。socket 本意是电源插口、插孔，但在计算机编程中，中文往往翻译成“套接字”。socket 是一个抽象层，应用程序可以通过它发送或接收数据，可对其进行类似文件打开、读写和关闭等操作。具体来说，socket 是计算机之间进行通信的一种约定或一种方式，通过这种约定，一台计算机可以接收其他计算机的数据，也可以向其他计算机发送数据。

13.2.1 socket()方法

socket 基于 TCP/IP 的网络通信，可被视为不同主机间的进程进行双向通信的端点，它构成了单个主机内及整个网络间的编程界面。同时，socket 也是可以被命名和寻址的通信端点，使用时的每个 socket 都有一个与之相连的进程。简单来说，socket 可被视为操作系统提供的网络通信 API，也可被视为对 TCP/IP 的具体实现。它所实现的逻辑基本包括 TCP/IP 协议的传输层、网络层和数据链路层。

Python 使用 socket 模块进行网络通信。socket 模块包括网络编程的类、方法和函数。在编程时，仅需要使用 socket 模块中 socket()方法就可以开启服务器和客户端，具体格式如下。

```
socket.socket(family = AF_INET,type = SOCK_STREAM, proto = 0, fileno = None)
```

socket()方法的参数及其描述如表 13-1 所示。

表 13-1 socket()方法的参数及其描述

参数	描述
family	用于指定地址族，默认值为 AF_INET（指定 IP 格式为 IPv4）。该项参数还可设置为 AF_INET6（指定 IP 格式为 IPv6）和 AF_UNIX（只能用于单一的 UNIX 进程通信）
type	指定 socket 的通信方式，默认值为 SOCK_STREAM（流式 socket，用于 TCP 通信） 该项参数还可以设置为 SOCK_DGRAM（数据报式 socket，用于 UDP 通信）和 SOCK_RAW（原始 socket，用于处理 ICMP、IGMP 等网络报文，或需要用户构造 IP 头部的通信）
proto	用于指定与特定的地址家族相关的协议，默认值为 0，表示由系统根据地址格式和 socket 类型自动选择合适的协议
fileno	socket 文件描述符，默认值为 None，表示由系统分配

一般情况下，采用默认参数即可创建基于 TCP 的 socket，如需创建基于 UDP 的 socket，可以指定相应的参数，如代码 13-1 所示。

代码 13-1 创建 socket

```
1   import socket  # 导入 socket 模块
2
3   s_tcp = socket.socket(socket.AF_INET, socket.SOCK_STREAM)  # 创建基于 TCP 的
4   s_udp = socket.socket(socket.AF_INET, socket.SOCK_DGRAM)  # 创建基于 UDP 的
```

13.2.2 socket 通信流程

socket 的通信流程通常遵循“打开→读/写→关闭”模式，因协议不同而不同。TCP/IP 的传输层中最为常见的两个协议分别是传输控制协议（Transmission Control Protocol，TCP）和用户数据报协议（User Datagram Protocol，UDP）。

1. 基于 TCP 的 socket 通信流程

TCP 是面向连接的、可靠的、基于字节流的传输层通信协议，应用程序在使用之前，需要先建立 TCP 连接。TCP 通过校验和、序列号、确认应答、重发控制、连接管理以及窗口控制等机制实现可靠性传输。基于 TCP 的 socket 通信流程如图 13-7 所示。

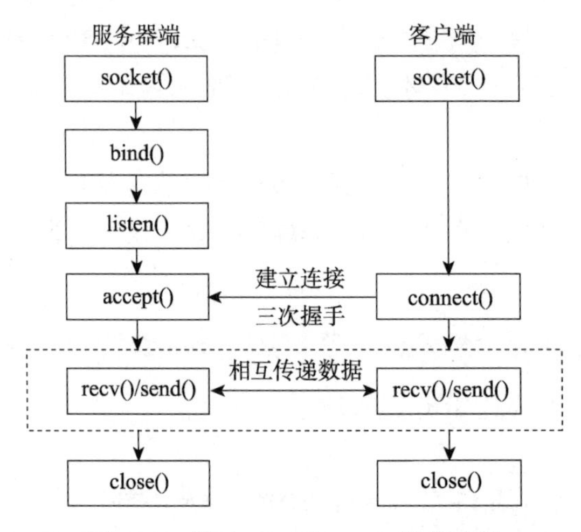

图 13-7 基于 TCP 的 socket 通信流程

图 13-7 的具体说明如下。

（1）socket()方法用于创建 socket。服务器和客户端都需要创建 socket。服务器创建时，需要指定使用的协议（如 TCP、UDP）、地址类型（如 IPv4、IPv6）以及 socket 类型。

（2）bind()方法用于服务绑定。服务器需要为其 socket 绑定一个具体的 IP 地址和端口号，以便客户端能够找到它。

（3）listen()方法用于设置监听。服务器 socket 进入监听状态，等待客户端的连接请求。

（4）connect()方法用于客户端发起请求连接。客户端 socket 通过服务器的 IP 地址和端口号尝试与服务器建立连接。

（5）accept()方法用于接收客户端的连接请求。经过三次握手之后，建立连接。

（6）recv()和 send()方法用于数据传输。连接建立后，客户端和服务器就可以通过这两个方法进行数据的读写操作，实现双向通信。其中，recv()方法为阻塞模式，会等待对方数据的到来。值得注意的是，在前面的步骤中，服务器与客户端并不是对等的关系，但进入数据传输步骤后，它们之间信息是对等的。

（7）close()方法用于关闭 socket。当通信完成后，客户端和服务器都需要关闭各自的 socket，以释放资源。

在以上过程中，数据在 socket 之间的传输是可靠的，并且能够保持数据的顺序和正确性。此外，socket编程通常需要处理各种网络错误和异常情况，如连接超时、数据丢失等。因此，在实际应用中，需要仔细设计和实现socket通信的各个环节，以确保通信的可靠性和稳定性。

2. 基于UDP的socket通信流程

UDP是一个无连接的协议，它仅提供面向事务的、简单的、不可靠的信息传输服务。当它想传输时就简单地去抓取来自应用程序的数据，并尽可能快地把它扔到网络上。基于UDP的socket通信流程如图13-8所示。

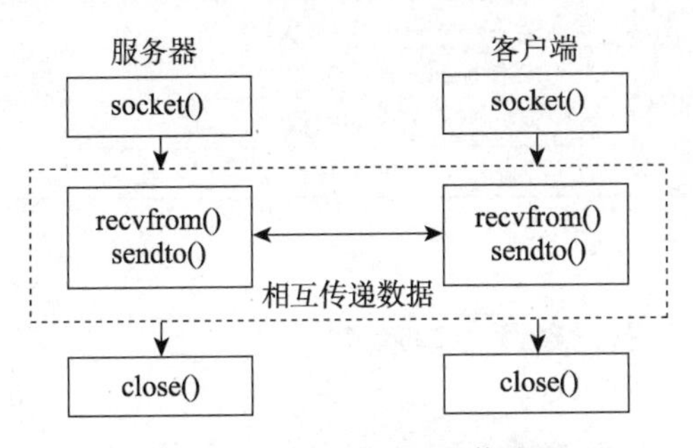

图13-8　基于UDP的通信流程

图13-8的具体说明如下。

（1）socket()方法用于创建socket。服务器和客户端都需要创建socket。服务器创建时，需要指定参数type=socket. SOCK_DGRAM。

（2）recvfrom()方法用于接收对方发送过来的数据，它也为阻塞模式。

（3）sendto()方法用于向对方发送数据，发送数据时，仅需要将数据发送至网络，无须关心对方是否收到。

在以上过程中，客户端与服务器之间无须建立连接，而是直接将数据尽可能地发送至网络，因此数据在socket之间的传输是不可靠的，

13.2.3　socket内置方法

Python提供了标准的访问网络服务的API，可以访问底层操作系统socket接口的全部方法，常用的socket()方法如表13-2、表13-3、表13-4所示。

表13-2　服务器的方法

方法	描述
bind()	绑定地址（host、port），以元组（host、port）的形式表示
listen()	开始TCP监听
accept()	被动接受TCP客户端连接，等待连接的到来

表13-3　客户端的方法

方法	描述
connect()	主动连接服务器，若错误，则抛出异常
connect_ex()	connect()方法的扩展版本，出错时返回出错码，而不是抛出异常

表 13-4　公共用途的方法

方法	描述
recv()	接收 TCP 数据，数据以字符串形式返回
send()	发送 TCP 数据，将 string 中的数据发送到连接的 socket
sendall()	完整发送 TCP 数据
recvfrom()	接收 UDP 数据
sendto()	发送 UDP 数据
close()	关闭 socket
getpeername()	返回连接 socket 的远程地址
getsockname()	返回 socket 自己的地址
settimeout(timeout)	设置 socket 操作的超时期
gettimeout()	返回当前超时期的值
fileno()	返回 socket 的文件描述符

13.2.4　应用案例：扫描开放端口

socket 是网络通信中的关键组件，它允许应用程序在网络上进行数据交换。在网络通信中，每个应用程序都需要唯一的标识，以便其他应用程序能够准确地与之通信。而端口（Port）就是这样的标识，它位于传输层，用于标识应用程序在网络中的地址。在 Python 中，可以编写脚本来扫描目标主机上的开放端口，运行结果如图 13-9 所示。

```
Port 135 is open
Port 445 is open
Port 3306 is open
Open ports on 127.0.0.1: [135, 445, 3306]
```

图 13-9　扫描开放端口运行结果

【分析】

在设计扫描开放端口程序时，需要考虑以下两个方面。

（1）扫描端口：扫描一个端口是否开放的最直接的办法是，向目标主机的特定端口发送 TCP 连接请求，若对方主机有响应，则表示该端口为开放端口，反之则为关闭端口。

（2）方法选择：在 Python 的 socket 模块中，connect()方法用于建立与指定地址的 socket 的连接，但无法连接时，会抛出异常。而 connect_ex()方法也用于建立与指定地址的 socket 的连接，但它在连接失败时不会引发异常，而是返回一个错误码。这个错误码通常是非零的，表示连接失败的原因。若连接成功，则返回 0。

【实现】

（1）首先定义 IP 和扫描的端口范围。

（2）依次建立客户端向端口发送连接请求。

（3）若返回零，则存入列表。扫描本地主机开放的端口如代码 13-2 所示。

代码 13-2　扫描本地主机开放的端口

```
1   import socket
2   def scan_ports(ip, port_range):
```

```
3       open_ports = []
4       for port in range(port_range[0], port_range[1] + 1):
5           sock = socket.socket(socket.AF_INET, socket.SOCK_STREAM)
6           sock.settimeout(0.01)                        # 设置超时时间为 0.01 秒
7           result = sock.connect_ex((ip, port))
8           if result == 0:
9               open_ports.append(port)
10              print(f"Port {port} is open")
11          sock.close()
12      return open_ports
13  target_ip = '127.0.0.1'                              # 目标 IP 地址
14  port_range = (1, 4096)                              # 扫描 1~4096 端口
15  open_ports = scan_ports(target_ip, port_range)
16  print(f"Open ports on {target_ip}: {open_ports}")
```

13.3 基于 UDP 的网络聊天通信

UDP 是一种不可靠的传输方式，通信双方仅将数据发送至网络，无须确定对方是否已经收到。本节基于 UDP 编写一个网络聊天程序，如代码 13-3、代码 13-4 所示，主要功能如下。

（1）建立基于 UDP 的服务器。

（2）客户端和服务器相互发送数据。

代码 13-3　UDP 网络聊天的服务器实现

```
1   import socket  # 导入 socket 模块
2
3   udp_sock = socket.socket(socket.AF_INET, socket.SOCK_DGRAM)   # 创建 UDP
    socket 对象
4   local_ip = '127.0.0.1'  # 回路 IP
5   local_port = 8888  # 端口号
6   udp_sock.bind((local_ip, local_port))  # 绑定 IP 和端口
7   print('等待接收消息...')
8   while True:
9       data, addr = udp_sock.recvfrom(1024)  # 从客户端接收数据
10      print('接收到来自{}的消息：{}'.format(addr, data.decode()))
11      reply_msg = input("输入消息（直接按回车键退出）：")
12      if not reply_msg:  # 空消息表示退出服务
13          break
14  udp_sock.sendto(reply_msg.encode(), addr)  # 向客户端发送数据
15  udp_sock.close()  # 关闭 socket 连接
```

回路 IP（127.0.0.1）是一个特殊的 IP 地址，也被称为 localhost。它表示计算机本身，主要用于网络软件测试以及本地计算机进程间通信。虽然 127.0.0.1 和 localhost 都表示本地地址，但它们在使用上有些微妙的差别。例如，在某些情况下，localhost 可能会受到网络防火墙或网卡的限制，而 127.0.0.1 则不会。

代码 13-4　UDP 网络聊天的客户端实现

```
1   import socket
2
3   client_socket = socket.socket(socket.AF_INET, socket.SOCK_DGRAM)
4   server_ip = '192.168.0.4'  # 服务器绑定的 IP
5   server_port = 8888  # 服务器绑定的端口
6   while True:
7       message = input("输入消息（直接按回车键退出）: ")
8       if not message:
9           break
10      try:
11          client_socket.sendto((message + "\n").encode(), (server_ip, server_port))
12          data, address = client_socket.recvfrom(1024)
13          print("来自服务器的消息：", data.decode())
14      except Exception as e:
15          print("与服务器连接失败：" + str(e))
16  client_socket.close()
```

与服务器不同的是，server_ip 指的是服务器绑定的 IP，若客户端与服务器不在同一台计算机上，设置为回路 IP（127.0.0.1）则会出错。

程序运行结果如图 13-10 所示。

```
等待接收消息...
接收到来自('127.0.0.1', 60944)的消息：我是客户端

输入消息（直接按回车键退出）：我是服务器
```

(a) 服务器

```
输入消息（直接按回车键退出）：我是客户端
来自服务器的消息： 我是服务器
输入消息（直接按回车键退出）：
```

(b) 客户端

图 13-10　基于 UDP 的网络聊天程序运行结果

13.4　基于 TCP 的数据转换

由于 UDP 是一种不可靠的传输协议，因此在多数场合下，采用 TCP 进行数据传输。TCP 是一种可靠的传输协议，用户在数据传输之前需要建立连接，确保发送方和接收方都已准备好，才进行数据交换。本节基于 TCP 重写网络聊天程序，如代码 13-5、代码 13-6 所示。

代码 13-5　TCP 网络聊天的服务器实现

```
1   import socket
2
3   server_socket = socket.socket(socket.AF_INET, socket.SOCK_STREAM)
4   host = '127.0.0.1'
5   port = 5000
6   server_socket.bind((host, port))
7   server_socket.listen(5)
8   client_socket, addr = server_socket.accept()  # 等待客户端连接
9   print("连接地址: %s" % str(addr))
10  while True:
11      data = client_socket.recv(1024).decode('utf-8')
12      print("从客户端收到的消息: " + str(data))
13      message = input("输入消息(直接按回车键退出): ")
14      if not message:
15          break
16  client_socket.send(message.encode('utf-8'))
17  client_socket.close()
```

代码 13-5 的具体说明如下。

（1）socket.SOCK_STREAM 表明此 socket 对象是基于 TCP 的。

（2）listen()方法用于设置 TCP 监听，参数的含义是指定在拒绝连接之前，操作系统可以挂起的最大连接数量，该值至少为 1，通常情况下设置 5。

（3）accpe()方法的作用是接收来自客户端的 TCP 连接，此函数默认为阻塞模式。

（4）recv()方法和 send()方法分别用于接收和发送数据。由于 TCP 数据在传递之前就已经建立了连接，因此不需要在这两个函数中指定对方的地址。

代码 13-6　TCP 网络聊天的客户端实现

```
1   import socket
2
3   client_socket = socket.socket(socket.AF_INET, socket.SOCK_STREAM)
4   host = "192.168.0.4"
5   port = 5000
6   client_socket.connect((host, port))
7   message = "Hello Server!"
8   client_socket.send(message.encode('utf-8'))
9   data = client_socket.recv(1024).decode('utf-8')
10  print('从服务器收到的消息: ' + data)
11  client_socket.close()
```

代码 13-6 的具体说明如下。

（1）connect()方法用于向服务器发送连接请求。

（2）close()方法用于关闭 socket。

运行结果如图 13-11 所示。

```
连接地址：('127.0.0.1', 52649)
从客户端收到的消息：我是客户端
输入消息(直接回车退出)：我是服务器
```

(a) 服务器

```
输入消息(直接回车退出)：我是客户端
从服务器收到的消息：我是服务器
输入消息(直接回车退出)：
```

(b) 客户端

图 13-11 基于 TCP 的网络聊天程序运行结果

13.5 TCP 并发服务器

TCP 并发服务器是一种能够同时处理多个客户端连接请求的服务器模型。它使用 TCP 进行通信，并且可以在同一时刻响应多个客户端的请求。在 TCP 并发服务器中，当一个客户端请求到达时，服务器并不直接处理该请求，而是创建一个新的子进程或线程来处理该请求。这样，服务器可以同时处理多个请求，提高了并发性能。

TCP 并发服务器可以充分利用系统资源，使得服务器能够高效地处理大量并发连接。然而，由于每个连接都需要创建新的子进程或线程，这可能会消耗一定的系统资源，并且需要谨慎处理线程同步和数据安全性等问题。

在实际应用中，TCP 并发服务器通常用于需要处理大量并发连接的场景，如 Web 服务器、文件服务器等。通过合理地配置和管理服务器资源，TCP 并发服务器可以提供高效、稳定的服务。

13.5.1 单进程非阻塞服务器

单进程非阻塞服务器是一种服务器设计模式，在单进程非阻塞服务器中，通常会使用非阻塞 socket（non-blocking socket）来实现。非阻塞 socket 在发送或接收数据时，若没有数据可用，则会立即返回一个错误，而不是阻塞进程的执行。这样，服务器就可以同时处理多个客户端的请求，而不会因等待某个客户端的请求完成而导致其他客户端的请求被阻塞，如代码 13-7 所示。

代码 13-7 单进程非阻塞服务器

```
1   from socket import *
2
3   sersocket = socket(AF_INET, SOCK_STREAM)
4   localAddr = ('127.0.0.1', 8899)
5   sersocket.bind(localAddr)
6   sersocket.setblocking(False)  # 将 socket 设置为非阻塞
7   sersocket.listen(5)
8   print("正在监听")
9   clientAddrList = []
10  while True:
11      try:
```

```
12          clientsocket, clientAddr = sersocket.accept()  # 默认阻塞
13          print("一个新的客户端到来: %s" % str(clientAddr))
14          clientsocket.setblocking(False)  # 将此连接设置为非阻塞
15          clientAddrList.append((clientsocket, clientAddr))
16      except:
17          pass
18      for clientsocket, clientAddr in clientAddrList:
19          try:
20              data = clientsocket.recv(1024).decode('utf-8')
21              print(str(clientAddr) + "发来的消息: " + data)
22          except:
13              pass
14  clientsocket.close()
```

代码 13-7 的具体说明如下。

（1）setblocking(False)是将 socket 对象设置为非阻塞模式。

（2）在非阻塞模式下，若没有 socket 连接请求，则 accept()函数会抛出异常，程序会中断。解决的方案是，将 accept 语句写到 try-except 语句块中。当无连接请求时，程序不会停止；当有连接请求时，accept 语句会正常执行。

（3）recv()与 accept()类似，在非阻塞模式下，若没有接收数据，则会抛出异常，因此也要写到 try-except 语句块中。

13.5.2 多进程并发服务器

单进程非阻塞服务器虽然可以在一定程度上解决阻塞带来的程序逻辑错误，但它并非并发执行。所谓并发执行，即多个任务或者操作在同一时间段内同时或几乎同时执行。并发执行的 TCP 服务器分为两种，一是多进程并发，二是多线程并发。在 Python 中，可以使用 multiprocessing 模块来创建多进程并发服务器，如代码 13-8 所示。

代码 13-8　多进程并发服务器

```
1   import socket
2   from multiprocessing import Process  # 导入支持多进程的模块
3
4   def handle_client(conn):  # 建立多进程执行函数
5       data = conn.recv(1024)
6       response = "Hello, client!" + str(data)
7       conn.sendall(response.encode())
8       conn.close()
9
10  if __name__ == '__main__':
11      HOST = '127.0.0.1'
12      PORT = 8888
13      server_socket = socket.socket(socket.AF_INET, socket.SOCK_STREAM)
14      server_socket.bind((HOST, PORT))
```

```
15        server_socket.listen(5)
16        while True:
17            print("等待新的连接...")
18            connection, address = server_socket.accept()
              p = Process(target=handle_client, args=(connection,))  # 创建子进程处
19    理客户端连接
20            p.start()  # 启动子进程
21            p.join()  # 等待子进程结束
```

代码 13-8 的具体说明如下。

（1）Process()方法的作用是创建子进程，它有两个参数：target 是目标函数，即子进程的入口函数；args 是子进程入口函数的参数。

（2）start()方法是启动子进程。

（3）join()方法是等待子进程结束。

13.5.3 多线程并发服务器

多线程并发服务器是指在进程内创建更小的执行单位——线程。在 Python 中，可以使用 threading 模块来创建多线程并发服务器，如代码 13-9 所示。

代码 13-9 多线程并发服务器

```
1    import socket
2    import threading  # 导入支持多线程的模块
3
4    def handle_client(conn):  # 建立多线程入口函数
5        # 处理客户端连接的逻辑
6        data = conn.recv(1024)
7        response = "Hello, client!" + str(data)
8        conn.sendall(response.encode())
9        conn.close()
10
11   def start_server():
12       server_socket = socket.socket(socket.AF_INET, socket.SOCK_STREAM)
13       server_address = ('localhost', 8888)
14       server_socket.bind(server_address)
15       server_socket.listen(5)
16       while True:
17           print("等待新的连接...")
18           connection, address = server_socket.accept()
19           print('与客户端 {} 建立了连接'.format(str(address)))
             threading.Thread(target=handle_client,  args=(connection,)).start()
20   # 创建并启动线程
21
22   if __name__ == '__main__':
23       start_server()
```

与创建多进程服务器类似，创建多线程服务器也需要定义一个新函数作为线程调用的入口。在代码 13-9 中，当有新的客户端连接时，会为每个客户端分配一个单独的线程进行处理。

13.6 I/O 多路转接服务器

在传统的模型中，应用程序需要自己监视每个客户端的连接，这在处理大量并发连接时可能会导致性能问题。因此，多任务 I/O 服务器采用了 I/O 多路复用的技术，该技术允许单个线程同时管理多个 I/O 操作。

I/O 多路转接服务器也被称为多任务 I/O 服务器，其主要思想是，由内核来代替应用程序监视客户端的连接，而不是由应用程序自己进行监视。这样可以更有效地处理多个客户端的并发连接。

I/O 多路转接可以显著提高服务器的处理能力和效率，因为它避免了为每个客户端连接创建单独的进程或线程，从而减少了 CPU 和内存的使用。同时，由于内核负责监视连接，因此应用程序可以专注于处理请求，无须担心连接管理的问题。

实现 I/O 多路复用的主要方法包括 select、poll 和 epoll。这些方法都允许服务器同时阻塞多个 I/O 操作，然后等待这些操作中任何一个的完成。当某个 I/O 操作完成时，服务器会收到通知，并可以立即处理该操作。

13.6.1 select 并发服务器

select 并发服务器是一种基于多路 I/O 转接的服务器模型，其核心思想在于利用多任务处理机制（如多线程、多进程）为每个客户端创建一个任务来处理，从而极大地提高服务器的并发处理能力。select 并发服务器主要依赖于 select 方法，用于在一组文件描述符上进行异步 I/O 多路复用的系统调用。它可以同时监视多个文件描述符，等待其中任何一个文件描述符准备就绪（如读就绪、写就绪），然后进行相应的操作，如代码 13-10 所示。

代码 13-10　select 并发服务器

```
1   import socket
2   import select  # 导入 select 模块
3
4   HOST = 'localhost'
5   PORT = 8080
6   server_socket = socket.socket(socket.AF_INET, socket.SOCK_STREAM)
7   server_socket.bind((HOST, PORT))
8   server_socket.listen()
9   print('Server is listening on {}:{}'.format(HOST, PORT))
10  inputs = [server_socket]  # 将 socket 对象添加到 select 对象中进行监控
11  outputs = []
12  errors = []
13  while True:
```

```
14      # 通过 select 函数获取就绪的连接列表
15      readable, writable, exceptional = select.select(inputs, outputs, errors)
16      for sock in readable:
17          if sock == server_socket:
18              client_socket, address = server_socket.accept()
19              print('New connection from {}'.format(address))
20              inputs.append(client_socket)
21          else:
22              data = sock.recv(1024).decode()
23              if not data:
24                  inputs.remove(sock)
25                  sock.close()
26                  continue
27              response = "欢迎连接: {}".format(data)
28              sock.sendall(response.encode())
```

13.6.2 epoll 并发服务器

epoll 是 Linux 操作系统提供的一种事件通知机制，它是 I/O 多路复用技术中的一种实现方式，特别适用于处理大量并发连接的情况。与传统的 select 和 poll 相比，epoll 具有更高的性能和扩展性。

epoll 并发服务器是利用 epoll 机制实现的高性能并发服务器。在这种服务器架构中，服务器可以同时处理多个客户端的连接，无须为每个连接创建一个单独的进程或线程。这大幅减少了系统资源的消耗，提高了服务器的并发处理能力，如代码 13-11 所示。

代码 13-11　epoll 并发服务器

```
1   import socket
2   import select
3
4   def handle_client(client_socket):
5       request = client_socket.recv(1024)
6       if request:
7           print(f"Received: {request.decode()}")
8           client_socket.sendall(b"Hello, Client!")
9       else:
10          client_socket.close()
11
12  def main():
13      server_socket = socket.socket(socket.AF_INET, socket.SOCK_STREAM)
14      server_socket.setsockopt(socket.SOL_socket, socket.SO_REUSEADDR, 1)
15      server_address = ("localhost", 10000)
16      server_socket.bind(server_address)
17      server_socket.listen(5)
```

```
18      epoll = select.epoll()  # 创建epoll实例
19      epoll.register(server_socket.fileno(), select.EPOLLIN)  # 将 socket 注册
    到epoll实例中
20      try:
21          while True:
22              events = epoll.poll()  # 等待事件发生，阻塞调用
23              for fileno, event in events:
24                  if fileno == server_socket.fileno():  # 如果服务器的 socket 发生
    了事件
25                      client_socket, client_address = server_socket.accept()
26                      print(f"新连接: {client_address}")
27                      epoll.register(client_socket.fileno(), select.EPOLLIN)
28                  elif event & select.EPOLLIN:  # 如果客户端发生了读写事件
29                      handle_client(epoll.fileno2obj[fileno])
30                  elif event & select.EPOLLHUP:  # 如果客户端断开连接
31                      epoll.unregister(fileno)
32                      client_socket.close()
33      finally:
34          epoll.unregister(server_socket.fileno())  # 关闭服务器socket,
35          server_socket.close()
36          epoll.close()
37
38  if __name__ == "__main__":
39      main()
```

代码 13-11 使用了 select 模块的 epoll 函数实现了一个非阻塞的服务器，它能够同时处理多个客户端的连接和请求。服务器使用 epoll 来监听多个文件描述符上的事件，当有事件发生时（如新的连接请求、数据可读），服务器会对相应的事件进行处理。这样的设计可以提高并发处理能力，并减少线程或进程的使用，从而减少资源消耗，提高系统的可伸缩性。

13.7 上机实践：一对一聊天程序

1. 实验目的

（1）熟练掌握基于 TCP 的 socket 编程。

（2）熟练掌握 Python 多线程编程。

2. 实验要求

本实验要求基于 TCP 编写一个一对一的聊天程序，主要要求如下。

（1）客户端与服务器实现消息互发。

（2）客户端与服务器均支持使用 input()方法输入消息，回车后即向对方发送输入的内容。

（3）客户端与服务器输入"quit"以中断 socket 连接，并退出程序。

3. 运行效果示例

程序运行效果如图 13-12 所示。

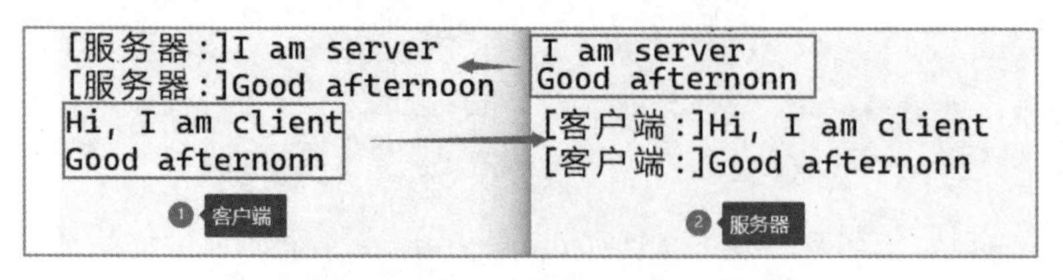

图 13-12　一对一聊天程序的运行效果

4. 程序模板

```
1   # 服务器端
2   ________【代码 1】________
3   import socket
4
5   def msg_hadle(cli):
6       while True:
7           ________【代码 2】________
8           if data == -1:
9               print("对方主动断开")
10              break
11          print("[客户端:]" + data)
12
13  server_socket = socket.socket(socket.AF_INET, socket.SOCK_STREAM)
14  ip = "127.0.0.1"
15  port = 8899
16  server_socket.bind((ip, port))
17  server_socket.listen(5)
18  client_socket, addr = server_socket.accept()
19  threading.Thread(________【代码 3】________, args=(client_socket,)).start()
20  while True:
21      data = input()
22      if data == "quit":
23          break
24      client_socket.________【代码 4】________
25  server_socket.________【代码 5】________
26
27  # 客户端
28  ________【代码 6】________
29  import socket
30
31  def msg_hadle(sock):
32      while True:
33          ________【代码 7】________
34          if data == -1:
35              print("对方主动断开")
36              break
37          print("[服务器:]" + data)
```

```
38
39  sock = socket.socket(socket.AF_INET, socket.SOCK_STREAM)
40  ip = "127.0.0.1"
    port = 8899
    try:
        sock.connect((ip, port))
        threading.Thread(________【代码 8】________, args=(sock,)).start()
        while True:
            data = input()
            if data == "quit":
                break
            sock.________【代码 9】________
    except:
        print(f"[提示]未连上服务：{ip}，{port}")
    sock.________【代码 10】________
```

5. 实验指导

（1）导入 threading 模块，由于 input()方法和 socket 模块中的 recv()方法都会导致程序中断，因此需要开辟一个线程以满足程序的并发执行。

（2）接受对方的消息，可以使用 socket 模块中的 recv()方法完成，参数可设置为 1024。

（3）开辟一个线程，应向系统指明线程的回调函数。在本程序中，回调函数指的是 msg_hadle。

（4）当消息输入后，应向对方发送。此处应调用 socket 模块中的 send()方法。

（5）无论程序主动退出还是异常退出，都需要将 socket 连接关闭。此处应调用 socket 模块中的 close()方法。

6. 实验课后练习

（1）修改本实验中向对方发送的语句块，也将其放到线程中。

（2）在本实验基础上，使用 tkinter 模块实现 GUI 聊天编程。

小结

本章主要围绕网络编程展开，介绍了 OSI 和 TCP/IP 两种参考模型，着重介绍了 TCP/IP 的结构、每一层的作用。基于 TCP/IP 和 Python 提供的 socket 模块，介绍基于 UDP 和 TCP 的网络聊天程序的编写。在此基础上，进一步介绍了基于多进程、多线程并发服务器等。

习题

1. 选择题

（1）在 Python 中，哪个模块通常用于创建网络服务器和客户端？（　　）

A. os　　B. socket　　C. threading　　D. multiprocessing

（2）当使用 socket 模块创建一个 TCP 服务器时，哪个方法是用来监听连接请求的？（　　）

A. socket.listen()　　B. socket.accept()　　C. socket.bind()　　D. socket.connect()

（3）在 Python 的 socket 模块中，AF_INET 指的是什么？（　　）

A. 使用 IPv6 的网络地址　　B. 使用 IPv4 的网络地址

C. 抽象命名空间　　D. Unix 域 socket

（4）在 Python 中，如果使用 UDP 而不是 TCP 来传输数据，那么应该在创建 socket 时指定哪个协议类型？（　　）

A. socket.SOCK_STREAM　　B. socket.SOCK_RAW

C. socket.SOCK_DGRAM　　D. socket.SOCK_SEQPACKET

（5）使用 socket.bind()方法时，需要提供一个什么类型的参数？（　　）

A. 一个整数表示端口号　　B. 一个元组，包含 IP 地址和端口号

C. 一个字符串表示 IP 地址　　D. 一个字符串表示主机名

（6）TCP/IP 的网络层主要负责什么？（　　）

A. 物理连接和数据传输　　B. 数据的可靠传输

C. 应用程序之间的通信　　D. 数据包的路由与转发

（7）TCP/IP 分为几个层次？（　　）

A. 4 层　　B. 5 层　　C. 7 层　　D. 9 层

（8）UDP 属于 TCP/IP 中的哪一层？（　　）

A. 链路层　　B. 网络层　　C. 传输层　　D. 应用层

2. 简答题

（1）什么是 socket 编程？

（2）TCP/IP 协议族中的 TCP 和 IP 分别负责什么？

（3）UDP 与 TCP 最主要的区别是什么？

（4）B/S 模式与 C/S 模式有哪些区别？

（5）什么是 IO 多路复用？

3. 编程题

基于 TCP 多线程编写即时多对多的聊天室程序。

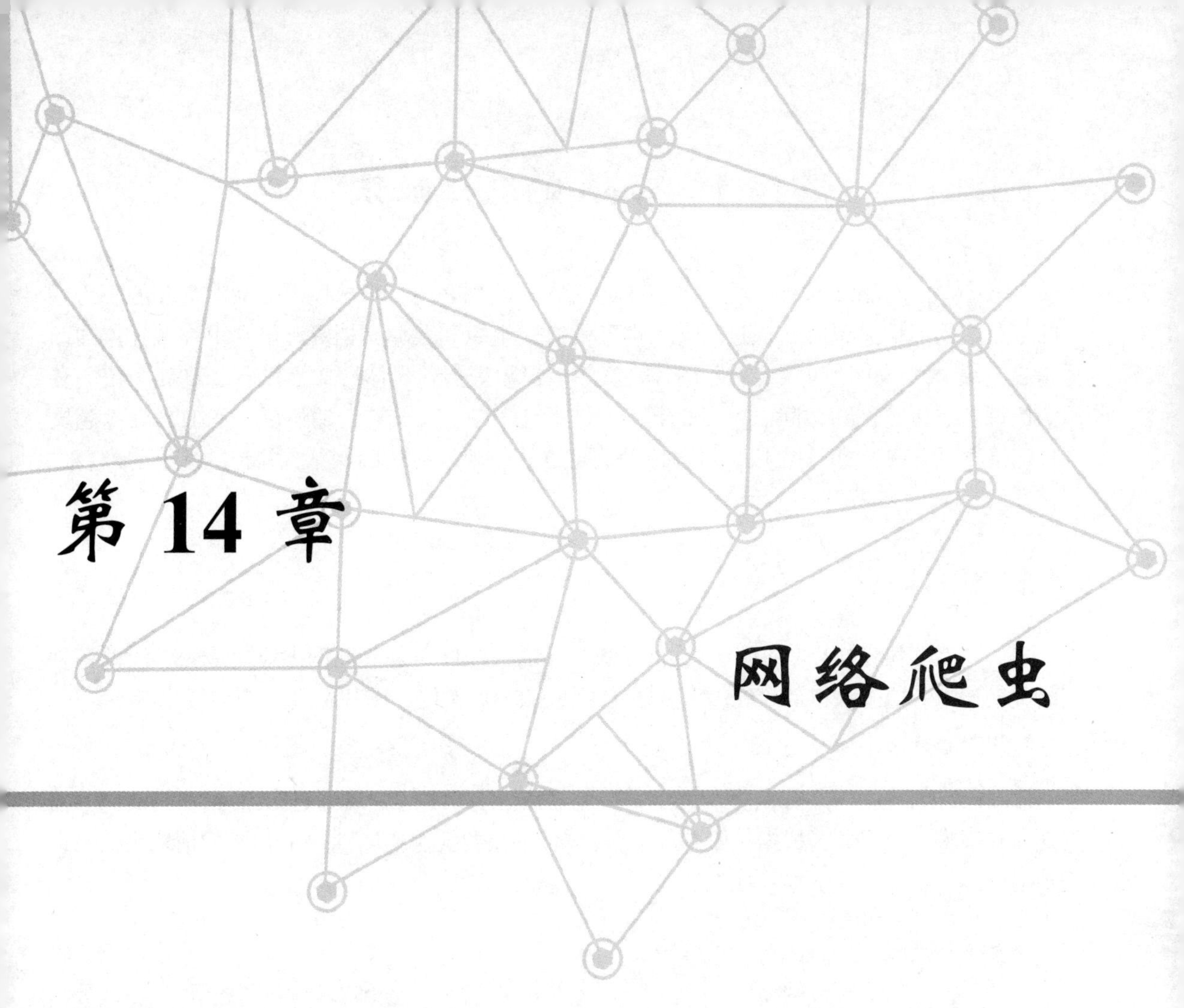

第14章 网络爬虫

网络爬虫也被称为网页蜘蛛、网络机器人或网页追逐者，是一种按照一定规则自动抓取互联网信息的程序或脚本。它的英文名为 Web Spider，形象地将互联网比喻成一个蜘蛛网，而 Spider 则是在网上爬行的蜘蛛。网络爬虫通过网页的链接地址寻找网页，从网站的某一页面（通常是首页）开始，读取网页内容，获取相关信息，还可以根据网页其他链接地址寻找下一个网页中所包含的信息。本章将围绕网络爬虫，介绍 Web 的基础知识、爬虫概述、抓取网页数据以及解析网页数据。

学习目标

（1）掌握 Web 的基础知识。
（2）理解网络爬虫的基本步骤。
（3）熟练使用 requests 库爬取网络数据。
（4）熟练使用 BeautifulSoup 库对数据进行解析。

14.1 Web的基础知识

Web（World Wide Web）是一种基于超文本和HTTP的、全球性的、动态交互的、跨平台的分布式图形信息系统，通过超文本链接的方式组织和共享文档资源。它由许多互连的网页构成，每个网页可以包含文本、图片、音频、视频等多种媒体形式，并通过URL（统一资源定位符）进行定位和访问。Web的核心技术是HTTP（超文本传输协议）和HTML（超文本标记语言）。在Web上，用户可以使用浏览器从任何地方访问网站，并与网站上的内容进行交互。

14.1.1 HTTP

超文本传输协议（HyperText Transfer Protocol，HTTP）是互联网上应用最为广泛的一种网络传输协议，它基于TCP/IP来传递数据（如HTML文件、图片文件、查询结果等）。

1. HTTP请求头信息

HTTP工作于客户端–服务器架构上。浏览器作为HTTP客户端通过URL向HTTP服务器发送所有请求，而服务器根据接收到的请求，向客户端发送响应信息。HTTP的请求头信息以键值对的形式出现，基本格式如下。

```
1    GET / HTTP/1.1
2    Host: localhost:8080
3    Connection: keep-alive
4    sec-ch-ua: "Chromium";v="104", " Not A;Brand";v="99", "Google Chrome";
     v="104"\r\n
5    sec-ch-ua-mobile: ?0
6    sec-ch-ua-platform: "Windows"
7    Upgrade-Insecure-Requests: 1
8    User-Agent: Mozilla/5.0 (Windows NT 10.0; Win64; x64) AppleWebKit/537.36
     (KHTML, like Gecko) Chrome/104.0.0.0 Safari/537.36
9    Accept: text/html,application/xhtml+xml,application/xml;q=0.9,
     image/avif,image/webp,image/apng,*/*;q=0.8,application/signed-exchange;v=
     b3;q=0.9
10   Sec-Fetch-Site: none
11   Sec-Fetch-Mode: navigate
12   Sec-Fetch-User: ?1
13   Sec-Fetch-Dest: document
14   Accept-Encoding: gzip, deflate, br
15   Accept-Language: zh-CN,zh;q=0.9
```

HTTP请求头信息是一串特定格式的字符串。下面简要地说明几个关键字段的作用。

（1）第一行通过两个分隔符分为三个字符串。第一个字符串表示此次HTTP请求所用的方法，HTTP请求方法有多种，如GET、POST、PUT等，GET是最常用的一种请求方法；第二个字符串表示访问 Web 服务器位置，它与 Web 服务器上的文件对应；第三个字符串表示此次请求所采用的 HTTP 版本，目前网络仍广泛采用 1.1 版本的 HTTP。

（2）Host：指定目标服务器的主机名或 IP 地址。这是 HTTP/1.1 规范中必须包含的一个请求头信息，用于告诉服务器请求的目标地址。

（3）Connection：指定是否需要持久连接。若设置为"Keep-Alive"，则告诉服务器在完成当前请求后保持连接，以便后续请求可以复用同一个连接。这可以提高性能，减少连接建立和断开的开销。

（4）User-Agent：指定客户端使用的浏览器或其他应用程序的信息。这有助于服务器识别客户端的类型和版本，从而返回适当的内容或执行相应的操作。

（5）Accept：指定客户端能够接受的 MIME 类型，告诉服务器客户端可以处理哪些类型的数据，如文本、图像、音频、视频等。服务器可以根据这个信息来决定返回哪种类型的数据。

（6）Accept-Encoding：指定客户端能够接受的编码方式，如 gzip、deflate 等，可以告诉服务器在返回数据时采用哪种压缩算法，以减少传输的数据量。

（7）Accept-Language：指定客户端首选的自然语言，这有助于服务器返回适合客户端语言的内容，实现国际化支持。

除了上述常见的请求头信息，还有许多其他的请求头字段可以用于传递特定的信息或实现特定的功能。

2. HTTP 响应头信息

当 Web 服务器收到 HTTP 请求头信息后，会拆解请求头信息中的键值对并进行解析。找到服务器上对应的文件，返回客户端（浏览器）。返回到客户端的信息也有头信息，若访问正确，则响应头信息基本格式如下。

```
1   HTTP/1.1 200 OK
2   Date: Sun, 15 Jan 2023 03:49:46 GMT
3   Server: Apache/2.4.41 (Win64) OpenSSL/1.1.1c PHP/7.3.10
4   X-Powered-By: PHP/7.3.10
5   Content-Length: 12
6   Keep-Alive: timeout=5, max=100
7   Connection: Keep-Alive
8   Content-Type: text/html; charset=UTF-8
```

HTTP 响应头信息也是一串特定格式的字符串。下面简要地说明几个关键字段的作用。

（1）第一行也有三个字符串，HTTP/1.1 标识版本信息；200 是网络访问状态码，标识此次访问是成功的；OK 是对此次访问状态的解释。

（2）Date：指定了消息产生的日期和时间，有助于客户端了解消息的时效性，进行日志记录等操作。

（3）Server：指定了服务器的类型、版本等信息，有助于客户端了解服务器的身份和配置，以便进行相应的处理。

（4）X-Powered-By：说明服务器所采用的解析语言。

（5）Content-Length：指定了返回数据的长度，以字节为单位，有助于客户端了解返回数据的大小，从而进行相应的处理，如缓存、显示等。

（6）Content-Type：指定了返回数据的 MIME 类型，告诉客户端返回的数据是什么格式，如文本、HTML、JSON、图像等，使客户端可以正确地解析和展示数据。

（7）Content-Encoding：指定了返回数据采用的编码方式，如 gzip、deflate 等，告诉客户端在解析数据时需要进行相应的解码操作，以获取原始数据。

（8）Content-Language：指定了返回数据的主要自然语言，有助于客户端了解返回数据的语言，从而进行国际化处理或展示给用户。

3. HTTP 响应头状态码

HTTP 响应头状态码用来指示 Web 服务器对客户端请求的处理结果。状态码由三位数字组成，第一位数字定义响应的类型，常见的类型如下。

（1）1xx：提示信息类状态码，表示请求已经被接收，但处理还未完成，或正在进行的操作。

（2）2xx：成功类状态码，表示请求已经被成功接收和处理。

（3）3xx：重定向类状态码，表示请求需要进一步的处理。

（4）4xx：客户端错误类状态码，表示客户端在请求过程中遇到了问题。

（5）5xx：服务器错误类状态码，表示服务器在处理请求时遇到了问题。

HTTP 响应头状态码不仅能够帮助服务器告知客户端请求的状态，对于确保网站的可访问性和用户体验也至关重要。在网络爬虫中，应用程序往往通过状态码来判断服务器响应的结果。

14.1.2 HTML 简介

超文本标记语言（Hyper Text Markup Language，HTML）是一种用于创建网页的标准标记语言。它不是一种编程语言，而是一种描述性语言，通过一系列标签（tags）来描述网页中的各种元素，如文字、图形、动画、声音、表格、链接等。这些标签将网络上的文档格式统一，使分散的网络资源连接为一个逻辑整体。代码 14-1 是一段完整的 HTML 代码。

代码 14-1 一段完整的 HTML 代码

```
1    <!DOCTYPE html>
2    <html>
3           <head>
4                 <title>
5                      Python 编程 Demo
6                 </title>
7           </head>
8           <body>
9                 <h3>
10                     Hello World!
11                </h3>
12          </body>
13   </html>
```

用浏览器打开该代码文件后，页面将呈现相应的内容，如图 14-1 所示。

图 14-1　HTML 代码在浏览器中的运行结果

代码 14-1 的解释如下。

（1）<!DOCTYPE html>标识这是一个 HTML5 文档。

（2）<html>元素是 HTML 页面的根元素。

（3）<head>元素包含了文档的元信息，如标题<title>。

（4）<body>元素包含了网页的主体内容，如标题<h1>、段落<p>和链接<a>等。

在网络爬虫中，往往需要通过以下标签寻找相关信息。

（1）URL 链接标签，可以根据此标签中的 URL，跳转到对应的网页上，代码格式如下。

```
<a href="www.baidu.com">百度</a>
```

（2）图片资源，代码格式如下。

```
<img src="***.jpg" width="400px" height="300px"/>
```

（3）视频资源，代码格式如下。

```
<video src="123.mp4" width="400px" height="300px">视频资源</video>
```

HTML 是一种非常基础的语言，它通常与 CSS（用于样式设计）和 JavaScript（用于交互和动态内容）一起使用，以创建功能丰富、美观的网页。

14.1.3　CSS 简介

级联样式表（Cascading Style Sheets，CSS）是一种用于描述 HTML 或 XML（包括如 SVG、MathML 等衍生语言）等文件样式的标记性语言。CSS 是网页设计的重要组成部分，它负责定义网页的外观和格式，包括颜色、字体、布局等。CSS 有以下主要特点。

（1）分离内容与样式：使用 CSS 可以将样式信息从网页内容中分离出来，使得网页内容更加清晰、易于维护。样式信息通常保存在单独的 CSS 文件中，通过链接或导入的方式应用到 HTML 文档中。

（2）层叠与继承：CSS 中的样式规则具有层叠性，即当多个规则应用于同一个元素时，会根据优先级和特定规则来决定最终应用的样式。此外，CSS 还支持样式的继承，即某些样式属性会从父元素传递给子元素。

（3）丰富的样式选项：CSS 提供了丰富的样式选项，可以控制网页中元素的字体、颜色、背景、边框、阴影、动画等各个方面的外观。

代码 14-2 是一段 CSS 代码。

代码 14-2　一段 CSS 代码

```
1    <!DOCTYPE html>
2       <html>
3         <head>
4            <title>我的网页</title>
5            <style>                    <!--style 标签里面为 CSS 代码-->
6            /* 设置 body 的背景颜色和字体 */
7            body {
8              background-color: #f0f0f0;
9              font-family: Arial, sans-serif;
10           }
11           /* 设置所有段落的样式 */
12           p {
13             color: #333;
14             line-height: 1.6;
15           }
16           /* 设置带有 class 为"highlight"的元素的背景色 */
17             ighlight {
18               background-color: yellow;
19           }
20           /* 设置 id 为"intro"的元素的字体大小和颜色 */
21             #intro {
22               font-size: 20px;
23               color: blue;
24            }
25         </style>
26      </head>
27      <body>
28         <h1 id="intro">欢迎来到我的网页！</h1>
29         <p class="highlight">这是一个带有高亮背景的段落。</p>
30         <p>这是一个普通的段落。</p>
31      </body>
32   </html>
```

用浏览器打开该文件后，页面将呈现相应的内容，如图 14-2 所示。

代码 14-2 的解释如下。

（1）<style>标签标识里面的内容为 CSS 样式脚本。

（2）<style>标签中的 body、p 均为标签选择器，它们会将 HTML 中的<body>标签和<p>标签中的内容渲染成对应的样式。

（3）highlight 是类选择器，它会将 HTML 代码中定义 class="highlight"的标签中的内容渲染成对应的样式。

（4）#intro 是 id 选择器，它会将 HTML 代码中定义 id="intro"的标签中的内容渲染成对应的样式。

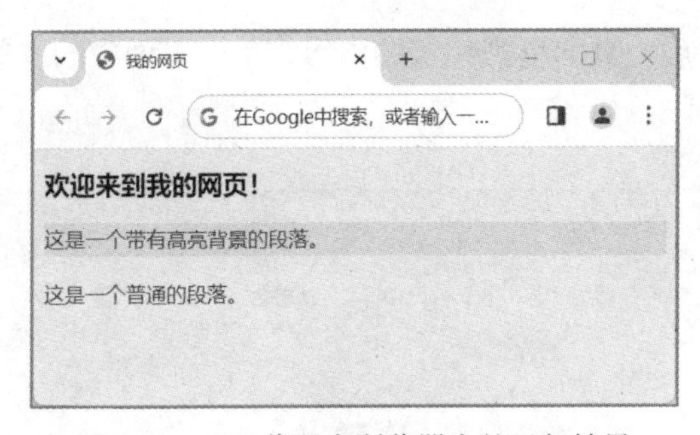

图 14-2　CSS 代码在浏览器中的运行结果

14.1.4　JavaScript 简介

JavaScript 是一种高级的、解释性的编程语言，主要用于 Web 浏览器，可以帮助网站开发者创建动态和交互式的网站。它最初由 Netscape 的 Brendan Eich 于 1995 年创建，现在由 ECMAScript 标准委员会维护。以下是 JavaScript 的一些主要特点。

（1）动态类型。JavaScript 不需要在声明变量时指定其类型，解释器会根据赋给变量的值自动推断其类型。

（2）面向对象。JavaScript 支持面向对象编程，包括类和继承。但与传统的面向对象编程语言相比，JavaScript 的面向对象模型是基于原型的。

（3）浏览器兼容性。几乎所有的现代 Web 浏览器都支持 JavaScript，使其成为一种非常流行的前端开发语言。

（4）异步编程。JavaScript 支持异步编程，这意味着某些操作（如网络请求）可以在不阻塞其他代码执行的情况下进行。

（5）开源和免费。JavaScript 是开源的，任何人都可以查看、修改和分发其源代码。

代码 14-3 是一段 JavaScript 代码。

代码 14-3　一段 JavaScript 代码

```
1   <!DOCTYPE html>
2       <html>
3         <head>
4            <title>我的网页</title>
5         </head>
6         <body>
7           <h1 id="intro">单击我有弹框</h1>
8         </body>
9         <script type="text/javascript">
10          document.getElementById("intro").onclick=function(){
11            alert("这是一个由 JavaScript 单击产生的弹框")
```

```
12            }
13        </script>
14  </html>
```

用浏览器打开该文件后，页面呈现相应的内容，单击页面中的“单击我有弹框”文字，会弹出一个对话框，如图 14-3 所示。

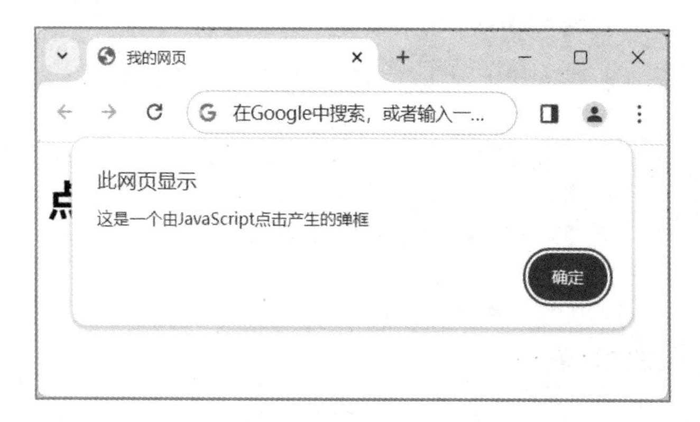

图 14-3　JavaScript 在浏览器中的运行结果

代码 14-3 的解释如下。

（1）<script>标签标识内容代码为 Script 脚本，type="text/javascript"标识脚本的语言类型。

（2）document 指的是整个 HTML 文档对象，内部方法 getElementById("intro")可以找到定义了 id="intro"的节点。

（3）alert()方法可以让浏览器弹出一个对话框。

14.1.5　Web 服务器

Web 服务器又叫 Web 站点，它能处理浏览器等 Web 客户端的请求，并返回相应响应，也可以存储网站文件，让全世界浏览和下载。当 Web 服务器接收来自浏览器的请求时，并非一次性将所有的资源返回给浏览器，而是先返回 HTML 文本内容，浏览器会根据 HTML 中的资源链接，再次向服务器发送请求。

以访问 https://www.*****.edu.cn/html/为例。在浏览器打开网址，按下“F12”键，单击“Network”标签，再在地址中输入该地址，浏览器右侧会陈列出不同的资源文件，如图 14-4 所示。

从 Network 的列表中可以很清晰地看出 Web 服务器的响应步骤。

（1）当服务器接收到浏览器发送过来的 HTTP 请求头信息字符串后，会根据 URL 进行解析，找到服务器上对应的文件资源。

（2）若首次返回 HTML 文件，则浏览器会在 HTML 文件中寻找其他文件资源，如 css 文件、JavaScript 文件、图片、视频等。

由于网络爬虫程序是模拟浏览器向服务器发送请求的过程，通常情况下，会首先得到 HTML 文件，剩下的就需要根据 HTML 文件中的链接向服务器继续请求。

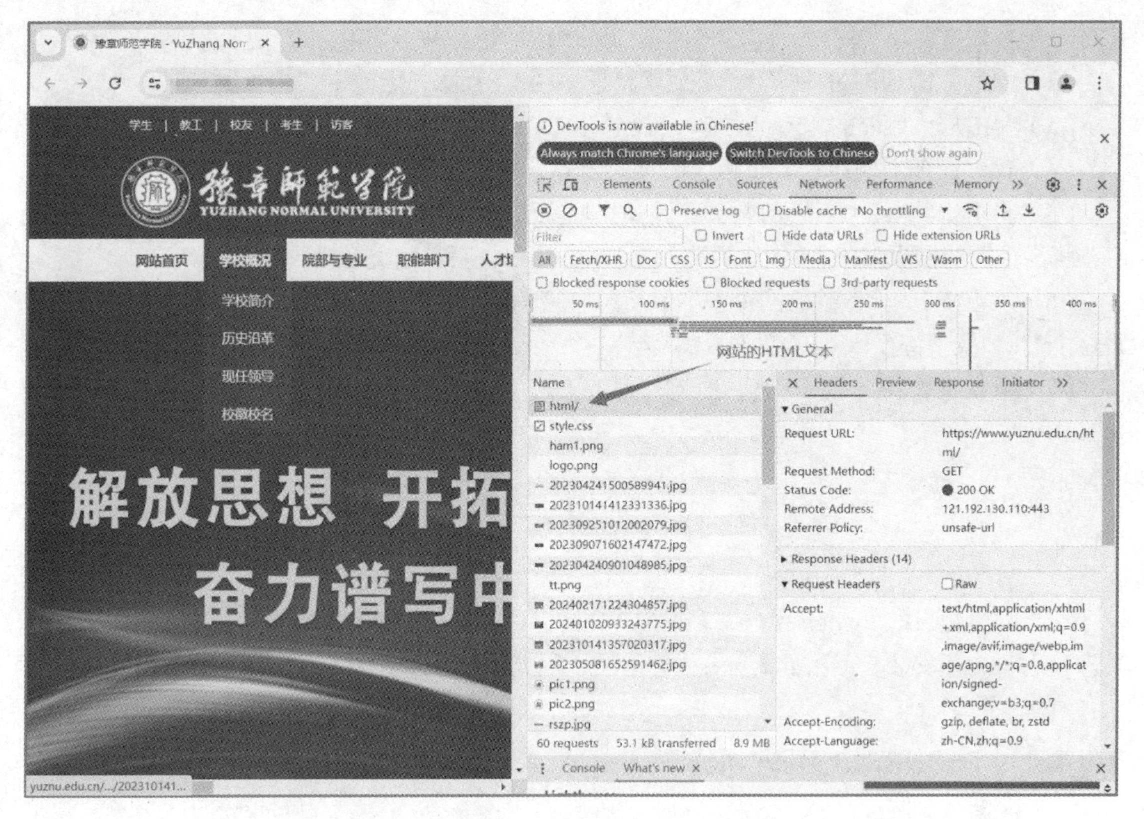

图 14-4　Web 服务器文件响应步骤

14.2　爬虫概述

爬虫是通过程序模拟浏览器向 Web 服务器发送 HTTP 请求，从而获得相应的数据信息，而这些数据信息有些存储在 Web 站点首先响应的 HTML 中，有些存储在 CSS 和 JavaScript 文件中，有些存储在资源文件（如图片、视频等）中，由 Web 服务器单独响应。因此，用户应根据正确的链接地址，获取相应的数据信息。基于以上原理，爬虫步骤如图 14-5 所示，步骤解释如下。

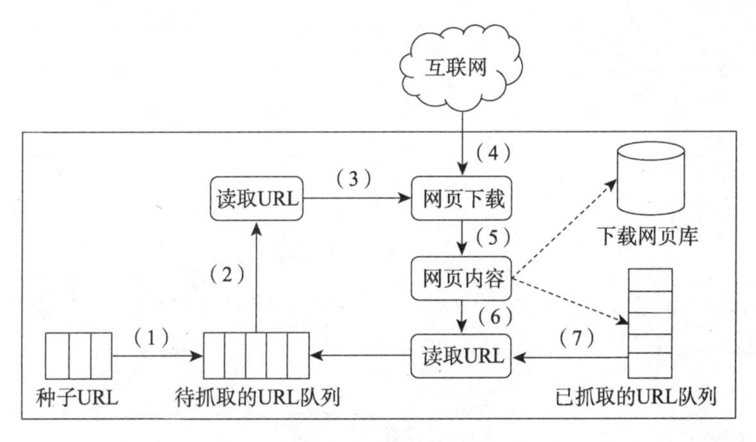

图 14-5　爬虫步骤

（1）首先选取一些网页，将这些网页的链接地址作为种子 URL。

（2）将第（1）步中的种子 URL 放入待抓取的 URL 队列中。

（3）爬虫从待抓取的 URL 队列中依次读取 URL，向 Web 服务器发送请求。

（4）Web 服务器响应后，将相应网页的内容下载到本地。

（5）将第（4）步中下载的网页存储到页面库中，等待建立索引，进行后续处理；与此同时，将已下载的网页 URL 放入已抓取的 URL 队列中，以避免重复抓取网页。

（6）从第（5）步下载的网页中抽取所有链接信息，检查其是否已被抓取，若未被抓取，将这个 URL 放入待抓取 URL 队列中。

（7）重复第（2）～（6）步，直到待抓取 URL 队列为空。

14.3 抓取网页数据

用于网络爬虫的 Python 库非常多，如 urllib3 库、requests 库等。urllib3 库可从 Python 的标准库导入，无须安装，但不如 requests 库易用，因此本节主要介绍 requests 库的使用方法。

14.3.1 requests 库介绍

Requests 库继承并扩展了 Python 内置的 urllib 库，提供了更加直观和灵活的 API。requests 库发送原生的 HTTP 1.1 请求，无须手动为 URL 添加查询串，也无须对 POST 数据进行表单编码。

1. requests 库中的请求方法

在命令行界面输入“pip3 install requests”即可下载 requests 库，下载后可在 Python 的安装目录\Lib\site-packages\中找到 requests 文件夹。

requests 库包含一些向 Web 服务器发送 HTTP 请求的方法，如 get()、post()等，一些常用的 requests 请求方法及描述如表 14-1 所示。

表 14-1　requests 库的请求方法及描述

requests 请求方法	描述
requests.get()	从服务器获取数据
requests.post()	向服务器提交数据
requests.put()	从客户端向服务器传送的数据取代指定文档的内容
requests.delete()	请求服务器删除指定页面
requests.head()	请求页面头部信息
requests.options()	获取服务器支持的 HTTP 请求方法
requests.patch()	向 HTML 提交局部修改请求，对应于 HTTP 的 PATCH
requests.connect()	把请求连接转换到透明的 TCP/IP 通道
requests.trace()	回环测试请求，查看请求是否被修改
requests.session().get()	构造会话对象

2. 响应

当 Web 服务器接收到 requests 库发送过来的请求后，会根据参数进行解析，返回相应的数据至客户端。当 requests 模板接收到响应信息后，会构建一个 response 对象，并将相应的数据存入 response 对象中。可根据 response 提供的属性字段来访问响应数据，如表 14-2 所示。

表 14-2 response 属性及功能

response 属性	功能
response.text	获取文本内容
response.content	获取二进制数据
response.status_code	获取状态码
response.headers	获取响应头
response.cookies	获取 cookies 信息
response.cookies.get_dict	以字典形式获取 cookies 信息
response.cookies.items	以列表形式获取 cookies 信息
response.url	获取请求的 URL
response.historty	获取跳转前的 URL
response.json	获取 json 数据

14.3.2 requests 库抓取网页

get 请求是 HTTP 请求中最常用的请求方式，但也有一些网页采用 post 方式，因此在抓取页面之前，应当分析清楚页面的请求方式。以当当网为例，抓取关键词为“中国通史”的搜索页。具体步骤如下。

（1）如图 14-6 所示，打开页面，找到地址栏中的 URL。该处的 URL 包含了搜索关键字，采用 UTF-8 编码。

图 14-6 分析爬取的页面

（2）按下“F12”键，单击“Network”标签，单击第一个文件，在右侧可看见对应的请求方式，如图 14-7 所示。

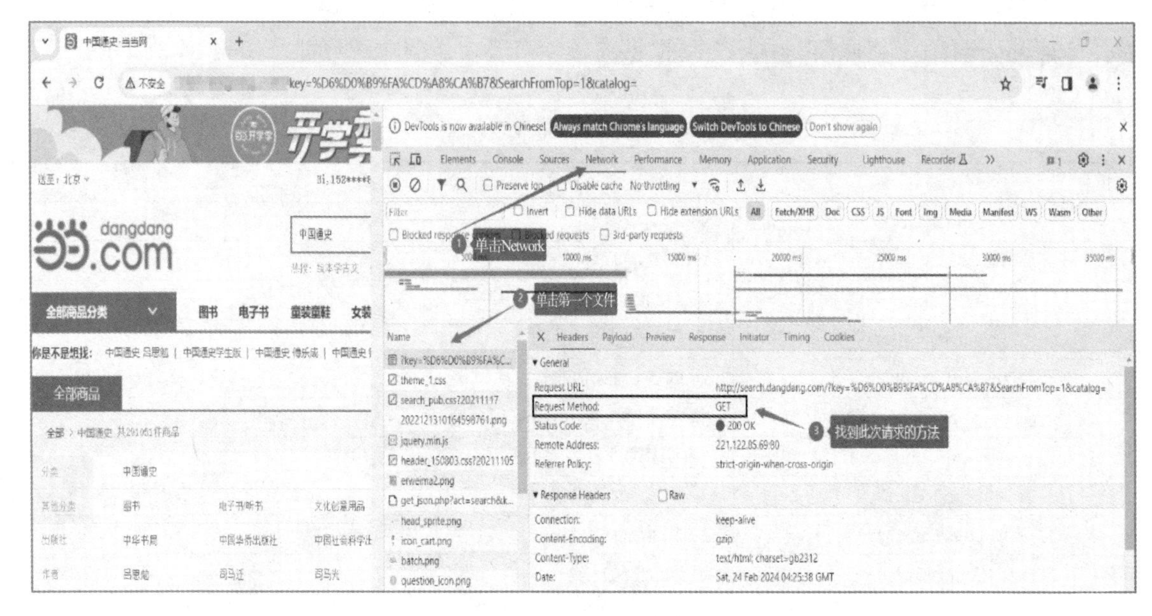

图 14-7　分析页面的请求方式

根据分析，应使用 get 请求向当当网发送请求，在请求的同时，需要向 Web 服务器提交搜索字段，如代码 14-4 所示。

代码 14-4　利用 requests 库爬取当当网信息

```
1  import requests  # 导入 requests 库
2
3  url = "https://*****.com"  # 请求的 URL 地址
4  kw = {"key": "中国通史"}  # 向服务器传递的搜索关键字
5  headers = {"user-agent": 'Mozilla/5.0 (Windows NT 10.0; Win64; x64) AppleWebKit ' \
6                 '/537.36 (KHTML, like Gecko) Chrome/86.0.4240.198 Safari/537.36'}
7  response = requests.get(url, params=kw, headers=headers)
8  print(response.text)
```

需要说明的是，headers 是 HTTP 请求头中的字段。浏览器在访问 Web 服务器时，headers 包含了操作系统内核、浏览器内核等信息，但使用 requests 模板访问 Web 服务器时，headers 字段为空。Web 服务器有可能会因为 headers 为空而拒绝服务，因此需要将此字段补充完成。

当 Web 服务器收到请求后，会将页面文本信息返回，存储在 response 对象中，可使用 print()方法输出该对象的文本信息。代码 14-4 运行后获得的文本信息如图 14-8 所示。

```
<ul class="bigimg" id="component_59">
    <li ddt-pit="1" class="line1" id="p23655301">
        <a title=" 中国通史（吕思勉先生写给普通读者的中国通史入门书）"  d
                <li ddt-pit="2" class="line2" id="p27859285">
        <a title=" 中国通史 双封烫金珍藏版 问世100年的中国大历史 全两册"
                <li ddt-pit="3" class="line3" id="p23642077">
        <a title=" 中国通史（彩图珍藏版）精"  ddclick="act=normalResult_p
                <li ddt-pit="4" class="line4" id="p29348387">
        <a title=" 中国通史（全2册）"国学宗师"钱穆导师吕思勉畅销力作精装
                <li ddt-pit="5" class="line5" id="p29666162">
        <a title=" 中国通史（精装刷边当当版）"  ddclick="act=normalResult
                <li ddt-pit="6" class="line6" id="p23920356">
        <a title=" 中国通史"  ddclick="act=normalResult_picture&pos=23920
                <li ddt-pit="7" class="line7" id="p28533568">
        <a title=" 中国通史简编（莫言：这是对我人生影响ZUI大的一本书！70
                <li ddt-pit="8" class="line8" id="p29543800">
        <a title=" 中国通史（插图珍藏版）（史学大家钱穆《国史大纲》课堂版
                <li ddt-pit="9" class="line9" id="p25201791">
        <a title=" 中国通史（修订大字本）"  ddclick="act=normalResult_pic
                <li ddt-pit="10" class="line10" id="p23953601">
        <a title=" 中国通史（经典收藏版）史学大师写给普通读者的国史入门书
                <li ddt-pit="11" class="line11" id="p23581910">
        <a title=" 中国通史：学界公认的国史入门经典"  ddclick="act=normal
```

图 14-8　爬取页面返回的文本信息

14.4　解析网页数据

爬虫得到的数据包含了很多信息，需要对其进行分析。分析网页关键在于正确理解 HTML 文档。

14.4.1　网页数据结构分析

HTML 使用各种标签（如<head>、<body>、<p>、<div>、<a>等）来描述网页的结构和内容，从组织结构上说，它是一种树型组织结构，如图 14-9 所示。

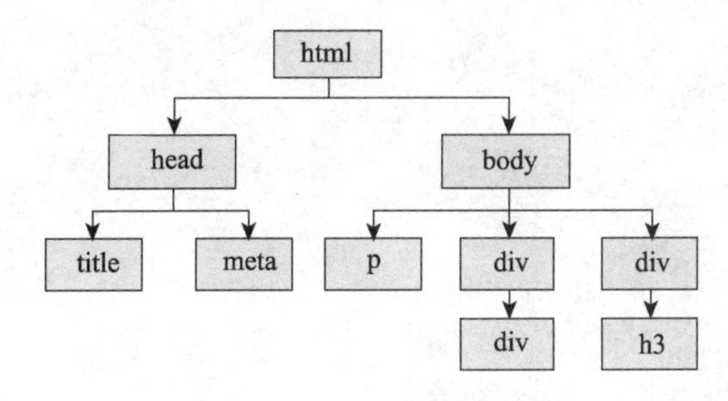

图 14-9　HTML 的树型结构

文档对象模型（Document Object Model，DOM）是 W3C 组织推荐的处理可扩展置标语言的标准编程接口。DOM 是一种与平台和语言无关的应用程序接口，它可以动态地访问程序和脚本，更新其内容、结构和 www 文档的风格（HTML 和 XML 文档是通过说明部分定义的）。

当浏览器解析 HTML 文档时，它会根据 HTML 标签构建一个 DOM 树。每个 HTML 元素在 DOM 树中都是一个节点（Node），节点可以是元素节点（Element）、文本节点（Text）、属性节点（Attribute）等。

DOM 树的根节点通常是<html>元素，它包含了整个网页的所有内容。<html>元素下通常会有<head>和<body>两个子元素。<head>元素包含了文档的元信息（如标题、字符编码、样式表和脚本等），而<body>元素则包含了网页的主体内容（如段落、图片、链接等）。

DOM 是一种无关平台和语言的编程接口，无论是 JavaScript 还是 Python 都可以实现对 DOM 的访问，从而获得标签、属性、文本等内容。以原生的 JavaScript 为例，它在浏览器中被解析执行。每当 Web 页面被浏览器加载时，浏览器都会根据 HTML 标签生成 DOM 对象，并提供一些方法来访问文档中的节点，如代码 14-5 所示。

代码 14-5　JavaScript 访问 DOM

```
1    <!DOCTYPE html>
2    <html>
3      <head>
4            <title>我的网页</title>
5            <style>
6              .size{
7              font-size: 30px;
8            }
9            </style>
10        </head>
11        <body>
12          <h1 id="info">Hello World!</h1>
13          <div class="size">
14               <a href="www.baidu.com">百度</a>
15          </div>
16         </body>
17         <script tpye="text/javascript">
18                 var text = document.getElementById("info").innerText
19                 console.log(text)
20                 var node = document.getElementsByClassName("size")[0]
21                 console.log(node)
22                 var childNode = node.firstElementChild
23                 console.log(childNode)
24                 var attr = childNode.getAttribute("href")
25                 console.log(attr)
26           </script>
27     </html>
```

代码 14-5 的说明如下。

（1）document.getElementById("info").innerText：获得 id 为 info 的文本。

（2）document.getElementsByClassName("size")[0]：获得 class 为 size 的第一个节点。

（3）childNode = node.firstElementChild：获得 node 节点中的第一个子节点。

（4）childNode.getAttribute("href")：获得标签中属性名为 href 的属性值。

14.4.2 BeautifulSoup 库简介

BeautifulSoup 库是一个用于从 HTML 和 XML 文档中解析数据的 Python 库。它可以轻松实现对 HTML 和 XML 文档的解析，从而提取其中的数据。它将 HTML 和 XML 文档解析成 DOM 结构，支持搜索文档树中的特定元素、对文档进行修改和遍历。

在命令行界面输入"pip3 install bs4"即可下载 BeautifulSoup 库。与 JavaScript 类似，BeautifulSoup 库也是将 DOM 文本构建成一个树型数据对象,并提供三个方法用于查询和遍历。

（1）find()方法：该方法搜索当前标签的所有子节点，返回一个符合过滤条件的结果，其语法格式如下。

```
soup.find(name, attrs, recursive, text, **kwargs)
```

（2）find_all()方法：该方法查找文档中所有符合条件的节点，返回符合条件的列表，其语法格式如下。

```
soup.find_all(name, attrs, recursive, text, limit, **kwargs)
```

（3）select()方法：该方法使用 CSS 选择器查找文档中的节点，返回符合条件的结果，其语法格式如下。

```
soup.select(selector)
```

查询到具体节点对象后，BeautifulSoup 库提供了一些变量用以查询该节点的父、子以及兄弟等节点，如表 14-3 所示。

表 14-3 BeautifulSoup 提供的变量

变量	描述	变量	描述
parent	返回节点的父节点	next_sibling	返回节点的下一个兄弟节点
parents	返回节点的所有祖先节点	previous_sibling	返回节点的上一个兄弟节点
contents	返回节点的子节点列表	next_element	返回文档中的下一个节点
descendants	返回节点的所有子孙节点	previous_element	返回文档中的上一个节点

14.4.3 BeautifulSoup 库解析网页数据

代码 14-4 成功地爬取了在当当网搜索关键词"中国通史"后的页面，但是页面的内容太多，并非都是有用的。仍以此页面为例，利用 BeautifulSoup 库进行网页数据解析，获取该页面中爬取出来的书籍信息。通过分析发现，书籍信息放在超链接<a>标签中，但一个网页中会包含许多的<a>标签，简单地获取所有<a>标签节点并没有实际价值，若想获得有价值的信息，应对网页进行分析，寻找关键因素，才能达到满意的效果。仍以爬取当当网信息为例，通过对关键词"中国通史"的搜索，获取首页所有书籍的信息，步骤如下。

（1）打开网页，按下"F12"键，单击"Element"按钮，右侧呈现的内容便是 HTML 文档的结构，如图 14-10 所示。

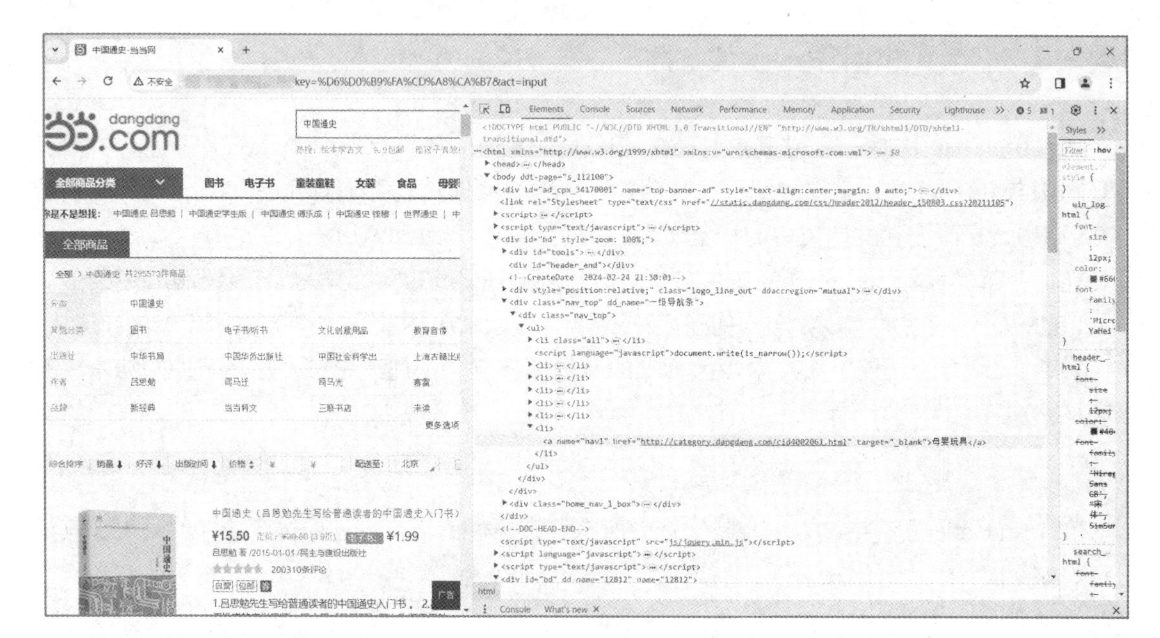

图 14-10　页面的 HTML 结构

（2）单击“元素选择”按钮（“Element”按钮向左第二个），再单击左侧列表中的书籍，即可得到对应的 HTML 代码，如图 14-11 所示。

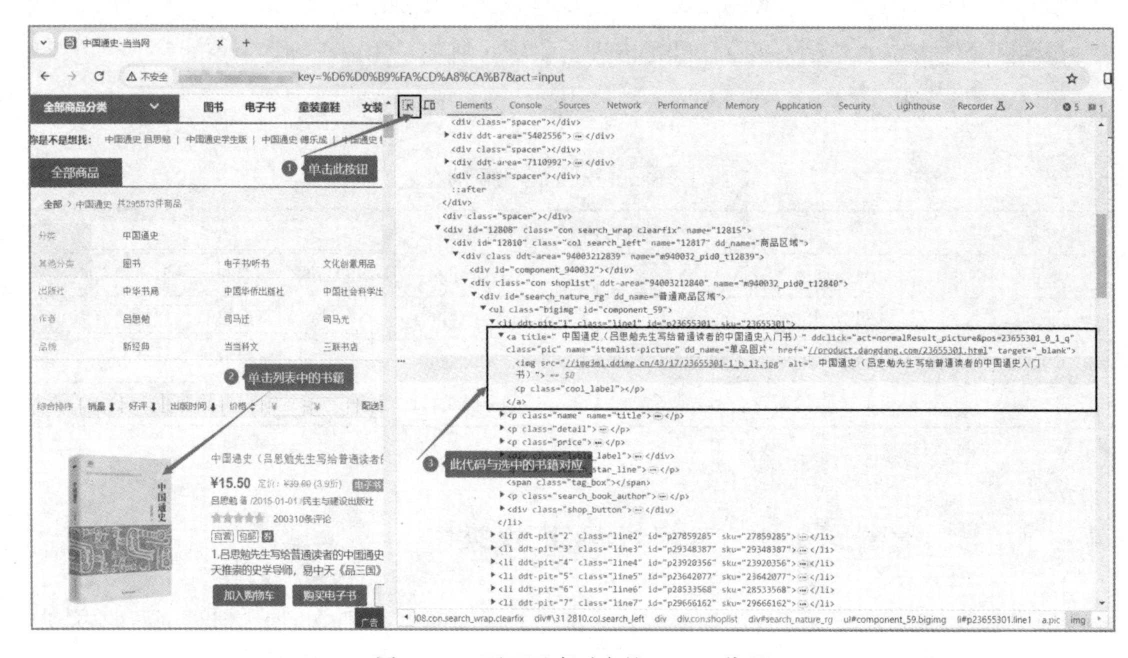

图 14-11　页面元素对应的 HTML 代码

（3）分析步骤（2）中的 HTML 文本，找出书籍列表的<a>标签与其他<a>标签的不同之处。在该例中，凡是书籍列表的<a>标签都有属性 name="itemlist-picture"，可以利用该属性将其他的<a>标签过滤掉，语法如下。

```
books = soup.find_all('a', attrs={'name': 'itemlist-picture'})
```

结合分析，可以使用 requests 库与 BeautifulSoup 库获得书籍的名称，如代码 14-6 所示。

代码 14-6　利用 BeautifulSoup 库解析页面信息

```
1    import requests
2    from bs4 import BeautifulSoup  # 导入 BeautifulSoup 库
3
4    url = "https://*****.com"
5    kw = {"key": "中国通史"}
6    headers = {"user-agent": 'Mozilla/5.0 (Windows NT 10.0; Win64; x64) AppleWebKit ' \
7                '/537.36 (KHTML, like Gecko) Chrome/86.0.4240.198 Safari/537.36'}
8    response = requests.get(url, params=kw, headers=headers)
9    soup = BeautifulSoup(response.text, "html.parser")  # 构建 bs 对象
10   books = soup.find_all('a', attrs={'name': 'itemlist-picture'})  # 找出所有
     书籍列表
11   for book in books:
12       print(book['title'])  # 输出书籍名
```

从代码 14-6 来看，网络信息爬取的难点在于网页分析，关键在于过滤冗余信息。在实际生产环境中，网页错综复杂，一些页面对关键信息进行加密，使得爬虫的难度加大。此外，一些站点在服务器端设置了反爬技术，让信息获取难上加难。从网络上爬取有用信息不能按图索骥，应该结合新的技术手段，具体问题具体对待。

14.4.4　应用案例：爬取某平台课程数据

教育机构需要深入了解学习者的需求和偏好，有针对性地提供更好的课程。某平台聚集了丰富的课程数据，包括课程名称、学习人数以及价格等，若基于这些数据进行分析，则可以为教育机构提供一定的参考。为获取该平台的课程数据，需编写专业化的爬虫程序，实现数据的自动化爬取，网页界面如图 14-12 所示。

图 14-12　网页界面

【分析】

在爬取某平台的课程数据时，需要考虑以下几个方面。

（1）指定目标网页：爬取网页需要确立“url”变量，用以存储待爬取的网页地址。

（2）发起网络请求：运用 get()方法，针对指定的“url”发起 GET 请求，并附带构建的 headers 作为请求头，随后将返回的响应对象存储于名为 response 变量中。

（3）获取响应数据：通过.text 属性，以字符串形式获取响应的完整内容，包括网页的完整 HTML 结构、文本内容及相关资源链接等。

（4）数据解析：利用 BeautifulSoup 库和 lxml 解析器，精确定位并提取网页中的特定 div 元素。通过遍历提取的 div 元素，进一步解析出产品名称、价格及销量等详细信息。

（5）持久化存储：将获取到的产品数据以表格的形式进行存储，确保在操作过程中文件资源得到妥善管理。

【实现】

（1）指定网页目标。

导入 requests 库，确立“url”，设置请求头，如代码 14-7 所示。

代码 14-7　导入库并设置请求头

```
1    import requests
2    import pandas as pd
3    from bs4 import BeautifulSoup  # 导入 BeautifulSoup 类
4
5    # 设置请求头
6    headers = {'User-Agent':'Mozilla/5.0 (Windows NT 10.0; Win64; x64) AppleWebKit/
7        537.36 (KHTML, like Gecko) Chrome/122.0.0.0 Safari/537.36 Edg/122.0.0.0'}
8    # 创建一个空的 DataFrame，用于存储产品信息
9    product_sheet = pd.DataFrame()
```

（2）发起请求，获取响应数据。

发起 GET 请求，并以字符串形式获取响应数据，如代码 14-8 所示。

代码 14-8　发起请求并获取响应数据

```
1   for i in range(1, 7):
2     url = 'https://edu.tipdm.org/course/explore/python?orderBy=recommendedSeq&page=%d' % i
3     response = requests.get(headers=headers, url=url)  # 发起 GET 请求
4     page_text = response.text  # 以字符串形式获取响应数据
```

（3）数据解析。

通过 BeautifulSoup 库，使用 lxml 解析器来解析网页数据，如代码 14-9 所示。

代码 14-9　解析网页数据

```
1       soup = BeautifulSoup(page_text, 'lxml')  # 解析网页数据
2       # 返回所有指定的 div
3       div_all  =  soup.find_all('div',  class_='col-lg-3  col-md-4  col-xs-6
    course-item-wrap')
```

循环遍历所提取的 div 元素，进一步解析课程详情数据；利用 if 语句获取不同情况下的课程价格，如代码 14-10 所示。

代码 14-10　解析课程详情数据

```
1       for div in div_all:
2           class_name = div.find('a', class_='link-darker').string.strip() # 获取课程名称
3           count = div.find('span', class_='num').text.strip()  # 获取人数
4           price = div.find('span', class_='price')  # 获取价格
5           if price is not None:
6               # 若找到了 class_='price'，获取其文本并去除多余字符
7               price_text = price.text.strip()
8           else:
9               # 若没有找到 class_='price'，则获取 class_='free'
10              price = div.find('span', class_='free')
11              if price is not None:
12                  # 若找到了 class_='free'，获取其文本并去除多余字符
13                  price_text = price.text.strip()
```

（4）持久化存储。

将提取到的某平台课程数据写入创建的表格文件中，如代码 14-11 所示。

代码 14-11　持久化存储

```
1    tags = [class_name, count, price_text]  # 创建一个列表
2    tags = pd.DataFrame(tags).transpose()  # 将列表转换为 DataFrame 并进行转置
3    tags.columns = ['课程名称', '学习人数', '价格']  # 重命名 DataFrame 的列
4    # 将新的 DataFrame 合并到创建的 DataFrame 中
5    product_sheet = pd.concat([product_sheet, tags], ignore_index=True)
6    product_sheet.index = product_sheet.index + 1  # 原来的索引值更新为新的索引值
7    product_sheet = product_sheet.rename_axis('序号')  # 行索引重命名
8    product_sheet.to_csv('../data/某平台课程数据.csv', encoding='utf-8')  # 保存
     为"csv"文件
```

（5）输出。

成功爬取到某平台课程数据，其结果输出如代码 14-12 所示，部分结果如图 14-13 所示。

代码 14-12　结果输出

```
1     print(product_sheet)
```

	序号	课程名称	学习人数	价格
1	1	Python编程基础	1087	109元
2	2	Python数据分析与应用	918	299元
3	3	Python网络爬虫实战	584	299元
4	4	Python机器学习实战	596	319元
5	5	数据分析案例：基于水色图像的水质识别	827	199元
6	6	数据分析案例：广电大数据营销推荐项目	308	199元
7	7	文本挖掘和可视化案例：基于文本内容的垃圾短信分	467	199元
8	8	人工智能案例：基于Seq2Seq注意力模型实现聊天机	63	199元
9	9	金融客户产品购买预测	1	199元
10	10	共享单车使用量综合分析案例	0	499元
11	11	项目实操：泰迪内推平台招聘与求职双向推荐系统构	0	免费
12	12	项目实操：产品订单的数据分析与需求预测	0	免费
13	13	项目实操：电力系统负荷预测分析	0	免费
14	14	招聘网站数据采集与人才需求分析	0	199元
15	15	交通事故成因分析	4	299元
16	16	竞赛网站用户行为分析	7	免费
17	17	项目实操：金融理财广告牌的精准投放	23	免费
18	18	项目实操：股票价格涨跌趋势预测	0	免费
19	19	股票价格形态聚类与收益分析	7	199元
20	20	金融服务机构资金流量预测	12	199元
21	21	新冠疫情期间网民情绪识别	2	299元

图 14-13　爬取某平台课程数据的部分结果

【解读】

通过分析爬取到的某平台课程数据，可得出以下结论。

（1）数据分析、网络爬虫、机器学习的应用与实践等热门领域课程的学习人数较多，教育机构可以加大对该领域的投入，进一步开发和优化相关课程，以满足市场的需要。

（2）学习人数与课程价格之间并不存在直接的线性关系，说明学习者在选择课程时，更加关注的是课程内容的质量与实用性，而非局限于价格。教育机构应该注重课程内容的深度与广度，确保课程内容的前沿性、实用性和系统性。

14.5　上机实践：爬取某网站的优秀作品信息

1. 实验目的

（1）熟练掌握 requests 库的使用方法。

（2）熟练运用 BeautifulSoup 库解析网页数据。

（3）熟练掌握 Python 的文件操作功能。

2. 实验要求

在如今的数字化浪潮中，信息获取与整合能力对于个人和组织而言均尤为关键。某网站的资源库汇聚了众多优秀作品的精华，对于学习、研究及创新实践均具备极高的价值，其界面如图 14-14 所示，故通过编写专业化的爬虫程序，实现对某网站资源库优秀作品信息的自动化爬取。

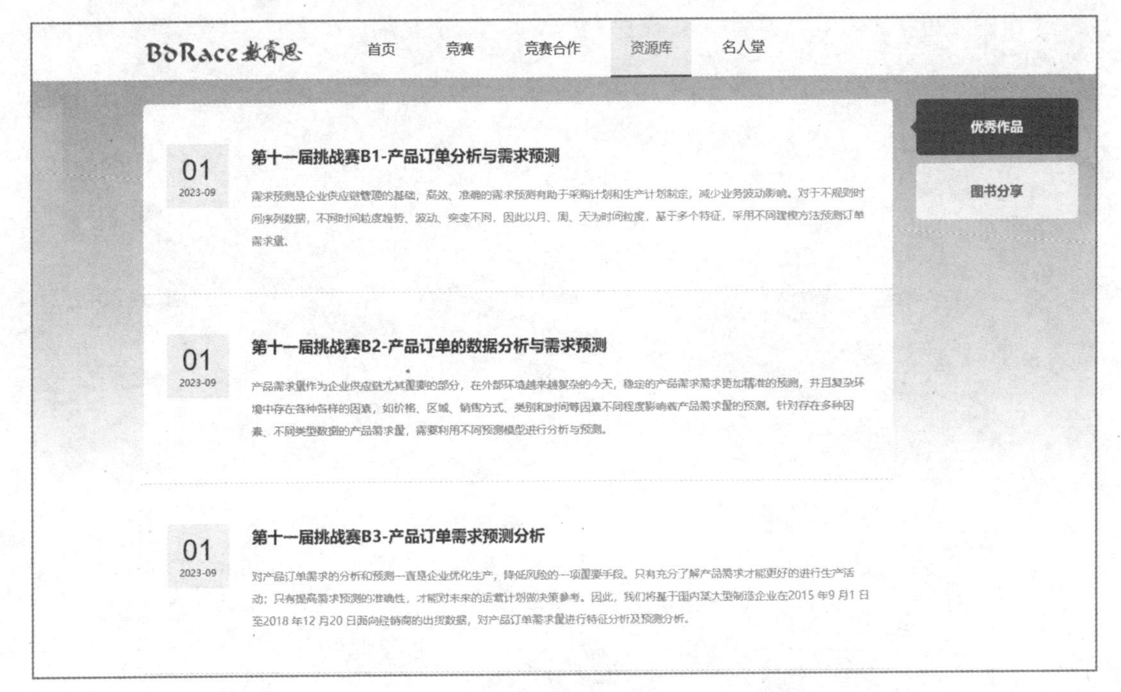

图 14-14　某网站优秀作品界面

3. 运行效果示例

爬取某网站资源库优秀作品信息的部分结果如图 14-15 所示，可知在历年挑战赛与技能赛中，优秀作品多涉及机器学习算法，众多赛题需借助机器学习模型求解。

```
时间:2022-06-27  作品:第十届挑战赛C1-疫情背景下的周边游需求图谱分析  简介:互联网时代下，信息爆炸是我们面临的机遇与挑战
时间:2022-06-23  作品:第十届挑战赛C2-基于对偶对比学习文本分类及图神经网络的周边游需求图谱构建与分析  简介:随着“互联网
时间:2022-06-23  作品:第十届挑战赛C3-疫情背景下的周边游需求图谱分析  简介:新冠疫情给旅游业带来了巨大的冲击。后疫情时代
时间:2022-01-24  作品:第四届技能赛A-通讯产品销售和盈利能力分析  简介:进入本世纪以来，随着世界逐步走向现代化、科技化，
时间:2022-01-24  作品:第四届技能赛B-肥料登记数据分析  简介:附件1中肥料的产品通用名称存在不规范的情况，需要对这部分数据
时间:2021-07-28  作品:第九届挑战赛A1-基于数据挖掘的上市公司财务数据分析  简介:由于信息不对称，隐蔽的上市公司财务数据造
时间:2021-07-28  作品:第九届挑战赛A2-基于机器学习模型预测财务造假的上市公司  简介:“财务造假”是指上市公司伪造财务报表
时间:2021-07-28  作品:第九届挑战赛A3-基于融合模型的财务数据造假预测  简介:我国证券市场自上世纪90年代起逐步形成并不断发
时间:2021-07-28  作品:第九届挑战赛B1-基于深度学习的岩石样本智能识别研究  简介:岩石样本检测是地质勘探中的重要环节，传统
时间:2021-07-28  作品:第九届挑战赛B2-基于深度学习的岩石分类与含油面积检测  简介:在油气勘探中，岩石样本识别是一项既基础
时间:2021-07-28  作品:第九届挑战赛B3-基于深度学习的岩石样本岩性识别与含油面积百分含量计算  简介:岩石不仅是地球岩石圈的
时间:2021-07-28  作品:第九届挑战赛C1-基于细粒度情感分析与迁移学习的游客目的地印象分析  简介:本文运用迁移学习思想，在A
时间:2021-07-28  作品:第九届挑战赛C2-基于文本挖掘的旅游目的地印象分析  简介:近来，网络评论在旅游生态中的地位显著提升，
时间:2021-07-28  作品:第九届挑战赛C3-基于LDA主题模型和LightGBM分类模型的在线旅游评论挖掘及分析  简介:近年来，随着网
时间:2020-12-31  作品:第三届技能赛A-教育平台的线上课程智能策略推荐  简介:近年来，随着互联网与通信技术的高速发展，学习
时间:2020-12-31  作品:第三届技能赛B-新冠疫情数据分析  简介:我们发现城市疫情数据表中并不是每一天都有对应的数据，有些天
增的确诊、死亡或是治愈病例而若对新增病例缺失的天数进行补0 填充，会造成数据的高维稀疏，并且无太大的意义。因此，我们的处
时间:2020-12-02  作品:第八届挑战赛B2-基于深度学习的绝缘子缺陷检测研究  简介:绝缘子是高压输电线路中的关键装置，主要用于
```

图 14-15　爬取某网站资源库优秀作品信息的部分结果

4. 程序模板

请按模板要求，将空格位置替换为 Python 程序代码。

```
1   import requests
2   from bs4 import BeautifulSoup
3
4   # 设置请求头
```

```
5   headers = {'User-Agent':'Mozilla/5.0 (Windows NT 10.0; Win64; x64)
    AppleWebKit/537.36 (KHTML,
6    like Gecko) Chrome/122.0.0.0 Safari/537.36 Edg/122.0.0.0'}
7   # 指定URL：某网站资源库优秀作品网址
8   url = 'https://www.*****.org/yxzpl/index.jhtml'
9   # 创建存储文件，要求以"utf-8"编码格式写入文件
10  fp = open('../data/match_news.txt', ________【代码1】________, newline='')
11  # 分页操作
12  for i in range(1, 5):
13      if i == 1:
14          new_url = 'https://www.*****.org/yxzpl/index.jhtml'
15      else:
16          new_url = 'https://www.*****.org/yxzpl/index_%d.jhtml' % i
17      response = ________【代码2】________  # 发起GET请求
18      page_text = ________【代码3】________  # 以字符串形式获取响应数据
19      soup = ________【代码4】________  # 用bs4解析网页数据
20      div_all = ____【代码5】____('div', class_='item clearfix noImg')  # 返回
    所有符合要求的"div"
21      for div in div_all:
22          time_day = div.find('span', class_='day').string  # 读取日期
23          time_yd = div.find('span',class_ = 'yd').string  # 读取年月
24          news = ____【代码6】____('div', class_ = 'con')
    # 返回所有符合要求的"div"
25          for new in news:
26              name = new.a.____【代码7】____  # 获取比赛名称
27              introduce = new.div.____【代码8】____  # 获取比赛简介
28              # 写入文件
29
                fp.write("时间:" + ____【代码9】____ + "-" + ____【代码10】____ + "  " +
    "作品:" + ____【代码11】____ + "  " + "简介:" + ____【代码12】____ + '\n')
30              print(time_yd + "-" + time_day + name, '爬取成功！')  # 输出
```

5. 实验指导

为提高代码的准确性和可维护性，翻页操作时使用for循环遍历需要爬取的页面，因为网页首页面与非首页面的URL不同，所以可以通过if语句判断是否为网页首页面，若是，则使用特定URL格式；若不是，则通过else语句使用通用URL格式。

为高效实现数据的自动化提取，用for循环遍历目标集合，运用BeautifulSoup库的find()方法精准定位目标标签和属性的元素，借助string属性提取目标元素中的文本内容。

6. 实验后的练习

（1）若需要爬取其他类型的页面或网站，应当如何修改代码以适应新的需求？请思考代码设计中哪些部分应该更模块化或参数化。

（2）在上述程序的基础上，创建独立的函数，用来负责发送请求和解析网页数据。

小结

本章内容主要围绕网络信息获取，讲解了 HTTP 与 Web 的相关概念以及构建网页的语言（HTML、CSS 和 JavaScript）。在此基础上，引入了 Python 第三方库 requests 库和 BeautifulSoup 库，前者用于向 Web 服务器发送 HTTP 请求，后者用于解析 Web 服务器的响应数据，从而获取有用的数据。

习题

1. 选择题

（1）HTTP 协议中，以下哪个方法常用于从指定的资源请求数据？（　　）

A. PUT　　B. POST　　C. GET　　D. DELETE

（2）在 HTML 中，哪个元素用于在网页上插入图片？（　　）

A. <image>　　B. <picture>　　C. <img-src>　　D. <img>

（3）下列哪个 HTTP 状态码表示服务器成功处理了请求？（　　）

A. 200　　B. 302　　C. 404　　D. 500

（4）以下哪个第三方 Python 库被广泛用于构建网络爬虫以获取网页数据？（　　）

A. BeautifulSoup　　B. pandas　　C. requests　　D. matplotlib

（5）HTTP 是建立在哪个协议基础之上的？（　　）

A. FTP　　B. TCP　　C. UDP　　D. SMTP

（6）在 JavaScript 中，哪个对象提供了对 DOM 的完全访问和操作？（　　）

A. Window　　B. document　　C. HTML　　D. Browser

（7）DOM 的全称是什么？（　　）

A. Document Object Model　　B. Dynamic Object Model

C. Data Object Model　　D. Design Object Model

（8）BeautifulSoup 是一个什么类型的库？（　　）

A. 数据分析库　　B. 网络爬虫库

C. Web 框架库　　D. HTML/XML 解析库

2. 简答题

（1）什么是 Web？它和 HTTP 有什么联系？

（2）GET 和 POST 有哪些主要区别？

（3）什么是爬虫（网络爬虫）？

（4）什么是 DOM？

（5）BeautifulSoup 库是什么？它有哪些主要功能。

3. 编程题

使用 Python 的 requests 库和 BeautifulSoup 库，获取中央电视台官网首页的第一张图片的链接地址。

参 考 文 献

[1] 薛景. Python 程序设计基础教程（慕课版）[M]. 2 版. 北京：人民邮电出版社. 2023.

[2] 郑阿奇，曹弋，俞海兵，赵桂书. Python 程序设计（微课版）[M]. 北京：人民邮电出版社. 2023.

[3] 唐万梅. Python 程序设计案例教程（微课版）[M]. 北京：人民邮电出版社. 2023.

[4] 周辉. Python 程序设计理论、案例与实践（微课版）[M]. 北京：人民邮电出版社. 2023.

[5] 江红，余青松. Python 程序设计与算法基础教程[M]. 2 版. 北京：清华大学出版社. 2023.

[6] 黑马程序员. Python 程序开发案例教程[M]. 北京：中国铁道出版社出版社. 2019.

[7] 张思民. Python 程序设计案例教程从入门到机器学习[M]. 北京：清华大学出版社. 2018.

[8] 李宁. Python 从菜鸟到高手[M]. 北京：清华大学出版社. 2018.

[9] 龚沛曾，杨志强. Python 程序设计及应用[M]. 北京：高等教育出版社. 2021.

[10] 安俊秀等. Python3 从入门到精通[M]. 北京：人民邮电出版社. 2021.

[11] 刘德删等. Python3 程序设计[M]. 北京：人民邮电出版社. 2022.

[12] 黑马程序员. Python 程序设计现代方法[M]. 北京：人民邮电出版社. 2019.

[13] 韦德泉，许桂秋. Python 编程基础与应用[M]. 北京：人民邮电出版社. 2019.

[14] 闫俊伢. Python 编程基础[M]. 北京：人民邮电出版社. 2019.

[15] 张治斌，张良均. Python 编程基础（微课版）[M]. 2 版. 北京：人民邮电出版社. 2021.

[16] 杨年华，柳青，郑戟明. Python 程序设计教程（第 3 版 ·微课视频版）[M]. 北京：清华大学出版社. 2023.

[17] 林川，秦永彬. Python 语言程序设计[M]. 北京：清华大学出版社. 2021.

[18] 李月军. 数据库原理及应用（MySQL 版）[M]. 北京：清华大学出版社. 2023.

[19] 赵明渊. 数据库原理与应用（基于 MySQL）[M]. 北京：清华大学出版社. 2022.

[20] 郭炜. Python 程序设计基础与实践[M]. 北京：人民邮电出版社. 2021